U0187146

网络协同制造和智能工厂学术专著系列

产品众包设计理论与方法

郭伟 冯毅雄 王磊 王震 ◎ 著

Theory and Methodology of Product
Crowdsourcing Design

机械工业出版社
CHINA MACHINE PRESS

图书在版编目（CIP）数据

产品众包设计理论与方法 / 郭伟等著 . —北京：机械工业出版社，2023.1
（网络协同制造和智能工厂学术专著系列）
ISBN 978-7-111-72015-7

I. ①产… II.①郭… III. ① 互联网络 - 应用 - 产品 - 设计 - 研究 IV. ①
TB472-39

中国版本图书馆 CIP 数据核字（2022）第 213504 号

产品众包设计理论与方法

出版发行：机械工业出版社（北京市西城区百万庄大街 22 号 邮政编码：100037）

责任编辑：王 颖   责任校对：龚思文 张 征

印 刷：保定市中画美凯印刷有限公司   版 次：2023 年 2 月第 1 版第 1 次印刷

开 本：170mm×230mm 1/16   印 张：19.75

书 号：ISBN 978-7-111-72015-7   定 价：99.00 元

客服电话：（010）88361066 68326294

　　"创新是引领发展的第一动力。"企业产品创新与产品的个性化、服务化发展，面临着难以满足海量动态的个性化需求的挑战，以及不断增长的创新需求与有限资源相矛盾的制约。众包作为一种开放式创新模式，不断与产品设计创新融合，迫切需要创新发展众包设计理论，分析群智创新设计机理，研究需求驱动与资源自组织机制，突破支持个性化设计的众包设计关键技术，构建企业"互联网＋"研发体系新模式。

　　本书跟踪分析了国内外典型众包平台的发展状况与问题，以构建跨时空的企业创新研发体系为目标，探索了企业众包设计创新研发体系共生演进发展新模式，揭示了众包设计平台升级演进的有效途径；研究了群智生态环境下个性化众包设计的新理论，形成了完整的支持个性化设计的众包设计理论和众包设计生态系统治理方法；构建与形成了支撑产品设计全过程的众包设计关键技术体系，凝练提出了两类"互联网＋"设计创新新模式，积极促进了制造业研发设计与众包模式的深度融合发展。全书共 7 章内容，系统介绍了众包设计相关概念的基本内涵，提出了众包设计理论体系，分析了众包设计生态网络建模、演进仿真、效能评价等方法，同时结合大数据智能算法研究了产品众包设计过程中的动态需求辨识与映射、设计资源挖掘与自组织、"任务－资源"耦合匹配及众包设计过程管控等技术。

　　第 1 章主要讲述众包设计的发展、趋势及挑战，并给出众包设计相关概念的基本界定。

　　第 2 章提出众包设计理论体系，从群智创新设计过程机理和众包设计生态系统机理两个方面探讨众包设计的理论基础，并进一步提出众包设计理论体系及其关键技术。

　　第 3 章以众包设计生态网络为核心，介绍生态网络的系统结构、交互关系、系统演化等模型构建方法，对系统进行仿真，分析系统演进机制及其价值变化规律，提出众包设计生态网络整体效能评价方法。

　　第 4 章以个性化产品动态需求为核心，介绍动态产品需求图谱的表征、建模与集成技术，在优化产品需求图谱的基础上，对非完备用户需求进行精确识别，并提出多粒度用户需求精准跨域映射转换方法。

第 5 章以海量众包设计资源为核心，介绍设计资源统一建模方法，以资源关联挖掘与自组织为核心，提出"任务 – 资源"耦合匹配与评价修正技术以及个性化设计资源智能推送技术。

第 6 章以众包设计过程管控为目标，介绍多主体在线交互流程模型及可视化方法，研究众包设计任务主 – 从融合在线分包规划技术及众包设计递阶优化决策方法，提出众包设计成果多阶段交付 – 支付融合管控技术。

第 7 章以"互联网 +"设计创新模式为核心，提出设计能力拓展型和前沿技术创新型两类典型的"互联网 +"设计创新模式，并分别以猪八戒网及 HOPE 为例进行系统阐述。

本书适合产品众包设计领域的相关研究人员及从业人员阅读，可为众包创新设计平台的模式设计与开发实践提供指导。

本书得到国家重点研发计划项目"支持个性化设计的众包平台研发"（2018YFB1700800）的支持，是该项目研发应用成果的汇聚，是项目研发实践团队群体智慧的结晶。由于受研究领域、写作时间和作者专业所限，相关研究工作还有待继续深入，书中难免存在错误、瑕疵和纰漏，在此恳请读者不吝赐教，以激励和帮助我们的产品众包设计理论研究与实践的探索不断深化。

作者

2022 年 4 月于天津大学北洋园

　　本书得到国家重点研发计划项目"支持个性化设计的众包平台研发"（2018YFB1700800）的支持，是该项目研发应用成果的汇聚。希望本书能够"抛砖引玉"，进一步激发众包创新设计领域研究学者的群体智慧，汇聚创新实践，继续深化促进制造业"互联网＋"研发体系的创新发展。

　　本书是项目研发实践团队群体智慧的结晶，宫琳、于树松、费少梅、万新明、龙梅、彭巍、梁若愚、郑庆、李孝斌、石怀真、张静、石丽雯、李尚林、莫振冲、祝德刚、高俊、叶帆、牛立卓、付超、王瑞文、柳先辉、许程、郭保琪、刘晓菲、刘国敬、牛迪、熊体凡、田源、何苗、张家铭、宋李俊、高晓飔、密尚华、高鑫浩、李路遥、王超、余名、滕东晖、季晓静、王国栋、周峰等为本书付出了大量的时间和精力，做出了贡献，在此对项目团队每位成员三年来的紧密合作与大力支持表示衷心感谢！

　　衷心感谢谭建荣院士、顾佩华院士对我们工作的指导。感谢廖文和教授、刘继红教授、黄永友研究员、赵卫东教授、敬石开研究员等专家的无私奉献，以及对我们工作的精心指导与大力支持。在撰写本书的过程中，我们研究分析了大量国内外相关文献，在此对相关专家学者表示衷心感谢！

　　衷心感谢科学技术部高技术研究发展中心的相关领导对我们工作的指导与支持。感谢天津大学、北京理工大学、中国海洋大学、浙江大学、青岛海尔智能技术研发有限公司、猪八戒股份有限公司、北京航空航天大学、同济大学、华中科技大学、重庆大学、江南大学、西南交通大学、三峡大学、重庆理工大学、深圳创新设计研究院有限公司、天津大学仁爱学院（天津仁爱学院）等对项目工作的支持。

　　特别感谢机械工业出版社对本书出版的大力支持！

前言

致谢

X

第 1 章

绪　论

1.1　引言

　　Web 2.0 时代正处在网络经济和知识经济的前沿。企业正经历新一轮技术革命和创新变革的转型期，网络化、信息化、数字化技术在企业竞争过程中得到广泛应用。企业依托开放式创新模式，通过互联网开放平台拓展企业边界，增强了创新力量，实现了产品创新设计。Web 2.0 时代最引人注目的不是技术与工具，而是新的交互模式，改变了人与人之间、人与组织之间的交互关系和交互方式。长期以来，互联网使得参与式文化与共享经济得以迅速发展，直到 21 世纪初，人们才真正发现网络世界拥有如此巨大的应用前景：利用网络信息系统如在线社区、社交网站等的群体智慧来实现商业目的；通过互联网集成信息并预测舆情发展方向，为政府决策提供支持和依据；增加公共治理中的公众参与，提升公民的责任意识等。这种依托互联网平台和技术以及社会化、网络化的群体智慧，且具有显著创造性特征的过程与明确严谨的政府、企业、组织目标整合在一起的新方式，为"众包"（crowdsourcing）的出现打下了坚实的基础。

　　互联网平台是知识、人才和创意的汇集地。现有理论研究表明，企业外部人员在产品创新过程中发挥着十分重要的作用，其所掌握的专业技能、产品使用经验、跨领域信息等知识是促进新产品创新成功的关键。随着互联网技术与零工经济的迅速发展，越来越多的企业开始通过众包模式招募外部人员（如产品用户、相关从业者、自由设计师等）加入设计工作，以便从他们所掌握的信息、技能和知识中获益。在实践中，众包设计取得成功的案例屡见不鲜，小米、宝洁、海尔、戴尔等企业积极通过吸纳外部知识与技能来优化提升自身的设计创新能力。因此，无论是从理论层面还是从实践层面，都印证了众包设计所蕴含的巨大价值。

众包设计作为群体协作的一个重要分支领域，是目前非常活跃的产品创新设计模式，既具有吸引力，又富有挑战性。不断完善的众包设计平台不仅促进了企业的产品创新研发、设计服务拓展、知识高度集成能力，还不断增强了企业对海量用户需求的辨识能力，大规模社会化、网络化群体的自组织能力以及产品复杂设计过程的管控能力，形成"互联网＋"设计创新体系。

1.2 众包设计的基本概念

1.2.1 众包设计的发展背景

美国学者 Alfred D. Chandler, Jr. 对 20 世纪中期的行业领先企业进行了大量调研，结果表明，内部知识创造在促进业务规模扩增和防止知识外溢方面发挥了至关重要的作用。然而，仅限于企业内部知识创造的问题与瓶颈也日益凸显。

企业之间的竞争是设计的竞争，而创新是设计的灵魂[1]，开放式创新打破了企业传统封闭式、垂直式的创新模式，引入外部的创新力量，使得企业在知识经济时代由过去仅仅依赖企业内部的设计资源（包括以人为主体的主动资源和以知识、信息、技术等为主体的被动资源）进行高成本、低效率的创新活动，转变为借助企业外部创新资源的发展理念，通过自身和外部渠道来共同拓展市场的创新方式，以快速适应不断变化的市场需求和日益激烈的产品竞争。开放式创新对企业效益的积极影响是毋庸置疑的[2]，而且不同的创新开放度对促进企业的创新绩效也是不同的。在传统制造业，创新开放度越深，对企业创新绩效的影响就越大，尤其是在高新技术企业中，创新开放的广度对创新绩效的影响更为显著[3]。

随着经济全球化进程加速，企业面对多元化的用户群体及异质化的消费诉求，不得不加快创新步伐，以创造出符合市场预期的产品或服务，从而提高竞争力，维持现有市场地位。由于同质化竞争加剧，企业创新难度不断加大，即使最为完善的创新组织也不能完全依赖于内部员工所掌握的知识，因为内部知识创新面临周期长、成本高、效率低等问题，依靠内部员工的传统创新模式的缺点已日益凸显。企业迫切需要一种能够"有效打破组织边界，快速整合外部资源，快速响应市场"的创新方式。另外，随着互联网的发展以及被称为"数字原住民"的新一代协作者的出现，用户需求的个性化和动态化特征越来越突出，使得企业更加难以把握用户偏好。如果单纯依靠企业内部创新，就容易导致企业所提供的服务或产品出现时滞性，不能完全满足用户的个性化需求。与此同时，互联网的发展打破了时间和空间的限制，使得企业能更加快捷方便地与用户互动，引导用户创造出符合企业需求的知识，实现创新，帮助企业产出更符合用户需求的产品或服务，在竞争中保持优势。在这样一种对企业创新模式反思的背景下，众包这一概念诞生了[4]。

2006 年，美国 *WIRED* 杂志编辑 Jeff Howe[5] 发表了题为 "The Rise of Crowdsourcing" 的文章，正式将"众包"这一概念引入公众视野。Howe 将众包定义为"一个公司或机构把过去由员工执行的工作任务，以自由自愿的形式外包给非特定的（而且通常是大型的）大众志愿者的做法"。他将众包分为 4 种类型：大众智慧，即集中大众智慧帮助企业解答疑难问题；大众创造，即企业获得大众丰富的创意、素材；大众投票，即大众通过投票等方式来筛选、评价其产品或服务；大众集资，即利用众人的力量筹资^[6]。在国内，类似的概念最早出现于 2005 年，学者刘锋^[7] 提出"威客"一词，其侧重于从信息技术角度来解释"众包"模式的商业特征。"众包"这一术语很快被主流媒体和网民所接受，一时间成为最热门、最前沿的互联网概念之一。

在学界开展大规模理论研究之前，许多企业探索性地将众包应用到商业活动中，并取得了一系列成功。例如总部位于美国的新型汽车制造商 Local Motors（洛克汽车公司），通过用户参与和信息聚合成功实现了"开源"制造汽车，与传统方式相比，这种设计方式缩短了近 40% 的设计生产周期并极大地降低了设计成本。这种设计制造模式打破了原有的产品创新方式，为众包创新提供了可借鉴的新思路。随后，标致汽车通过举办标致设计大赛来发动人们设计自己梦想中的汽车；宝马汽车在德国通过开设客户创新实验室，为用户提供在线工具以帮助他们参与宝马汽车的设计；伊莱克斯发起了设计实验室大赛，从参赛作品中发掘新的产品方向；搜狗输入法鼓励用户自行设计交互界面皮肤及制作词库，截至 2022 年 1 月，已经形成近 40 000 个皮肤和 28 000 个词库，并且这些数字仍在增长；亚马逊推出了提供众包服务平台的 Mechanical Turk（土耳其机器人）网站；宜家通过举办"天才设计"大赛，吸引顾客参加多媒体家居方案的设计，并将获奖的作品投入生产和市场。目前，全世界已有超过 50 000 家公司成功运用了众包创新设计模式，随着它的不断发展，还将会有更多的企业加入这个行列中来^[8]。

1.2.2　众包设计相关概念的界定

随着众包在设计领域的不断发展与成功应用，许多有关众包与设计的新概念也随之出现，如众包设计、众包设计系统、众包设计平台、众包设计模式等，通过前期对大量研究工作的分析及总结，本节将对这些概念进行定义与阐述。

1. 众包设计

利用众包形式进行设计活动是一种新的设计问题解决方法^[9]，该方法主要是利用分布式网络主动资源提供的高质量知识服务，促进个体隐性知识显性化，实现闲散知识价值化和生产力转化^[10]。Bakirlioglu 等^[11] 对开放设计的研究现状进行了综合分析，他们认为在不同的领域，众包设计应该有不同的定义方式，如服务设计、交互体验设计与产品设计的对象和载体不同，其概念也有较大差异。Menendez-Blanco 和 Bjorn^[12] 研究了基于社交媒体平台的开放式创新，参照开源软件的概念将众包产品设计定义为"对有形物体的开源创造"。Boisseau 等^[13] 对产品开放式设计进行了综述性研究，在综合用户创新、以用户为中心的设计、可获取（源文件）式设计等概念的基础上，将众包设计定义为"任何人出于任何目的都可以访问、修改、重用设计方案的过程产物及最终产物的设计模式"。

基于以上研究，结合 Howe 对众包的定义、众包的应用实践以及相关研究^[14]，众包设计的概念定义为：众包设计是为满足海量个性化用户需求，基于网络信息通信技术搭建的互联网开放性平台，采用复合式的激励机制吸引异质化知识背景和专业技能的跨地域、跨时空的设计人员（资源），通过组织调度并发挥大量设计人员群体智慧的创新潜力，为不同类型的设计需求及任务提供创意或解决方案的产品设计新形式。众包设计依靠自上而下的柔性化组织与管理以及自下而上的自适应、自组织的创造过程解决了设计问题[15]，及时满足了用户需求，这是众包设计区别于其他设计方法的关键所在。众包设计主要有以下 3 个特点[14]。

1）开放自由的网络技术支持的平台环境。众包设计基于互联网技术搭建自由开放的在线平台，打破了传统企业"边界"的束缚，由大规模网络主动资源自主参与平台中盈利或非盈利的创新活动。

2）海量动态需求驱动。随着社会经济的发展，广大一线产品用户已不满足于企业大规模制造的同质化产品，个性化的用户需求迫使企业必须改变原来的设计和生产方式，由大规模生产向个性化生产转移，而海量动态的个性化需求需要海量的个性化创意，这就为大规模网络主动资源提供了创作机会。

3）群体协同创新设计。满足个性化的用户需求需要大规模设计参与者（主动资源）的参与来保障创意与创新的持续输出。海量新想法及创意能够满足海量新需求。不同知识背景和专业技能的主动资源可以为各种不同类型的需求提供不同的解决思路和方法，尤其是在复杂产品的关键阶段，需要大量跨学科人才协同参与，利用群体智慧来高效应对挑战性任务。

众包设计概念中，群体智慧（collective intelligence）是核心要素。群体智慧又称为集体智能、群智或众智，是从众多个体的合作或竞争中涌现出来的智慧[16]，能够比群体中任一个体都要优秀，也往往比单一个体的决策更加精准，即 1+1＞2。众包设计中的群体智慧是指通过特定的组织结构和大数据驱动的人工智能系统吸引、汇聚和管理大规模设计参与者，以竞争、合作等多种自主协同方式来共同应对挑战性任务[17]，特别是在开放环境下的复杂系统决策任务时，涌现出来的超越个体智力的智慧。

大规模设计参与者群体的知识和技能为众包设计活动带了无限的创造性和可能性，众包设计合理开发并利用群体智慧的巨大能力，将会产生不可预估的经济效益和社会效益。众包设计包含两个方面的显著优势。

1）精准应对用户个性化需求，优化产品定制属性。众包设计可以有效地打破组织边界，获取广泛的创新方案，并且多数设计参与者都拥有较为丰富的产品使用经验与前卫的使用需求，在一定程度上能够代表市场的发展趋势。因而，众包设计在有效匹配用户需求方面相较传统设计模式具有明显优势。

2）激活网络化主动资源，拓宽设计问题解决途径。传统设计模式对于专业主动资源（如设计师、工程师等）依赖性较强，实施门槛较高，往往受限于内部设计人员的知识、经验、能力、天赋等因素，问题解决途径相对有限。众包设计可以吸引更为广泛的网络化主动资源加入设计活动，从而显著扩增创意方案数量规模，为设计问题提供更多、更优质的解决方法，提升产品设计效率。

2. 众包设计系统

美国学者 John Henry Holland 教授于 1994 年提出复杂适应系统理论，其核心概念是适应性主体造就复杂性系统[18]。复杂系统中的成员被看作是具有目的性、主动性的适应性主体。所谓的适应性是指主体能够与环境及其他主体之间进行主动、反复的交互。适应性主体在这种不断持续的交互作用的过程中，不停地努力学习或积累经验，根据学到的经验改变自身的结构和行为，不断变换规则以适应其他行为主体及周围环境，这种主体之间的相互适应和交互作用是系统复杂动态模式的主要根源。由此，系统的发展与演进，包括主体的聚集及新主体的出现，新层次的产生、分化及多样性的出现，都是在此基础上派生而来的。

从系统角度出发，**众包设计概念衍生发展出众包设计系统概念。众包设计系统是一个由需求主体、设计主体（主动资源）、平台主体等不同类型主体构成，各类主体具有主观能动性与适应性，3 类主体相互协调与适应，形成包括需求、任务、知识、过程、成果、激励等在内的多要素共同作用的复杂适应系统。**具有适应性、目的性的 3 类主体成群聚集并相互作用，形成不同类型的层间结构，连同外部影响等多种要素一起，共同造就了众包设计系统的复杂性。

需求主体是指产品的实际使用者或需要个性化设计服务的一类个人或团体。需求主体的需求可以是关键技术创新等创新程度及复杂性高的需求，如功能创新、结构设计等，也可以是用户个性化需求或偏好等简单需求，如网页设计、LOGO 设计等。通过众包设计系统发布与展示两类需求，可以吸引大规模主动资源参与技术创新或为需求主体提供个性化的设计创新服务。

设计主体是指参与众包设计任务的大规模不同地域、不同知识背景和专业技能的社会化、网络化主动资源，包括个人、团体和机构。设计主体不受时空限制，可以根据不同的目的自由自愿加入众包任务，也可以根据不同类型的任务实施方式合作或竞争，为解决众包任务提供解决方案。

平台主体是指利用众包方式实施产品设计的管理者。作为众包设计的发起者，负责发布需求、对接资源、匹配任务等工作，承担着维持众包平台的持存以及众包活动有序执行的义务。这种自上而下的管理是保障众包设计活动高效执行的关键，维护着需求主体与设计主体之间的平衡关系。

以 3 类不同主体的活动和众包设计任务的执行过程为视角构建众包设计系统基本模型，如图 1-1 所示，图 1-1 直观表现了 3 类主体的耦合关系以及平台设计活动的状态特征和演化特点。

在众包设计系统中，需求主体和设计主体会随着时间变化不断涌入、涌出。在一定时间范围内，大量需求主体同时涌入，海量规模的个性化需求不断增加，构成需求池，同时一部分早先被满足的需求也会相继退出。为了提高设计效率，平台主体将简单需求直接发布，对于复杂需求，在深度挖掘用户需求的基础上，将需求转化映射并拆解为粒度小、易操作的设计任务，这些可执行的设计任务由设计主体接包完成。

设计主体也会自由涌入及涌出，在激励机制的作用下，会主动参与设计任务。众包设计系统的发展吸引并聚集了大量设计主体，共同形成了系统的能力池。随着设计主体持续地涌入和涌出，参与不同设计任务的设计主体数量在不断变化，甚至参与同一任务的设计主体也会中途离开。受设计主体参与积极性、平台奖励措施等不确定因素的影响，设计主体的数量与质量具有动态变化的特性，总体上难以有效管控，可能导致设计任务执行过程的停滞等多种复杂情况。

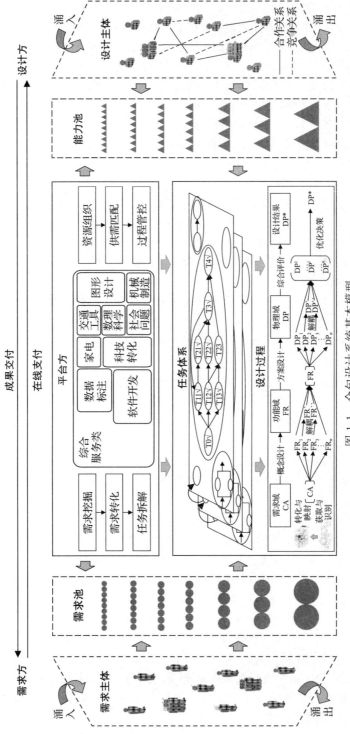

图 1-1 众包设计系统基本模型

　　平台主体需要对平台中所有设计活动进行实时监控与跟进，具体工作包括需求辨识与转化、需求拆解与发布、主动资源寻踪与组织、设计任务与设计主体匹配、设计过程管控、设计方案交付及交易等。随着时间的推移，整个众包设计系统一直处于稳定波动状态。

　　根据不同的设计需求和不同的任务导向，众包设计平台设计任务的实施方式也各有不同。通过对国内外众包设计平台现状的分析与研究，本书总结 6 类现有众包设计系统组织设计任务的实施方式，见表 1-1。目前，国内众包设计系统主要使用后 5 类实施方式，而国外则兼具 6 类。国内众包设计系统在用户单价、需求数量、资源参与度及规模等方面与国外相比仍有较大差距。

表 1-1　众包设计系统中设计任务 6 类组织实施方式

交易方式	目的	需求者	需求	设计过程（任务完成过程）	工作者	设计能力（门槛要求）	特征
讨论式	尽可能多地引发讨论	平台或机构	创新性高，落地难度大，具有前瞻性	平台或机构发布讨论主题；设计参与者参与讨论	各行业主动参与	对设计能力要求不高，强调创新思维（低门槛）	任务工期短，无成交金额；参与数量多，无须资质；无须技能
大赛制	尽可能多地收集方案并公开	平台或机构	创新性高，社会影响大	平台或机构发布大赛项目；符合条件的设计参与者参赛；在规定时间内收到参赛作品；公开或非公开评审参赛作品；公开获奖作品（多奖项证书）	特定行业主动参与	能力要求高（中门槛）	任务工期中，成交金额中；竞投数量多，可重复性低；承接资质高
雇佣制	自由选择	机构或个人	创新性高，技术性高，复杂度高	机构或个人产生需求；在平台上浏览咨询相关设计参与者；选择合适资源下单；设计参与者接受任务；设计与者完成任务；项目完成验收	特定行业被动参与	能力要求高（高门槛）	任务工期长，成交金额大；无竞投（需求方主动），可重复性低；承接资质高
招标制	迅速筛选合适资源	机构或个人	创新性低，技术性高，复杂度中等	机构或个人发布招标项目；设计参与者提供资质证明参与竞标；满足名额后机构或个人从资质合格资源中挑选；中标资源成为工作者；完成任务；项目完成验收	特定行业主动参与	针对某行业专业问题提供服务，专业能力强（中门槛）	任务工期长，成交金额大；竞投数量少，可重复性高；承接资质高

（续）

交易方式	目的	需求者	需求	设计过程 （任务完成过程）	工作者	设计能力 （门槛要求）	特征
悬赏制	尽可能多地获得备选方案	机构或个人	创新性高，技术性高	机构或个人发布悬赏项目；设计参与者或有能力者申请对接；平台受理与筛选；反馈需求方；需求方对比方案并确定；协议达成；任务达成与验收	各行业具备与悬赏任务相关技术即可主动参与	能力要求高（中门槛）	任务工期中，成交金额中；竞投数量多，可重复性低；承接资质中
计件制	尽快完成	机构或个人	创新性低，技术性低，复杂度低	机构或个人发布计件项目；设计参与者通过平台接单；按照需求方要求进行工作；完成任务；通过验收	各行业主动参与	能力要求低（低门槛）	任务工期短，成交金额小；竞投数量大，可重复性高；承接资质低

3. 众包设计生态系统

生态系统是指在自然界一定时空范围内，所有生物种群与其所处生存环境之间通过能量流动和物质循环，共同形成的相互影响、相互作用并具有自调节功能的稳定、平衡、动态的统一整体。生态系统不仅应用于自然界各种生物种群与非生物环境构成的系统，还可以应用于以人类生产与生活为环境中心、按照人类的理想要求建立的人工生态系统，如城市生态系统、社会生态系统等，这些系统具有社会性、开放性、目的性的特点。

自然生态系统中，生物种群之间存在多种关系，主要包括共生、协作、竞争、捕食等关系。这些种群关系可以映射到众包设计系统中。共生关系是指两种生物生活在一起，对双方都有利的一种关系，分为互利共生和偏利共生。需求方、设计方和平台方三者之间的关系本质上是互利、共生、共赢的关系。协作关系是一种比较松懈的种间合作关系，共生时互利，分开时也能独立生存。复杂型设计任务需要多个设计主体协作完成。设计主体在执行众包任务的过程中相互交流、相互合作，不断学习并改变自身结构和"性状"，以适应周围动态变化的"非生物环境"。竞争关系是指当多个生物争夺同一资源时只有一方获利的关系。众多设计主体通过竞争获得简单型众包任务参与资格并获得相应报酬。另外，竞争关系也可能发生在具有相似设计任务的需求方种群之中，是对优质设计方的竞争。捕食关系是指一种生物以另一种生物为食的一种生物关系。可以将需求方与设计方之间的众包雇佣关系看作捕食与被捕食关系。

众包设计系统与生态系统有一定的相似性。众包设计平台类似于生态系统中的非生物环境，系统"群落"是由3类主体各自组成的"种群"的集合。3类"种群"存在一定的"食物链"关系，以需求链、设计链、交易链的形式存在，同时任务流、方案流、资金流在彼此之间流动：任务流由需求方"种群"经过平台方"种群"流向设计方"种群"；方案流由设计方"种群"经过平台方"种群"流向需求方"种群"；资金流由需求方"种群"经过平台方"种群"流向设计方"种群"。3 种"流"将 3 类"种群"关联，同样具备开放性、社会性和目的性，整体呈现鲜明的人工生态系统特征。

生态学概念的引入延伸发展出众包设计生态系统概念。众包设计生态系统定义为：**众包设计生态系统是指在以众包设计系统为开放动态的非生物环境中，需求主体、设计主体、平台主体的 3 类"种群"之间通过设计需求、任务、方案、激励或报酬资金的交互作用与流动，依照一定的生态系统规则相互作用，共同形成的一个自组织、自适应、竞合共生的具有跨网络效应的设计生态系统。**简言之，众包设计生态系统是在一定外部环境的作用影响下，3 类主体基于生态规则相互作用而形成的统一整体，是以产品创新和设计服务为目的的人工生态系统。

众包设计生态系统模型由三层网络构成，如图 1-2 所示，第一层为设计方种群层，描述设计方之间的竞争及合作关系；第二层为平台方种群层，描述众包设计的基本过程和平台方的管控机制；第三层为需求方种群层，描述需求方种群之间的相互关系。需求链、设计链、交易链将三层网络关联起来，任务流、方案流、资金流沿着"链"流动。

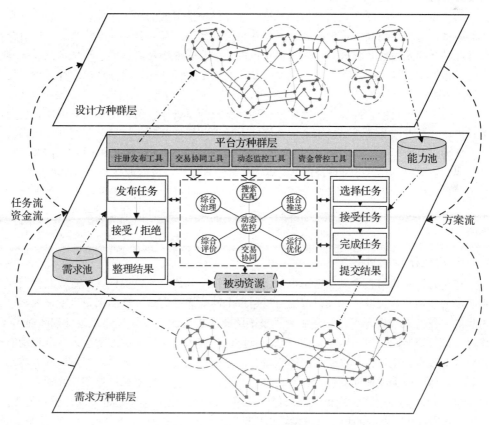

图 1-2 众包设计生态系统模型

4. 众包设计平台

众包设计及相关活动以互联网技术平台为载体和支撑。互联网及 Web 2.0 的发展和应用，拓宽了群体沟通的渠道，扩大了开放式创新[19-20]的范围，为全球创新资源进行交流与互动提供了方便。互联网及其他媒体技术为众包设计提供了技术支持，提升了众包设计的效率。

从技术实现与支持角度，众包设计依托于互联网信息技术体系所构成的技术系统而发展，并由此衍生出众包设计平台的概念。众包设计平台是跨组织边界、有目的性管理知识流的网络技术支持系统，包含了一整套支撑设计需求发布、大众群体在线交互、众包任务执行和集成、设计结果交付等实现众包设计活动全过程的关键技术方法及软硬件系统。众包设计平台连接了用户与核心价值创造者两端，将需求方和设计方聚集在高价值交易中，通过平台系统架构及其运行机制不断激发网络效应，最终实现平台持续发展及多主体互利共赢。

众包设计平台系统架构决定了平台的功能和服务，完整的众包设计平台系统架构包括硬件架构和软件程序两个部分。

众包设计平台的硬件架构是指由一系列计算机硬件组成的物理实体系统，为软件程序的高效运行奠定稳健的物理基础。由于众包设计活动交互频繁、并发性高，并且对众包设计平台的及时性要求较高，因此，众包设计平台需要满足高性能、高稳定性、大容量、可拓展性、易维护性等要求，以保障平台的稳定运行，这是确保众包设计活动平稳进行的重要一环。

众包设计平台的软件程序建立在平台硬件架构的基础上，包括前端服务模块和后台工具模块。前端服务模块面向需求方和设计方并为其提供服务，依据众包设计一系列流程可分为账户管理模块（包括三方主体的信息、日志等）、需求管理模块、资源管理模块、设计任务管理模块、设计过程管理模块等。后台工具模块通过前端服务模块收集的数据，为其提供相应的技术支撑。后台工具模块可分为众包设计生态网络分析工具、需求管理工具、资源管理工具和过程管控工具四大类，是支撑众包设计活动有序开展的重要技术保障。

5. 众包设计模式

众包设计模式与企业发展密不可分，但与以往提到的企业发展模式、企业经营模式有明显的区别。众包设计模式以解决海量用户个性化设计需求和产品创新研发技术难题为目的，依托众包设计平台，利用大规模网络化主动资源的规模优势及设计创新能力，聚焦主动资源激励与组织、多主体竞合关系协调、需求与资源关联匹配、设计过程动态管控等众包设计全过程，以实现价值创造并促进设计服务与设计创新生态系统的可持续发展。具体对应为在长期众包设计实践过程中，依托众包设计平台沉淀积累并动态进化的系统流程体系和组织管理机制。众包设计模式以提升创新设计能力和设计服务能力，促进众包设计生态系统的稳定良性发展为目标。

众包设计模式存在着因需求特征、任务特点、资源利用的不同而导致的差异。

需求特征的差异。设计服务型设计面向互联网海量用户的个性化设计需求，包括平面设计、广告设计、服装设计等，其典型特征是轻量化、个性化、多元化，要求做到因人而异、因人制宜，主张设计个性化表达和个人主义风格。协作创新型设计面向复杂产品设计创新或设计迭代过程中的技术难题，要求在产品功能或结构上有重大突破性创新，重点强调产品设计符合实际发展要求。

资源利用的差异。设计服务型设计需要通过激励和组织大规模网络化主动资源，利用其规模优势和设计能力满足海量个性化、多元化设计需求。在这个过程中，大规模主动资源作为设计服务生态的重要组成部分，不断聚集形成资源池，通过平台的调节作用，实时与需求池进行动态匹配，实现可持续发展。协作创新型设计主要关注复杂产品颠覆性的技术创新，要实现这一目标需要海量不同专业技能的主动资源协作创新，利用其高水平群智及前沿技术储备的巨大优势，实现关键研发节点的开创性突破，获得产品研发成功。在这个过程中，大规模高质量的主动资源汇聚形成人才库，为创新设计的发展提供坚实的技术支撑。

6. "互联网+" 设计创新

互联网对制造业的创新研发融合是双向的，从用户海量的设计需求开始，渗透任务发布环节，进而影响到设计创新环节。在此过程中，任务执行、设计资源、创新模式、参与方式，甚至活动组织，都将发生重大变化，如图1-3所示。

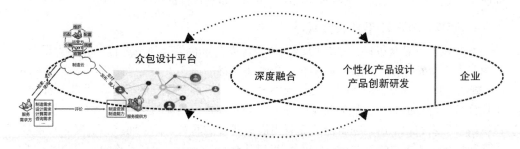

图 1-3 "互联网+"设计创新

"互联网+"设计创新是开放式创新模式的深化发展，是众包设计理论方法、众包设计模式全面应用的主要体现，代表了制造业研发创新设计的新形态，充分发挥了互联网在创新资源配置中的集成和优化作用，促进了跨地域、跨时空的群体创新资源的聚集与涌现，全面支持海量用户需求满足以及产品前沿技术和关键技术协同创新。

"互联网+"设计创新不仅仅是互联网技术的行业应用，还包含了数据智能分析与挖掘、设计过程可视化等新兴技术，带来的不仅是产品和工具的创新，更是思维和模式的迭代。"互联网+"设计创新相关技术和工具为企业产品设计创新提供了更加有效的手段，同时也带来了企业产品设计升级演进的新路线。随着产品设计"互联网+"的深入发展和应用，产品设计与互联网融合成了未来的必然趋势。

1）产品设计与互联网融合发展的选择。"产品设计＋互联网"的发展模式，以产品创新为出发点，以互联网信息通信技术、大数据分析与挖掘、数据可视化等先进技术为实现工具，以产品创新为目的，寻求关键技术的突破，满足用户个性化需求，加快产业升级。

2）"互联网＋"设计创新的跨界融合孕育全新业态。"互联网＋"设计创新打造全新的去中心化网络式产品创新设计生态系统，把传统产品设计垂直式创新模式，升级为以网络主动资源为核心的水平式创新模式。"互联网＋"设计创新不仅仅是把产品或服务简单地从线下转为线上，而是在互联网万物互联的思维下，实现产品创新设计网络化发展，打造个性化产品设计的全新业态。

1.3 众包设计的发展概述

1.3.1 众包设计相关理论研究现状

不同于传统设计理论方法的"理论突破指导实践应用"的发展历程，众包设计的相关理论研究源于对众包设计实践的分析与探索。因此，学界对众包设计的研究与业界的实践密切联系，从某种意义上讲，甚至可以认为众包设计实践的发展推动了理论研究。在实践牵引作用下，学界首先对典型的众包设计平台进行了分析，然后探索了众包设计的任务分配、执行与管理，最后对众包设计组织结果和运行机制进行了剖析。

1. 典型众包设计平台研究现状

国内外学者对众包设计平台的建设与运营以及平台设计项目进行了一系列研究。国内最早开始建设众包创新体系并取得瞩目成就的海尔开放创新平台（Haier Open Partnership Ecosystem，HOPE）引起了海内外一众学者的关注。余菲菲等[21]基于HOPE比较分析了用户创新和传统创新这两种不同创新方式的创新效应。研究结果表明，与传统创新方式相比，用户创新能够显著提高消费者的购买意愿，而产品的复杂程度越高反而会越削弱用户创新效应。Guo等[22]对比分析了海尔、美的、格力三家企业的开放创新战略，并重点研究了以HOPE为代表的一系列众包创新平台的运维方式。陈超等[23]以商业生态理论为基础，选取海尔集团为案例研究对象，从平台视角探究我国传统制造企业如何通过互联网平台模式实现转型。研究表明，互联网平台模式转型的驱动力是满足顾客个性化定制需求，转型方式分为改善内部资源能力和吸收外部创新资源，转型类型分为资源依赖型、资源互补型和资源整合型。海尔集团总裁梁海山等曾撰文阐述海尔的开放式创新研发体系并指出，海尔集团的技术能力体系经历了辅助式开放式创新－互补式开放式创新－迭代式开放式创新的3个不同阶段，实现了从模仿学习能力、自主研发能力到组合迭代能力的演化。在这个过程中，以HOPE为代表的一系列众包创新平台为企业的转型发展提供了重要的助推力[24]。除了研究HOPE之外，学界对其他众包设计平台的应用情况也进行了分析。Guo等[25]以小米社区为例分析了消费者参与众包创新项目的动因。结果显示，社会资本因素与用户的参与行为有较显著的关联关系。Zheng 等 [26] 研究了美国 Local Motors 公司的众包汽车设计项目案例。研究发现，参与者特征与项目属性对众包设计能否取得成功具有重要的影响作用。Bayus[27] 分析了 Dell（戴尔）公司 IdeaStorm（创意风暴）众包创新平台的应用模式，认为消费者在众包设计项目中扮演了多种角色，其最重要的作用在于为企业提供了产品开发创意等外部知识。

张军等 [28] 对国内最大的众包设计服务平台——猪八戒网，进行了深入研究，通过分析大众参与者的加权竞争关系网络结构，发现他们之间的竞争程度并不十分激烈，且核心网络是典型的小世界网络。郝金磊等 [29] 基于对猪八戒网众包创新案例的分析，提出了"赋能—价值共创—商业模式创新"的理论模型，他们认为众包设计平台的相关利益方共同组成了设计生态圈，当平台发展趋于稳定时，整个生态圈即可实现彼此赋能、互联共享、价值共创。Vignieri[30] 利用系统动力学模型对 InnoCentive（意诺新）平台众包设计项目的实施过程进行了仿真分析，发现平台性能与资源结构显著影响众包平台的运行状态。Deng 等 [31] 研究了亚马逊公司 Mechanical Turk 的运营模式，分析了用户参与众包任务的动因，他们发现良好的平台氛围对于用户的持续参与具有重要的促进作用。Wang[32] 通过分析 OpenIDEO（开放艾迪伊欧）平台众包设计团队的协作形式，探索了边缘性因素对协作的影响，得出"边际效应对于众包团队的有效协作具有重要的促进作用"的结论。胡海波等 [33] 研究了众包设计平台将内容消费者转变成内容创造者的过程中商业生态模式演化的逻辑动因，通过构建 SEDB[⊖] 模型，发现企业商业生态模式经历了从杠铃型到共生型的演化过程。

综上，现有研究对众包设计平台的运营方式、管理模式、项目实施流程、组织形式、参与各方特征等进行了深入细致的讨论与剖析，为众包设计理论的研究提供了发展方向。

2. 众包设计任务管控研究现状

目前，国内外关于众包设计任务的研究主要包括设计任务属性分类、设计任务分解与分配、设计任务执行与管理等内容。

在众包设计任务属性分类方面，Schenk 等 [34] 将众包任务分为常规型、创意型和复杂型 3 种，其中常规型任务有固定标准且服务结果易评估，创意型任务没有固定标准且服务结果较难评估，复杂型任务没有固定标准但服务结果易评估。Nakatsu 等 [35] 按照项目任务结构化、任务依存性以及任务承诺划分维度，将众包分成 7 种类型的任务，并将不同类型的众包任务匹配最合适的平台运行机制。戴晶晶 [36] 认为，在众包系统中，众包设计项目的任务类型应该以其技术难度和对创新的需求两个方面来定义，不同类型的众包任务有不同的匹配机制与其适应。综合来看，不论按照何种标准划分，众包设计任务都可以粗略地划分为简单设计任务与复杂设计任务两种。

在众包设计任务分解与分配方面，庞辉等 [37] 提出了基于项目 – 任务 – 活动框架的定性任务分解策略，结合任务粒度定量分析的方法，建立任务内聚系数计算公式，构建

　　⊖　安全环境数据库。——编辑注

了网络环境中产品设计流程的任务分解模型。Buyya 等 [38] 通过虚拟机技术建立了面向市场的任务资源分配云服务体系，提出了一种基于用户驱动与风险评估的任务分配策略，并基于该策略建立了云服务任务分配机制。文献 [39] 提出了一种云环境下的任务数据交换技术，通过特征数据交换的方法以云端服务的形式将各个子任务分配给协同设计成员。陈健等 [40] 结合协同设计理论，针对工业设计云服务平台中子任务与服务资源配置过程中存在的匹配效率问题，在分析了云服务平台协同任务与服务资源特点的基础上，提出了任务模块化重组的计算方法与实施框架。现有研究从不同角度出发，为众包设计任务的微观研究提供了多种思路，但对于众包设计过程中任务划分粒度及其关系研究较少。

在众包设计任务执行与管理方面，国内外学者的主要关注点多集中在机器学习、语言类工作（如翻译）、软件开发与测试等领域 [41]。Leicht 等 [42] 研究了开源软件项目实施过程中，通过众包手段开展原型测试工作的方法与步骤。邵璐等 [43] 研究了外文文本的"语篇"分解方法，提出了面向语篇、语素级别的翻译众包任务分配策略与机制。部分学者还研究了普适化的众包项目实施流程，如 Yin 等 [44] 研究了通信手段对众包任务开展的影响，指出众包平台往往会隐藏参与者的个人属性和社会特征。在平台中，通信常常是单线程的，即从需求方指向参与方：需求方将工作分解成粒度较小的任务，并发送给参与方，后者会通过类似"黑箱式"的工作方法完成任务，并反馈给需求方，经过数轮交互，最终完成整体任务。Staffelbach 等 [45] 认为复杂的众包任务需要多线程的通信手段，即需求方与参与方的交流以及不同参与方之间的交流，复杂任务的实施模式更接近于问题解决的外包模式。截至目前，围绕设计类任务的执行与管理的研究文献仍十分匮乏。需要指出的是，对于设计类任务的执行步骤、关键节点、过程管理等研究尚处于空白状态。

在众包项目质量管理研究方面，国内外学者围绕长期质量管控、质量评价等开展了一系列研究。高丽萍等 [46] 研究了众包项目长期质量管控策略，提出了一种基于动态选取工作者的质量控制模型；Allah bakhsh 等 [47] 构建了一种面向众包任务的普适化质量评价模型，提出了有助于预防和缓解质量问题的措施和策略；Hu 等 [48] 提出了一种面向常规众包项目的激励算法，其特点在于能够训练参与者掌握项目必需的技能，而非单纯淘汰不合规的参与人员；通过调查访谈等定性手段，Niu 等 [49] 研究了众包设计过程中影响产品设计质量的关键因素，并与传统设计方式进行了对比分析。

现有研究提出了一些较为普适化的众包设计任务质量控制手段，但对于众包任务的实施步骤、质量管控策略等研究较少。另外，对于设计类任务的基础性研究也较为匮乏。

3. 众包设计系统组织运行机制研究现状

分析众包设计的组织结构和运行机制，研究组织中群体表现的超越个体行为所不具备的解决复杂问题的能力和特性，即群体智慧。群体智慧产生于大量不同个体的相互协作过程中，是群体集合所表现出的优于个体或个体总和的整体性智慧与广泛性智能。群智的涌现、感知与计算是群智研究的重要组成部分。

Nguyen 等 [50] 指出，群体智慧被认为是决定 Web 2.0 的力量。Surowiecki[51] 认为，一个集体表现出智慧所必须满足的 4 个标准——多样性、独立性、分散化、集中化，同时提出群体智慧总体框架——群体、聚集方法、集体绩效评价。Maiulien 等 [52] 提出了评估竞争情报潜力的概念框架，将提出的概念框架定义为 3 个层次——能力水平、涌现程度、社会成熟度，并提出了相应计算指标，得到群智潜力指数，认为该指数可以帮助社区项目的开发人员和发起人评估此类项目的群智潜力。Salminen[53] 通过将群体智能作为一个复杂适应系统进行研究来消除其概念的模糊性，讨论了 3 种众包平台（OpenIDEO、Quirky 和 Threadless），提出了一个新的群智理论框架：微观、涌现和宏观。

为了研究群体智能的涌现机制，Malone 等 [54] 利用"基因"的概念定义 4 个"基因"模块——"Who、Why、What、How"来类比群智系统，建立群智基因组模型，并以 Wikipedia、Linux 等社区平台为例，研究群智的涌现机制。其中，"Who、Why、What、How"的含义分别为"Who is performing the task?""Why are they doing it?""What is being accomplished?""How is it being done?"。具体对应参与群体（普通个体参与者和提出任务或挑战的组织）、参与动机（金钱、兴趣与荣誉）、目标（创造和决策）和解决方法（独立创造、成员协作、个人决策和群体决策）。Suran 等 [55] 以 Malone 等人构建的群智基因组模型为基础，以欧盟"地平线 2020"科研框架内开发的 10 个众包项目为例，提出了一组可以包含在基因组模型中的组件——受益者、知识和社会、基于协作的竞赛。该模型不仅考虑了群体智慧系统的应用领域，并且在原有基础上添加了系统组件交互视图，提高了群智涌现机制的研究粒度。进一步地，Suran 等 [56] 在 Malone 等的群智基因模型研究的基础上，通过对 2000 年以来发表的 9418 篇学术文章中提出的群智基因模型进行系统回顾与研究，从中提取了 12 个群智基因，概括出 24 个独立属性，并定义为类型和子类型，同时描述了子类型特性（如参与者"Who"特性为多样性、独立性和临界效应），这项研究工作是对 Malone 等的群智基因模型的补充和完善。

综上所述，国内外学者在众包机制、群体智慧等研究领域取得了大量成果，为众包设计的有效开展提供了保障，但目前仍存在一些不足：已有研究主要针对某些具体领域或从特定角度（如众包关键技术、参与者互动关系等）出发开展分析与讨论，缺乏从整体的角度把握任务平台方、需求方和各种资源基础等要素之间的关系与动态变化。

1.3.2 众包设计相关理论研究趋势

国内外学者围绕众包设计进行了大量研究，具体包括用户需求获取与分析、主动资源组织与激励、设计过程优化与管控等内容，充分反映了众包设计的研究热点与发展趋势，揭示了众包设计将朝着更精确、更高效、更可控的方向发展。

1. 用户需求获取与分析

有效提取用户需求并将非结构化、模糊的信息转化为有效的设计指引，进而匹配具备相应能力的设计资源是众包设计重要的发展趋势之一。

1）动态需求获取。用户需求获取是产品设计的第一步，是有效执行设计任务的基本保障。传统的用户访谈和产品调研在对动态用户需求的收集和分析效率上都出现了明显的下滑。为了方便用户快速与平台交互，众包数据库的概念被提出[57]，通过简单的类 SQL 语言，为用户提供 API，便可实现用户、众包参与成员和众包平台之间的交互和封装。

2）模糊需求分析。自然语言表达的用户需求往往难以理解，达不到设计规范要求。将用户的模糊需求转化为规范化、标准化的产品设计语言，对众包设计任务的高效执行起着至关重要的作用。将众包设计平台中多个不同领域的以文本信息形式记录的用户需求提炼成概念，通过构建知识图谱的方法从中挖掘出有价值的信息，同样基于该方法抽取需求模式，可以达到准确、有效地理解用户意图[58]。

3）用户需求与网络主动资源匹配。用户产品需求的差异化和个性化与网络主动资源技能的多样化之间存在某种关联匹配关系，合理进行关联与匹配可以确保网络主动资源高效利用，达到经济效益最大化。过去用户需求设计的单一学科团队很难适应众包设计项目对多科学团队的要求，构建多团队跨学科交叉协作模型，更有利于理解和满足动态、模糊的用户需求[59]。

2. 主动资源组织与激励

众包设计项目能够成功的关键是对分散化、自主性的网络主动资源进行有效组织和管理，同时设计复合式激励机制，保障大规模群体协作过程中群智的涌现。

1）主动资源识别与组织。有相关研究表明，尽管众包设计活动是完全自由开放的设计活动，但是在参与设计任务的网络群体也存在马太效应，更专业的资源群体会向更复杂的产品设计方向聚集。众包模式的优势在于利用大众群体知识及能力的多样性，支持跨知识领域的设计服务与技术创新。建立众包主动资源与设计任务之间的双向网络模型以分析主动资源的参与行为[60]，基于社会网络关系理论从众包设计活动中识别领先主动资源[61]，成为多样化主动资源组织及其与差异化设计任务系统匹配的理论支撑。

2）主动资源有效激励。大规模网络主动资源的多元化参与动机符合马斯洛需求层次理论，为了促进众包设计平台的可持续发展，设计不同多样化的激励措施并构建稳定的激励机制，吸引大规模主动资源主动参与，根据主动资源不同层级关系，使其从单向促进到双向互补转变，实现协同共生的目的[62]，以保障在协作交互过程中群智的持续涌现，达到众包设计过程的多赢结果。

3）群体智慧质量控制。众包设计成果的重要影响因素是基于主动资源的设计能力和知识水平，根据不同的设计任务应用场景，匹配合理的主动资源，研究群智汇聚机制和质量控制方法，确保群智高质量涌现，以满足设计要求。Chen 等[63] 对众包参与资源的设计能力进行了综合评估，为不同设计任务选择和匹配合适的设计资源，同时对其进行了优化和调度，使其依次处理不同的众包任务。除此之外，为优化选择策略，该团队根据不同成员的特点，提出了成员评价指标和目标变量，构建了基于优化选择指标体系的决策模型[64]。

3. 设计过程优化与管控

众包设计任务的复杂性和主动资源的自主性，决定了设计任务执行过程的不可预知性，如何实现过程寻优及有效管控也是众包设计模式的重要演化趋势。

1）设计任务分解模块化。对于复杂产品设计任务而言，设计周期长，工作强度大，主动资源参与度通常难以有效控制，设计方案的及时性和完成度难以保障。为了有效提高众包任务的执行度，需要将完整的设计任务根据主动资源的能力状况，尽可能拆解成细粒度的子任务。同时，考虑主动资源的不同技能水平和空闲状况，将设计子任务智能批量分配给设计资源，以降低任务的延迟，满足任务的预期准确性[65]。这种做法以较低的设计复杂度实现了较优的设计效能，显著降低设计成本[66]。

2）设计质量控制过程化。产品设计过程中的质量包括产品质量以及产品设计过程中的工作质量。产品质量是核心，工作质量是保障。设计质量控制贯穿设计质量形成的全过程，现有研究往往过于注重生产过程和生产后的质量控制，而工作质量是决定产品质量的关键[49]。设计质量控制的最终目的便是要综合提高这两方面的质量。由于主动资源的异质性，众包设计质量控制具有一定的挑战性，尤其是工作质量，解决成本可能会很高。如果将模块化的众包任务独立考虑，把产品质量控制分散到模块化的子任务中，就可以避免整个产品设计冗余带来的麻烦，同时通过对细粒度的子任务进行控制，也可以大大提高工作效率。

3）成果交付管控融合化。众包设计所依赖的互联网环境决定了设计交付物的数字化性质，分配下去的子任务都会产出不同的设计成果，因为子任务的异质化决定了子成果不同的成本和要求，对每一个子成果的质量需要单独考虑，因此需要建议通用的设计成果评价指标体系，同时也要注意子任务的衔接性以及全部设计任务的完整性，因为从设计流角度来看，这些设计子成果必然存在着耦合关系。主动资源与用户的关系类似于雇佣关系，然而雇员由个人到群体，无疑会改变所有权的现状[67]。为了避免经济利益纠纷，制定合理的方案认定标准以及成果支付计算标准迫在眉睫。将众包设计成果的交付与报酬支付同设计子任务的模块化拆解结合起来，形成统一完整的组织框架，统筹兼顾，合理规划，对众包设计而言是一大挑战。

1.4 众包设计的发展挑战

我国制造业创新研发体系面临模式创新不足、融合新生态发展不足等问题，如图1-4所示。将制造业研发创新与"互联网＋"思维融合，建立基于互联网的制造业创新研发体系，通过构建制造业众包设计深度融合平台，利用广泛的社会化主动资源解决企业技术创新难题，实现制造业创新研发模式的升级演进，成为制造业研发创新发展的重要出路。目前，国内外典型的众包设计平台面临诸多挑战，迫切需要与制造业深度融合，向支持个性化设计、构建"互联网＋"研发体系的高端专业平台发展。

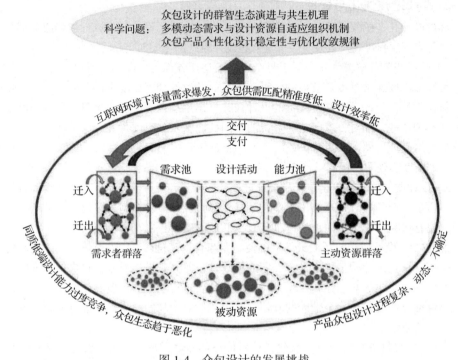

图 1-4　众包设计的发展挑战

1.4.1　众包设计生态系统演进与共生趋于恶化

众包设计生态系统目前正处于从"无序"向"有序"发展的过程中，早期以聚集创意资源为主要目的，规模庞大、构成复杂，设计服务资源组织松散、功能单一，用户行为自发性强、贡献内容繁杂。

尽管业界已经兴起一股构建众包设计平台助推企业开展产品设计活动的热潮，但相当数量的平台状态低迷，成员活力差，项目成功率低，成果产出少，并未给企业创造应有的价值。究其原因，一方面是由于国内外围绕众包设计的研究尚处于初始阶段，众包设计的模型范式、过程管控、内在规律与机理等基础理论较为匮乏；另一方面，众包设计生态系统大多仍处于自发设计阶段，在主体种群构成、主体行为特征、生态位及种间关系、系统应用模式、运维策略等方面与传统群智生态系统（如开源软件社区）存在较大差异，实践经验可借鉴部分较少，故诸多问题仍有待探索。

目前，众包设计生态系统中设计活动参与者众多、角色模糊，同质低端设计能力过度竞争，需求/事件发生随机性较强，能力与需求匹配不佳，众包生态趋于恶化。随着时间的推移，用户的在线行为也逐步向着多元化、离散化的方向发展，交互/协作关系呈现出多样、复杂的特点。因此，如何能够有效地管理主体种群、整合资源、引导用户行为并组织产品设计活动，都面临着一系列的挑战：①设计主体与需求主体种类繁多、构成复杂，前者在能力水平、知识领域、行为意向等方面存在显著差异，后者在需求层次、复杂度、需求领域等方面各不相同，如何区分主体角色并定义其属性和行为特征，进而实现有效、精准的需求与能力匹配是众包设计需要面对的挑战之一；②主体间的有效协同是众包设计取得成功的关键，在众包生态系统中，主体间的交互如何发展演进，用户以何种形式参与创新，设计活动呈现出怎样的规律和机理，分析并解决这些问题是众包设计需要面对的又一挑战；③众包设计生态系统种群众多、关系错综复杂，其结构类似于多层网络叠加的超网络系统，如何准确定义网络层次结构，构建能够反应生态系统特点的超网络模型是众包设计亟待解决的重要问题。

1.4.2 海量用户需求的快速辨识与有效响应困难重重

在众包设计等设计新模式语境下[68]，用户需求在大规模定制化生态中呈现动态与个性化的特性，并且数量随着互联网的发展呈现海量爆发的态势。众包设计中的需求来源不再局限于传统设计中的用户表达需求，更多的需求隐藏于众包设计生态演进过程中的各个时间角落和空间角落[69]，例如交互过程中包含的动态变更需求、演化过程中涌现的创新设计需求、多主体差异化引发的个性化需求、受生态启发的用户模糊前端隐性需求等。由于上述众包设计需求来源复杂、结构各异、种类繁多等特性[70]，使用传统设计理论中的方法对其捕捉、应用十分困难。另外，众包设计相较于传统设计的时空广阔性蕴含了更丰富的设计资源，如此复杂的用户需求如何与资源实现精准匹配，亦是提升海量需求驱动的众包设计效率与质量的重大难题。其具体表现为众包设计需求的多源异构特性引发的需求结构化表征难；海量自然语言表述的需求引发的需求要素识别与集成难；众包设计生态动态演进与多主体特性引发的多动力驱动的需求动态演化更新难；众包设计大规模定制化与极速迭代特性引发的非完备众包需求高效挖掘与补全难；海量模糊的设计需求与丰富多样的设计资源之间精准匹配与转换难。

1.4.3 大规模众包设计资源自组织与管理效率低下

众包设计的快速发展使得需求方与设计方数量呈指数级增长，但这也给众包服务平台的运营主体带来了前所未有的管理挑战。以猪八戒网为例，作为从2008年的生存阶段发展到拥有2800万注册用户的我国最大服务众包平台，猪八戒网可为企业提供的专业服务就有1000余种，涉及知识产权、人才招聘、软件开发、工商财税、品牌营销、科技咨询、共享办公等几十个服务领域，并覆盖企业的全生命周期发展阶段。但更多的众包服务平台在流量和用户迅速增长的同时，并没有做好平台设计资源的管控以及有效的需求资源对接，结果导致卖家（服务商）吃不饱、买家（用户）不满意，最终平台无法沉淀有效的资源客户以形成良性的生态发展环境。如何对海量众包设计资源进行有效管控，制定合理的资源匹配方案以供用户决策参考，提高设计资源的精准性、可靠性、有效性，提升用户满意度，是众包设计系统平台方亟待解决的重要问题。

1.4.4　复杂协作型众包设计过程难以优化收敛

随着众包设计的发展以及更多拥有专业技能的众包用户的出现，大众开始直接参与到产品的设计过程，甚至直接由大众进行产品设计，设计内容也从简单的 LOGO 设计、服装设计发展到复杂的程序设计、家电设计等。但是更加复杂与开放性的问题依靠提前设计工作流来完成众包设计是很困难的，开放式和复杂的目标不容易依靠微任务工作流来完成，因为很难通过清晰的表达、模块化和预先指定实现这些目标所需的所有可能行动，这就使得众包设计过程面临不易收敛的挑战。概括地讲，众包设计过程不易收敛主要由以下原因导致：首先是设计过程中设计需求是从模糊抽象到详细具象的动态变化；其次是开放式创新环境中多样化设计主体的状态不确定性和波动性；最后是多主体设计协同中的主体关系不透明、设计过程难监督等特征。

为了更好地利用大众的力量，解决更加复杂、开放性的设计问题，众包设计平台需要提供更多对设计过程进行有效管控的措施和方法，构建支持需求方、设计方等平台上的各类人员进行交互的工具，建立有效的多阶段需求与设计资源的任务调控机制，支撑复杂的多阶段设计迭代过程。

参考文献

[1] 谢友柏 . 现代设计理论和方法的研究 [J]. 机械工程学报，2004（4）：1-9.

[2] 锁箭，张霓，白梦湘 . 中小企业开放式创新真的有效吗？——基于共同专利的视角 [J]. 首都经济贸易大学学报，2021，23（3）：101-112.

[3] 闫春，黄绍升，黄正萧 . 创新开放度与创新绩效关系的元分析 [J]. 研究与发展管理，2020，32（6）：177-190.

[4] 涂慧 . 社会网视角下众包中的知识流研究 [D]. 武汉：中南民族大学，2013.

[5] HOWE J. The rise of crowdsourcing[J]. Wired Magazine, 2006, 14(6): 1-5.

[6] HOWE J. Crowdsourcing: why the power of the crowd is driving the future of business [M]. New York: Crown Publishing Group, 2008.

[7] 刘锋 . 威客的商业模式分析 [D]. 北京：中国科学院，2006.

[8] 魏拴成 . 众包的理念以及我国企业众包商业模式设计 [J]. 技术经济与管理研究，2010（1）：36-39.

[9] 冯小亮 . 基于双边市场的众包模式研究 [D]. 武汉：武汉大学，2012.

[10] 王姝 . 网商平台众包模式的协同创新研究 [D]. 杭州：浙江大学，2012.

[11] BAKIRLIOGLU Y, KOHTALA C. Framing open design through theoretical concepts and practical applications: a systematic literature review[J]. Human-Computer Interaction, 2019:1-45.

[12] MENENDEZ-BLANCO M, BJORN P. Makerspaces on social media: shaping access to open design[J]. Human-Computer Interaction, 2019, 34(5-6):1-36.

[13] BOISSEAU, ÉTIENNE, OMHOVER J F, et al. Open-design: a state of the art review[J]. Design Science, 2018, 4: e3.

[14] 郭伟，王震，邵宏宇，等 . 众包设计理论及关键技术发展研究 [J]. 计算机集成制造系统，2022：1-25.

[15] BRABHAM D C. 众包 [M]. 余渭深，王旭，译 . 重庆：重庆大学出版社，2015.

[16] FISHER L. 完美的群体：如何掌控群体智慧的力量 [M]. 邓逗逗，译 . 杭州：浙江人民出版社，2013.

[17] 中国人工智能 2.0 发展战略研究项目组 . 中国人工智能 2.0 发展战略研究 [M]. 杭州：浙江大学出版社，2018.

[18] HOLLAND J H. 隐秩序：适应性造就复杂性 [M]. 周晓牧，韩晖，译 . 上海：上海科技教育出版社，2011.

[19] CHESBROUGH H W. Open innovation: the new imperative for creating and profiting from technology[M]. Boston:Harvard Business Press, 2003.

[20] CHESBROUGH H W, BOGERS M. Explicating open innovation: clarifying an emerging paradigm for understanding innovation[J]. New Frontiers in Open Innovation, 2014: 3-28.

[21] 余菲菲，燕蕾 . 创新社区中用户创新的创新效应及意见探究：以海尔 HOPE 创新平台为例 [J]. 科学学与科学技术管理，2017，38（2）：55-67.

[22] GUO Y T, ZHENG G. How do firms upgrade capabilities for systemic catch-up in the open innovation context? A multiple-case study of three leading home appliance companies in China[J]. Technological Forecasting and Social Change, 2019, 144(7): 36-48.

[23] 陈超，陈拥军 . 互联网平台模式与传统企业再造 [J]. 科技进步与对策，2016, 33（6）：84-88.

[24] 梁海山，魏江，万新明 . 企业技术创新能力体系变迁及其绩效影响机制——海尔开放式创新新范式 [J]. 管理评论，2018，30（7）：281-291.

[25] GUO W, LIANG R Y, WANG L, et al. Exploring sustained participation in firm-hosted communities in China: the effects of social capital and active degree[J]. Behaviour & Information Technology, 2017, 36(1-3): 223-242.

[26] ZHENG Q, GUO W, AN W, et al. Factors facilitating user projects success in co-innovation communities[J]. Kybernetes, 2017, 47(4): 656-671.

[27] BAYUS B L. Crowdsourcing new product ideas over time: an analysis of the Dell IdeaStorm community[J]. Management Science, 2013, 59(1): 226-244.

[28] 张军，李鹏 . 众包参与者竞争网络研究——以猪八戒网站为例 [J]. 情报杂志，2014, 33（11）：188-192.

[29] 郝金磊，尹萌 . 分享经济：赋能、价值共创与商业模式创新——基于猪八戒网的案例研究 [J]. 商业研究，2018（5）：31-40.

[30] VIGNIERI V. Crowdsourcing as a mode of open innovation: exploring drivers of success

of a multisided platform through system dynamics modelling[J]. Systems Research and Behavioral Science, 2021, 38(1): 108-124.

[31] DENG X N, JOSHI K D. Why individuals participate in micro-task crowdsourcing work environment: revealing crowdworkers' perceptions[J]. Journal of the Association for Information Systems, 2016, 17(10): 3.

[32] WANG R. Marginality and team building in collaborative crowdsourcing[J]. Online Information Review, 2020, 44(4): 827-846.

[33] 胡海波，管永红，胡京波，等 . 动态能力视角下共享经济的商业生态模式演化研究——设客网研发设计众包案例 [J]. 中国科技论坛，2017（8）：159-167.

[34] SCHENK E, GUITTARD C. Towards a characterization of crowdsourcing practices[J]. Journal of Innovation Economics Management, 2011, (1): 93-107.

[35] NAKATSU R T, GROSSMAN E B, IACOVOU C L. A taxonomy of crowdsourcing based on task complexity[J]. Journal of Information Science, 2014, 40(6): 823-834.

[36] 戴晶晶 . 网络众包的过程模型和平台（模式）构建研究：商业模式成型视角 [D]. 南京：东南大学，2017.

[37] 庞辉，方宗德 . 网络化协作任务分解策略与粒度设计 [J]. 计算机集成制造系统，2008，14（3）：425-430.

[38] BUYYA R, YEO C S, VENUGOPAL S, et al. Cloud computing and emerging IT platforms: vision, hype, and reality for delivering computing as the 5th utility[J]. Future Generation Computer Systems, 2009, 25(6): 599-616.

[39] WU Y, HE F, ZHANG D, et al. Feature-based data exchange as service for cloud based design and manufacturing[C]. 2015 IEEE 19th International Conference on Computer Supported Cooperative Work in Design (CSCWD), IEEE, 2015: 594-599.

[40] 陈健，莫蓉，初建杰，等 . 工业设计云服务平台协同任务模块化重组与分配方法 [J]. 计算机集成制造系统，2018，24（3）：720-730.

[41] FÁBIO R, ASSIS N, SANTOS C A S. Understanding crowdsourcing projects: a systematic review of tendencies, workflow, and quality management[J]. Information Processing & Management, 2018, 54(4): 490-506.

[42] LEICHT N, KNOP N, CHRISTOPH M-B, et al. When is crowdsourcing advantageous? The case of crowdsourced software testing[C]. European Conference on Information Systems (ECIS 2016), 2016.

[43] 邵璐，曹艺馨 . 语篇·非语篇·语言资源：众包翻译的过程与产物 [J]. 外国语，2020，43（3）：102-109.

[44] YIN M, GRAY M L, SURI S, et al. The communication network within the crowd[C]. Proceedings of the 25th International Conference on World Wide Web, 2016: 1293-1303.

[45] STAFFELBACH M, SEMPOLINSKI P, KIJEWSKI-C T, et al. Lessons learned from crowdsourcing complex engineering tasks[J]. PLoS One, 2015, 10(9).

[46] 高丽萍，金涛．动态选取工作者模型的长时众包质量控制策略 [J]．小型微型计算机系统，2020（10）：2017-2023.

[47] ALLAHBAKHSH M, BENATALLAH B, CAPPIELLO C, et al. Quality control in crowdsourcing: a survey of quality attributes, assessment techniques, and assurance actions[J]. ACM Computing Surveys, 2018, 51(1):1-40.

[48] HU Q, WANG S, MA P, et al. Quality control in crowdsourcing using sequential zero-determinant strategies[J]. IEEE Transactions on Knowledge and Data Engineering, 2020, 32(5): 998-1009.

[49] NIU X, QIN S, ZHANG H, et al. Exploring product design quality control and assurance under both traditional and crowdsourcing-based design environments[J]. Advances in Mechanical Engineering, 2018, 10(12).

[50] NGUYEN V D, NGUYEN N T. Intelligent collectives: theory, applications, and research challenges[J]. Cybernetics and Systems, 2018, 49(5-8): 261-279.

[51] SUROWIECKI J. The wisdom of crowds[M]. New York:Anchor, 2005.

[52] MAIULIEN M, Skarzauskiene A. Modelling the index of collective intelligence in online community projects, 2015.

[53] SALMINEN J. The role of collective intelligence in crowdsourcing innovation [D]. Lappeenranta:Lappeenranta University of Technology, 2015.

[54] MALONE T, LAUBACHER R, DELLAROCAS C. Mapping the genome of collective intelligence[J]. MIT Centre for Collective Intelligence Working Paper, 2009, 1: 341-358.

[55] SURAN S, PATTANAIK V, YAHIA S B, et al. Exploratory analysis of collective intelligence projects developed within the EU-horizon 2020 framework[C]. International Conference on Computational Collective Intelligence, Cham, 2019: 285-296.

[56] SURAN S, PATTANAIK V, DRAHEIM D. Frameworks for collective intelligence: a systematic literature review, supplemental material[J]. ACM Computing Surveys (CSUR), 2020.

[57] 柴成亮，李国良，赵天宇，等．众包数据库综述 [J]．计算机学报，2020，43（5）：948-972.

[58] TU Z, LV M, XU X, et al. Crowdsourcing service requirement oriented requirement pattern elicitation method[J]. Neural Computing and Applications, 2020, 32(14): 10109-10126.

[59] MA X J, DING G F, QIN S F, et al. Transforming multidisciplinary customer requirements to product design specifications[J]. Chinese Journal of Mechanical Engineering, 2017, 30(5): 1069-1080.

[60] SHA Z, CHAUDHARI A M, PANCHAL J H. Modeling participation behaviors in design crowdsourcing using a bipartite network-based approach[J]. Journal of Computing and

　　　Information Science in Engineering, 2019, 19(3): 1-12.

[61] 曾庆丰，郭倩，张岚岚，等 . 基于聚类算法的开放式创新社区领先用户识别方法 [J].
　　　计算机集成制造系统，2019，25（11）：2943-2951.

[62] 张庆强，孙新波，钱雨，等 . 众包社区与用户协同演化的协同激励机制案例研究 [J].
　　　科学学与科学技术管理，2020，41（11）：98-116.

[63] CHEN J, MO R, CHU J, et al. Research on the optimal combination and scheduling method
　　　of crowdsourcing members in a cloud design platform[J]. Proceedings of the Institution
　　　of Mechanical Engineers, Part B: Journal of Engineering Manufacture, 2019, 233(11):
　　　2196-2209.

[64] CHEN J, MO R, YU S, et al. The optimized selection strategy of crowdsourcing members
　　　in cloud-based design and manufacturing platform[J]. Advances in Mechanical Engineering,
　　　2020, 12(2): 1-16.

[65] CHENG P, LIAN X, JIAN X, et al. FROG: a fast and reliable crowdsourcing framework[J].
　　　IEEE Transactions on Knowledge and Data Engineering, 2019, 31(5): 894-908.

[66] JIANG J, AN B, JIANG Y, et al. Batch allocation for tasks with overlapping skill
　　　requirements in crowdsourcing[J]. IEEE Transactions on Parallel and Distributed Systems,
　　　2019, 30(8): 1722-1737.

[67] LOVE J, HIRSCHHEIM R. Crowdsourcing of information systems research[J]. European
　　　Journal of Information Systems, 2017, 26(3): 315-332.

[68] ZHAO Y X, ZHU Q H. Evaluation on crowdsourcing research: current status and future
　　　direction[J]. Information Systems Frontiers, 2012, 16(3): 1-18.

[69] ZHOU F, JIAO R J, LINSEY J S. Latent customer needs elicitation by use case analogical
　　　reasoning from sentiment analysis of online product reviews[J]. Journal of Mechanical
　　　Design, 2015, 137(7): 071401.

[70] 程学旗，靳小龙，王元卓，等 . 大数据系统和分析技术综述 [J]. 软件学报，2014，25
　　　（9）：1889-1908.

第 2 章

众包设计理论体系

2.1　引言

　　众包作为一种开放式创新模式，不断与产品设计创新融合，迫切需要创新发展群智协同设计理论，研究需求驱动与资源自组织机制，突破支持个性化众包设计平台关键技术，构建制造业"互联网＋"研发体系新模式。以构建跨时空的制造业创新研发体系为目标，探索制造业众包创新研发体系共生演进发展新模式，揭示众包设计平台升级演进有效途径；研究群智生态环境下个性化众包设计新理论，形成完整的支持个性化设计的众包设计理论；突破支撑产品设计全过程的众包设计关键技术，推进制造业研发设计与众包模式的深度融合发展。

　　本章从众包设计的微观群智创新作用和宏观众包设计生态系统演进的角度详细阐述众包设计机理，提出了众包设计理论体系，主要包括两部分内容——群智创新设计过程理论和众包设计生态系统理论，其中，众包设计生态系统理论包括动态需求分析理论、设计资源组织理论、动态过程管控理论等。众包设计理论体系丰富了现代产品设计理论，支撑开放式创新设计的实践与发展，在满足海量用户的个性化需求、提高设计资源的利用效率、优化产品设计的成本与效率等方面具有一定的理论价值和现实意义。

2.2　众包设计的群智作用机理

2.2.1　众包设计过程模型

1. 公理化设计过程模型

　　经典的公理化设计理论[1-2]，如图 2-1 所示，将设计过程归纳为用户域（customer

domain)、功能域（functional domain)、物理域（physical domain)和工艺域（process domain)之间的映射，这4个域中的元素分别对应用户属性（customer attribute)、功能要求（function requirement)、设计参数（design parameter)和工艺变量（process variable)。产品设计过程就是相邻两个设计域之间相互映射的过程。

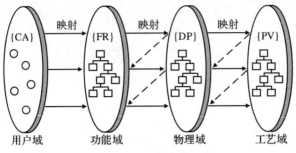

图 2-1 公理化设计理论

公理化设计理论认为设计是自顶向下的过程，可由设计抽象概念的高层次到详细细节的低层次逐步展开，并在各个域中曲折进行设计问题的求解。

2. 众包设计过程模型

从众包设计、众包设计系统概念出发，从微观视角看，产品设计在众包设计系统中的设计过程模型如图2-2所示。产品设计从需求分析与设计目标确定开始，逐级展开形成产品设计任务及流程，进而在众包设计平台中组织并形成众多的众包设计任务与活动，吸引广泛的设计主体聚集并参与设计创新活动。产品设计过程自上而下分层展开并反馈迭代，形成了设计过程的不断深化，直至实现设计目标。

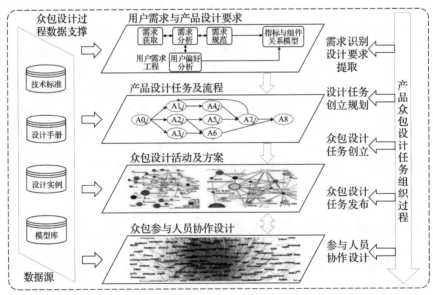

图 2-2 众包设计系统中的设计过程模型

在众包设计过程中，用户需求到设计任务的映射与转化、设计参与者与设计任务的耦合匹配、设计任务动态执行过程是产品设计动态演化过程中 3 个核心要素，三要素之间相互影响、相互作用，在彼此交互过程中共同促进设计方案的形成。

现有关于产品设计的理论研究（例如公理化设计理论、TRIZ[⊖]、稳健性设计等）较多关注某一阶段问题的求解或设计任务与过程的组织方式，较少在同一设计过程模型中同时考虑此三要素，最关键的是，对主动资源的适应性和能力水平认识不足，尤其在主动资源与设计任务关联匹配方面缺乏足够指导。

众包设计显著区别于其他产品设计方法的一点是，对网络分布式主动资源的创新潜力和设计能力的挖掘与应用。群智作用机理是众包设计的核心，群智创新设计是基于大规模群体交互所形成的群体创新设计活动，其本质是通过参与群体之间交互而形成的知识流动、集成、竞争、进化过程，核心特征表现为围绕设计需求的群体智慧交互作用及其对应的知识网络的动态演化。

通过众包设计过程模型构建，系统总结 3 个核心要素，利用 3 个要素不同的组件，分析每一个要素的形成过程，在此基础上，系统研究众包设计过程 3 个要素的输入 / 输出、动态变化及相互之间的关联关系，并构建相关理论模型，在微观层面上探究众包设计中的群智作用机理。

2.2.2　众包设计的群智作用机理模型

1. 群智创新设计过程建模

众包设计任务执行过程是由用户需求到众包任务自上而下的映射与转化过程以及资源到众包任务自下而上的动态精准匹配双向作用的结果，3 个要素系统概括了众包设计在微观层面的动态演化过程，共同作用并不断影响众包设计过程的动态变化。

众包设计过程本质上是群智作用的结果，体现了大规模主动资源的协作参与，体现了群智的交互与集成。因此，结合用户需求到设计任务的映射与转化、设计参与者与设计任务的耦合匹配、设计任务动态执行过程这 3 个要素，构建群智创新设计过程模型，如图 2-3 所示。通过 3 个维度的分析，进一步揭示众包设计中的群智作用机理。

群智创新设计在过程维、任务维与资源维构成的三维空间内进行。过程维内由需求域至物理域的产品设计多域映射过程动态投射至任务维，构建成设计任务体系，设计任务体系进而动态投射至资源维，主动资源通过竞争、协作等多种方式完成相关任务。群智创新设计过程模型，研究三维度之间的关联作用及作用关系和调节机制，针对海量主动资源的适应性、复杂性的特点，探究众包设计过程中主动资源的竞争与协作关系和调节机制，分析从设计任务发布、主动资源响应和执行到交互 – 交付的演进过程及特征，探究众包设计过程动态演化机制。

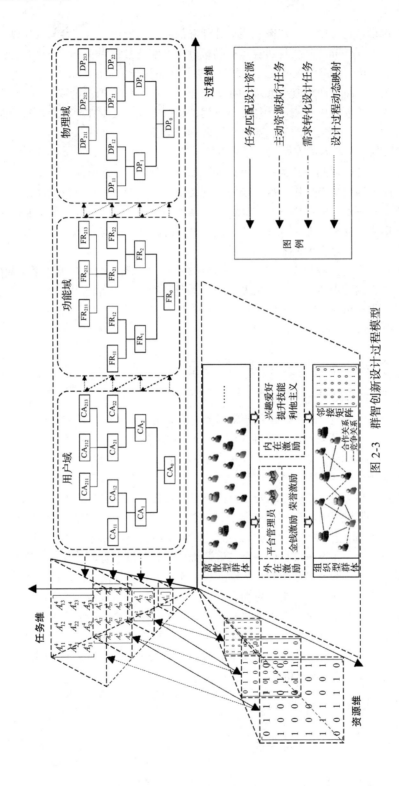

图 2-3 群智创新设计过程模型

（1）群智创新设计过程维

过程维表示产品设计任务创成及动态演化的过程。过程维建立的主要依据为公理化设计理论。

从设计过程组织视角看，基于公理设计多域映射的产品设计过程，可转化为一系列设计任务的创建、执行、综合决策过程。因此，产品设计任务体系的生成是一个自顶向下的迭代过程，如图 2-4 所示。每次拆解遵循公理化设计理论，包括需求分析、功能分析、物理分析及工艺分析 4 个阶段，每个阶段对应不同的公理化设计理论中的设计域。映射过程通过设计结构矩阵（Design Structure Matrix，DSM）构建多域之间的参数网络，参数网络关联多域之间的约束条件及关联关系，通过拆解与映射的统一，实现产品设计任务的生成。

1）需求分析与设计参数网络映射阶段。需求分析是设计的起点，通过需求识别与拆解，确定功能性需求、非功能性需求及其约束条件，进一步通过需求参数网络对用户需求进行映射。

以用户域和功能域为例，用户需求构成用户域，功能性需求是功能分析的输入。功能分析包括功能需求定义、功能单元拆解、功能单元求解及方案综合，并通过功能参数网络对功能需求进行映射。方案综合以独立公理为基础展开。在定义候选解决方案之前，建立设计矩阵，确定功能需求和功能参数之间的关联关系，根据独立性公理中设计矩阵 A 的类型判断系统设计的耦合性，符合独立公理的准则才能作为最优设计方案。

借助公理化设计理论的多域映射的 "Z" 字形分解和设计矩阵的构建，完成域内的层级分解与域之间要素的对应关系。"Z" 字形分解的映射关系分为两类：一是不同层级间的映射关系，如依据物理域中的设计参数 DP_1 向前映射形成功能需求 FR_{11}、FR_{12}；二是同一层级的域间映射，如根据功能需求 FR_1 与 FR_2，完成满足需求的设计参数 DP_1 与 DP_2 的设计活动。式（2-1）表示了这种映射关系：

$$\begin{bmatrix} FR_1 \\ FR_2 \end{bmatrix} = \begin{bmatrix} A_{11}^2 & A_{12}^2 \\ A_{21}^2 & A_{22}^2 \end{bmatrix} \begin{bmatrix} DP_1 \\ DP_2 \end{bmatrix} \tag{2-1}$$

具有产品设计特征的设计矩阵 A 的元素 A_{ij} 为常数或 DP 的函数。考虑将功能需求 FR_s 经由设计矩阵映射到设计参数 DP_s 的映射过程作为一个完整的设计任务，在过程维按照公理化设计进行逐层映射分解，形成了不同层级的设计矩阵。

2）多域参数映射阶段。从功能要求 FR 到设计参数 DP 的映射构成 "功能 – 物理" 设计矩阵 B，从设计参数 DP 到工艺变量 PV 的映射构成 "物理 – 工艺" 设计矩阵 C，它们的组合 $B \otimes C$ 称为联合设计矩阵。与设计矩阵 A 的元素 A_{ij} 的含义一样，矩阵 B 和 C 中的元素 B_{ij} 和 C_{ij} 也由 "X" 和 "0" 构建，"X" 表示对应的行列元素之间具有影响关系，而 "0" 表示没有关联。对于联合设计矩阵 $B \otimes C$，矩阵 B 描述功能需求与物理需求之间的影响关系，矩阵 C 描述物理需求与工艺需求之间的影响关系。

$$FR = B \cdot DP, FR_i = \sum_{j=1}^{n} B_{ij} DP_j \tag{2-2}$$

$$DP = C \cdot PV, DP_i = \sum_{j=1}^{n} C_{ij} PV_j \tag{2-3}$$

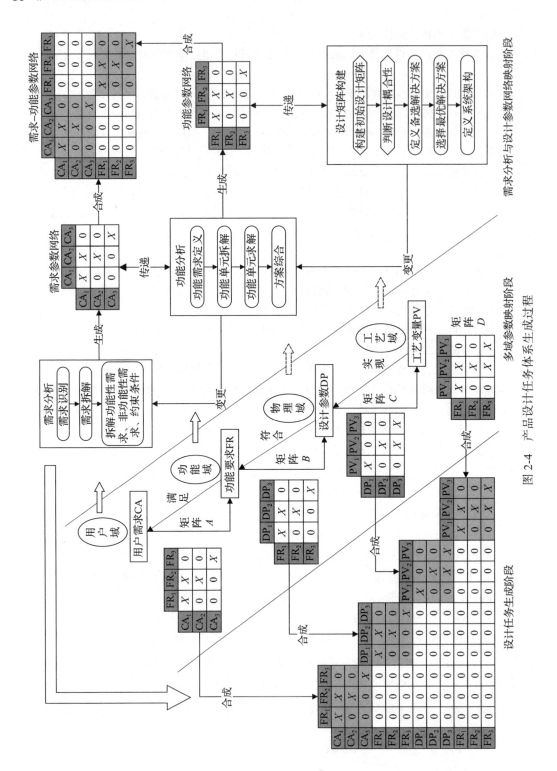

图 2-4 产品设计任务体系生成过程

如图 2-5 所示，根据设计矩阵的形式，判断当前的设计是否满足独立公理。

①当设计矩阵为对角阵时，说明设计为无耦合设计 / 理想设计，可直接对设计参数和功能需求进行分解，进行下一次迭代。

②当设计矩阵为三角阵时，说明设计为准耦合设计 / 解耦设计，需要通过调整设计参数的顺序，使得功能需求相互独立。

③当设计矩阵为满矩阵时，说明设计为耦合设计，功能需求不满足独立公理，需要重新选择设计参数，改变设计参数对功能需求的影响关系，使得设计矩阵为对角阵或三角阵时才能继续。

$$\begin{bmatrix} X & 0 & 0 \\ 0 & X & 0 \\ 0 & 0 & X \end{bmatrix} \qquad \begin{bmatrix} X & 0 & 0 \\ X & X & 0 \\ X & X & X \end{bmatrix} \qquad \begin{bmatrix} X & X & X \\ X & X & X \\ X & X & X \end{bmatrix}$$

a) 无耦合设计　　　　　b) 准耦合设计　　　　　c) 耦合设计

X—强影响　　0—弱影响

图 2-5　设计矩阵的 3 种形式

3）设计任务生成阶段。在每次设计迭代中，FR、DP 和 PV 之间是一一对应的关系：

$$\mathrm{FR} = (\boldsymbol{B} \otimes \boldsymbol{C}) \cdot \mathrm{PV} = \boldsymbol{D} \cdot \mathrm{PV} \tag{2-4}$$

4 个域之间通过系统设计矩阵进行映射，利用"X"和"0"表示各映射域之间的关联关系和约束条件，明确每个设计任务在各域的表达与联系，这些表达与联系共同构成设计任务的参数网络。

（2）群智创新设计任务维

任务维主要涉及设计任务体系规划，以及向众包设计体系的转化机制与策略。传统的设计任务规划主要建立在产品串 / 并行设计的基础上，所建立的任务规划只能给出产品或零部件的设计开发顺序，对于众包设计过程中主动资源的利用、设计团队的形成与组织模式、设计任务的分配等问题均考虑不周。

产品设计任务体系是任务维的输出，同时也是过程维的输入。众包设计任务体系的生成承接产品设计任务体系的一般生成过程。众包设计任务拆解及序列划分同样采用公理化设计理论，将产品设计过程抽象化为产品功能、结构及工艺过程 3 个域设计参数之间的"Z"字形映射关系，形成公理化设计矩阵，再经由公理化设计矩阵与设计结构矩阵之间的转换方式，初步形成独立的设计任务，最后由设计结构矩阵的优化解耦形成便于协同执行的设计任务包。随着设计维度中"Z"字形映射的设计参数层次分解，众包设计任务的数量逐渐增加，任务的颗粒度以及复杂度逐渐变小。

经过一系列功能、非功能需求的映射与转化过程，在一定约束条件下输出众包设计任务，但是不能忽视众包设计 3 类主体对众包任务生成过程及其结果的影响。众包设计任务的执行不仅要考虑主动资源的参与度和能力水平，还要考虑任务自身的粒度、结构性和耦合性。同时，产品众包设计的核心在于利用不确定的大众资源提供创新想法及技术方案，这要求众包设计过程的规划需要体现设计人员的协同性及设计任务的并行性。

（3）群智创新设计资源维

资源维主要分析主动资源的汇聚与管理机制。与传统产品设计过程中主要由产品设计人员、工艺设计人员等专业人员执行不同，众包设计过程主动资源具有自组织性、层级性、持续进化等特点。

1）自组织性。主动资源是具有感知和效应能力的适应性主体，不依靠规则或指令聚集在一起，自身的目的性、主动性能够随时指导其与需求主体和平台主体进行交互，同时也与其他主动资源进行竞争或合作。主动资源依靠这种适应性，自主调整自身状态适应系统环境，积极获取最大的生存空间及最大的收益。

2）层级性。从系统角度看，主动资源的层级性表现在彼此知识结构和技能水平的差异，以及对众包任务演化过程及状态的不同影响程度。这些差异化表现决定并由此形成了不同的层级结构，如领先主动资源与非领先主动资源。众包设计是由群体和指导他们的某几个人合作完成的[3]，这些领先主动资源所扮演的角色，对众包任务的演化过程起着至关重要的影响和作用。

3）持续进化。大规模适应性主动资源之间不断进行协作与交流，信息与知识在相互作用关系中持续传递，同时，也在不断接收来自外界的信息和知识，其自身能力水平在正反馈中得到加强。主动资源的持续进化培养了其能够适应不同类型任务的能力。

众包设计任务不间断执行的必要条件是保证主动资源的有效组织和群智的高质量汇聚，考虑到主动资源的适应性、动态性及其参与众包设计活动的内外在动机，设计合理的激励机制以促进主动资源的积极参与。同时，也需要依据设计任务及资源池的特点，根据设计任务的实际情况，选择合适的组织方式（如竞赛制、雇佣制等）对主动资源进行合理调配，以保证任务高效完成。

2. 群智创新设计过程模型视图映射

（1）任务维 – 过程维关联分析

任务维 – 过程维关联分析是依据上文所述的三维模型，在资源维方向取一截面形成的。图 2-6 所示为资源维上某资源主体截面，主要反映该主动资源参与了哪些任务项以及这些任务项处于设计过程的哪个阶段。图 2-6 中的圆点标记即表示在资源维的截面处所代表的主动资源在此三维模型描述的完整众包设计活动周期中参与完成的众包设计任务，以及这些众包设计任务在产品设计阶段中各占据什么位置。与实际情况相同，某主动资源会参与不同类型的任务，并且其并不总是参与某个任务的所有设计阶段。

（2）资源维 – 过程维关联分析

资源维 – 过程维关联分析是在任务维上取一截面形成的。图 2-7 所示为某众包设计任务截面，主要反映此任务项在众包设计过程中所处阶段都由哪些主动资源参与完成。图 2-7 中的方块标记表示在这一任务维截面所取的任务共由哪些主动资源参与，以及这些主动资源在此任务的完成过程中分别经历了哪些设计阶段。此截面能分别揭示此任务项的人员构成以及涉及的设计阶段。不同的设计阶段对应不同的主动资源，同一个主动资源也不一定会参与该任务的所有设计过程。

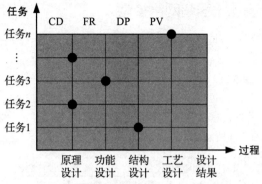

图 2-6　某主动资源的任务 – 过程视图

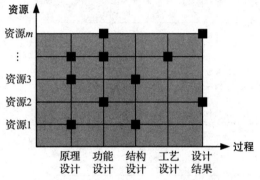

图 2-7　某设计任务的资源 – 过程视图

（3）任务维 – 资源维关联分析

任务维 – 资源维关联分析是在产品过程维上取一截面形成的。图 2-8 所示为某众包设计产品进化过程截面，主要反映某设计过程不同阶段由哪些主动资源参与以及在该阶段中有哪些任务项。在图 2-8 中的三角标记表示某设计阶段包含的主动资源，以及当前处于该阶段的设计任务。过程维不是时间维度，不同任务对应的过程维的设计阶段也不完全按照时间来组织，例如某任务的原理设计阶段可能在另一任务的功能设计阶段之后。此维度的投影也可表述任务间的耦合关系。

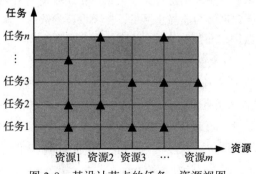

图 2-8　某设计节点的任务 – 资源视图

2.2.3 群智创新设计过程超网络模型

群智创新设计过程本质上是由众包设计过程模型的 3 个核心要素相互作用，共同构成的多层次复杂网络系统。各要素之间存在着复杂的映射关系，通过多层、多级特征的超网络模型[4]，对众包设计过程模型各层级中各关键要素的映射关系进行初步描述和建模，可以全面了解及把握众包设计微观层面的群智创新设计过程中各要素的关联关系。以群智创新设计过程模型为基础构建群智创新设计超网络模型，群智创新设计超网络模型包含多层网络，如图 2-9 所示。

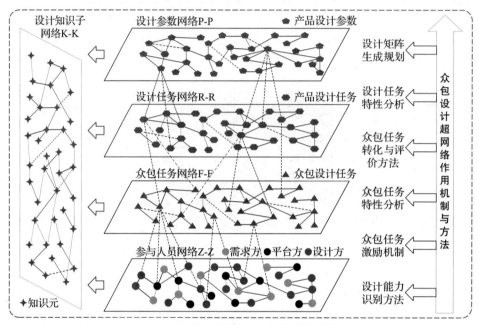

图 2-9　群智创新设计过程超网络模型

1. 设计参数网络 P-P

设计参数按照其所在设计域可以划分为功能参数、物理参数和工艺参数，不同域之间的设计参数由公理化设计矩阵确定其关联关系，相同域中不同层次的设计参数之间为父子节点关系。设计参数网络为非静止网络，伴随设计参数的层次分解过程，也在不断演化迭代。将设计参数网络简称为 P-P，设计参数为网络的节点，设计参数之间的关联为网络的边。由此定义设计参数集如下：

$$P = \{P_{FR_1}, P_{FR_2}, P_{DP_1}, P_{DP_2}, P_{PV_1}, P_{PV_2}, \cdots, P_{FR_s}, P_{DP_s}, P_{PV_s}\} \qquad (2\text{-}5)$$

式中，P_{FR_1} 表示在设计参数网络的功能域中的第 1 个参数，P_{DP_1} 表示在设计参数网络的物理域中的第 1 个参数，P_{PV_1} 表示在设计参数网络的工艺域中的第 1 个参数，s 为每个设计域中设计参数的数量。布尔变量 $\theta(P_i, P_j)$，$i, j \in \{FR_s, DP_s, PV_s\}$ 表示设计参数之间是否存在关联关系。若 $\theta(P_i, P_j) = 1$，则表示设计参数 P_i 与 P_j 存在映射关系；反之，则有 $\theta(P_i, P_j) = 0$。

因此，P-P 的边的集合可以表示为

$$E_{\text{P-P}} = \{(P_i, P_j) \mid \theta(P_i, P_j) = 1, P_i, P_j \in P\} \tag{2-6}$$

综上所述，P-P 的数学表达式为

$$G_{\text{P-P}} = (P, E_{\text{P-P}}) \tag{2-7}$$

2. 设计任务网络 R-R

任务维所描述的设计任务是平台方通过公理化设计过程对目标产品进行需求转化与任务拆解时形成的，是一系列相互关联的结构性设计任务的集合，其与设计任务之间存在自然的内在逻辑关联，在设计任务层网络建模时需要考虑设计任务间的相互关系。将设计任务网络简称为 R-R，设计任务即为网络的节点，设计任务间的相互关联为设计任务网络的边。由此定义设计任务集如下：

$$R = \{R_1, R_2, \cdots, R_n\} \tag{2-8}$$

式中，n 为设计任务网络的节点数。布尔变量 $\theta(R_i, R_j)$ 表示设计任务之间是否存在关联关系，若 $\theta(R_i, R_j)=1$，$i, j \in n$，则表示设计任务 R_i 与 R_j 存在信息交互关系；反之，则有 $\theta(R_i, R_j)=0$。因此，R-R 的边的集合可以表示为

$$E_{\text{R-R}} = \{(R_i, R_j) \mid \theta(R_i, R_j) = 1, R_i, R_j \in R\} \tag{2-9}$$

综上所述，R-R 的数学表达式为

$$G_{\text{R-R}} = (R, E_{\text{R-R}}) \tag{2-10}$$

3. 众包任务网络 F-F

在众包设计过程中，复杂的设计任务会拆解成粒度更小的众包任务，动态的众包设计过程也是由这些细粒度的众包任务呈现的。将众包任务网络简称为 F-F，细粒度设计任务即为 F-F 的节点，任务间的相互关联为网络的边。由此定义众包任务集如下：

$$F = \{F_1, F_2, \cdots, F_m\} \tag{2-11}$$

式中，m 为众包任务网络的节点数。布尔变量 $\theta(F_i, F_j)$ 表示众包任务之间是否存在关联关系，若 $\theta(F_i, F_j)=1$，$i, j \in m$，则表示众包任务 F_i 与 F_j 存在信息交互关系；反之，则有 $\theta(F_i, F_j)=0$。因此，F-F 的边的集合可以表示为

$$E_{\text{F-F}} = \{(F_i, F_j) \mid \theta(F_i, F_j) = 1, F_i, F_j \in F\} \tag{2-12}$$

综上所述，F-F 的数学表达式为

$$G_{\text{F-F}} = (F, E_{\text{F-F}}) \tag{2-13}$$

4. 参与人员网络 Z-Z

从产品设计过程的微观视角，参与人员是指众包设计系统中的需求主体、设计主体、平台主体参与该设计过程人员的集合。网络的构成基础是 3 类主体之间的组织结构关系和相互作用关系。将参与人员网络简称为 Z-Z，3 类主体即为 Z-Z 的节点，主体间的相互关系为网络的边。由此定义参与人员集如下：

$$Z = \{Z_{r_1}, Z_{p_1}, Z_{s_1}, Z_{r_2}, Z_{p_2}, Z_{s_2}, \cdots, Z_{r_x}, Z_{p_y}, Z_{s_g}\} \quad (2\text{-}14)$$

式中，Z_{r_1} 表示在参与人员网络中需求方 r_x 的第 1 个节点，Z_{p_1} 和 Z_{s_1} 分别表示平台方第 1 个节点和设计方第 1 个节点，x、y、g 分别为参与人员网络的需求方、平台方和设计方的节点个数。布尔变量 $\theta(Z_i, Z_j)$，$i,j \in \{r_x, p_y, s_g\}$ 表示参与人员之间是否存在关联关系，若 $\theta(Z_i, Z_j) = 1$，则表示参与人员 Z_i 与 Z_j 存在映射关系；反之，则有 $\theta(Z_i, Z_j) = 0$。因此，Z-Z 的边的集合可以表示为

$$E_{Z\text{-}Z} = \{(Z_i, Z_j) \mid \theta(Z_i, Z_j) = 1, Z_i, Z_j \in Z\} \quad (2\text{-}15)$$

综上所述，Z-Z 的数学表达式为

$$G_{Z\text{-}Z} = (Z, E_{Z\text{-}Z}) \quad (2\text{-}16)$$

5. 超网络层间关联映射机制建模

1）设计参数网络与设计任务网络的映射关系。设计参数网络与设计任务网络的映射关系表示设计任务中包含的设计参数。定义布尔变量 $\mu(P_i, R_j)$，$i \in \{FR_s, DP_s, PV_s\}$，$j \in n$ 表示设计参数 P_i 与设计任务 R_j 间的关系。若设计参数 P_i 包含于设计任务 R_j，则有 $\mu(P_i, R_j) = 1$；反之，则有 $\mu(P_i, R_j) = 0$。综上，P-P 映射到 R-R 的边的集合可以表示为

$$E_{P\text{-}R} = \{(P_i, R_j) \mid \mu(P_i, R_j) = 1, P_i \in P, R_j \in R\} \quad (2\text{-}17)$$

2）设计任务网络与众包任务网络的映射关系。设计任务网络与众包任务网络的映射关系表示细粒度的设计任务完成之后形成的一系列相应的设计交付物，即细粒度的设计方案。定义布尔变量 $\phi(R_i, F_j)$，$i \in n, j \in m$ 表示设计任务 R_i 与众包任务 F_j 间的关系。若设计任务 R_i 与众包任务 F_j 之间存在映射关系，则有 $\phi(R_i, F_j) = 1$；反之，则有 $\phi(R_i, F_j) = 0$。综上，R-R 映射到 F-F 的边的集合可以表示为

$$E_{R\text{-}F} = \{(R_i, F_j) \mid \phi(R_i, F_j) = 1, R_i \in R, F_j \in F\} \quad (2\text{-}18)$$

3）众包任务网络与参与人员网络的映射关系。众包任务网络与参与人员网络的映射关系表示不同众包任务与参与人员之间的对应关系。定义布尔变量 $\varphi(F_i, Z_j)$，$i \in m, j \in \{r_x, p_y, s_g\}$ 表示众包任务 F_i 与参与人员 Z_j 间的关系。若众包任务 F_i 与参与人员 Z_j 之间存在映射关系，则有 $\varphi(F_i, Z_j) = 1$；反之，则有 $\varphi(F_i, Z_j) = 0$。综上，F-F 映射到 Z-Z 的边的集合可以表示为

$$E_{F\text{-}Z} = \{(F_i, Z_j) \mid \varphi(F_i, Z_j) = 1, F_i \in F, Z_j \in Z\} \quad (2\text{-}19)$$

2.2.4 群智创新设计过程作用机理解析

1. 众包设计中群智作用的基本类型

众包设计主动资源的结构性和层级性决定了不同群体之间创新设计潜力的差异性，根据不同的设计任务和活动场景，匹配具有相应设计能力的主动资源，实现主动资源利用效益最大化，是群体智慧作用众包设计的最终体现。

主动资源的适应性及持续动态学习的特性注定了对其进行分类的高难度，因此，通过对众包设计不同设计活动和设计任务进行分类与总结，间接地把握任务与资源的匹配原则与机制，反推群体智慧对众包设计任务的作用机理。基于此，根据 McGrath[5] 提出的 4 个象限、8 种类型的小组任务环模型，结合对群智作用基本类型和设计任务类型的归纳总结，进一步提出众包设计任务类环模型，如图 2-10 所示，其具体含义见表 2-1。

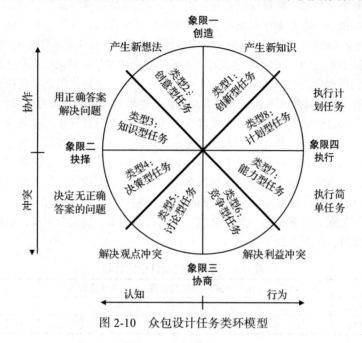

图 2-10 众包设计任务类环模型

表 2-1 众包设计任务类环模型具体含义

象限	类型	含义	例子	关键词
一	1：创新型任务	产生新知识	突破关键技术（悬赏制）	创新
	2：创意型任务	产生新想法	头脑风暴（悬赏制）	创意
二	3：知识型任务	用正确答案解决问题	逻辑问题、共识问题（讨论式）	正确
	4：决策型任务	决定无正确答案的问题	投票（讨论式）	择优
三	5：讨论型任务	解决观点冲突	社会判断伦理工作（讨论式）	矛盾
	6：竞争型任务	解决利益冲突	产品设计大赛（大赛制、悬赏制）	获胜
四	7：能力型任务	执行简单任务	LOGO 设计、网页设计（计件制、雇佣制）	优秀
	8：计划型任务	执行计划任务	计划导向任务（招标制、雇佣制）	预期

众包设计任务类环基本涵盖了目前众包设计系统已有的任务类型。4 个象限成对出现，象限一与象限三分别指向协作与冲突，象限二与象限四分别指向认知与行为。每种类型的任务也分别有相应的众包设计活动组织方式。

按照不同需求转化的众包设计任务将根据不同任务的执行特点、执行标准与工作流程分包到不同的类别，在众包任务细粒度划分和精准分包的过程中，需要时刻考虑主动资源的设计能力和技能水平，不断调整与优化任务与主动资源的耦合匹配，有效提高众包设计的执行效率，体现群智作用众包设计任务的微观机理。

2. 众包设计的微观机理与基本分类

众包设计模式由"需求＋群体智慧＋创新设计及服务"共同定义，在众包设计生态系统中，多要素从微观－宏观层面交互作用。微观层面的需求特征决定着设计服务与创新研发过程特性，决定了宏观层面需求－资源组织适应方式，进而影响微观层面的群智创新服务与价值创造的过程，并且最终持续作用于宏观的设计生态系统的发展。

由此，基于1.2.2节给出的众包设计基本概念，众包设计的微观层面存在设计服务型模式和协作创新型模式两个基本类型，体现为需求特性、群智作用及众包任务类环的多种组合，乃至三类主体的相互作用，对应众包设计中群智作用两类微观机理。

设计服务型模式的设计需求常常可以独立转化为一个设计任务，这类设计任务不需要很高的专业技术水平，往往由个人独立完成，因此主动资源之间常常是竞争关系。协作创新型模式的设计任务通常涉及不同学科领域的不同专业知识，个体难以胜任，需要大规模群体参与合作。由于需求主体的经济奖励、设计平台的规模要求等限制条件，这类任务的主动资源之间也会出现彼此竞争的情况，概括为"竞争性合作"[6]。

根据需求数量、任务难度、奖励金额、主动资源关系、供需关系等，对两类众包设计模式进行比较，见表2-2。

表 2-2　两类众包设计模式比较

模式	需求数量	任务难度	奖励金额	主动资源关系	供需关系
设计服务型模式	多	易	低	强竞争	多对多到一对一
协作创新型模式	少	难	高	强竞争、弱合作	多对少到多对一

设计服务型模式的需求方提出个性化设计需求，平台中活跃的主动资源可以主动对处在待完成状态的需求发起参与请求，与需求主体展开合作。这类任务的现金奖励较少，具有一定的排他性，所以参与同一需求的主动资源之间仅有竞争关系。

协作创新型模式的设计任务难度较大，而且任务执行过程常常涉及多个领域的专业技术和知识，往往需要大量具备不同知识水平的活跃主动资源长期投入。主动资源会通过浏览、评论等方式进行交流学习，此过程可以为其带来更多灵感，提高自身设计效率，可以将这种行为视为主动资源之间的协作关系。同时，因为任务奖金丰厚，吸引更多主动资源参与，但奖励名额有限，主动资源投入更多时间和精力只为获得更多的报酬，巨大的时间和经济成本以及丰厚的价值回报使得主动资源之间相互竞争。因此，这类众包设计模式中主动资源之间同时存在协作与竞争关系。两类众包设计模式多主体关联结构如图2-11所示。

随着用户需求不断大量产生以及大量设计任务的出现，大规模群体持续涌入并积极参与，众包设计微观群智作用机理持续作用，形成了海量需求、大量设计任务、大规模主动资源及设计服务结果的宏观生态系统的演化，以宏观－微观的规模性、复杂性、创新性三方面可进一步细分众包设计模式的3种演化形式，如图2-12所示。

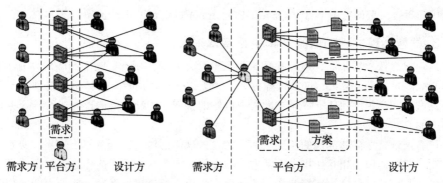

a）设计服务型模式多主体关联结构　　　b）协作创新型模式多主体关联结构

图 2-11　两类众包设计模式多主体关联结构

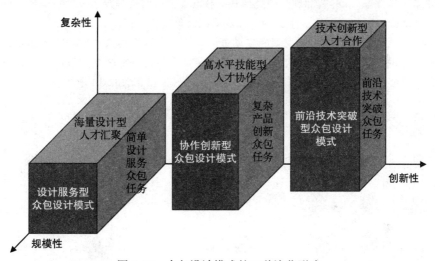

图 2-12　众包设计模式的 3 种演化形式

　　不同类型的众包设计任务基于不同的设计需求进行拆解，海量各异的设计需求直接决定了不同众包设计任务的特性，同时也决定了对主动资源的差异化要求，从规模性、复杂性、创新性来区分不同众包设计模式。

　　设计服务型众包设计模式面向海量用户个性化简单设计需求，汇聚大规模设计型人才，通过相互之间的竞争来匹配设计任务。这类模式的用户需求数量、设计任务数量、设计人才数量等指标，规模性是其显著特性。典型的众包设计应用平台有猪八戒网、Amazon Mechanical Turk（亚马逊土耳其机器人）等。

　　前沿技术突破型众包设计模式需要解决复杂产品前沿技术突破型设计任务，需要技术创新型人才的积极参与和通力协作，复杂程度高、创新难度大、设计周期长，这类模式的代表性应用平台是 HOPE。

　　协作创新型众包设计模式面向复杂产品创新设计任务，设计难度较大，需要高水平技能型人才协作参与设计创新。与前两类模式相比，在规模性、复杂性、创新性上都处于居中位置。典型的应用平台有 OpenIDEO、InnoCentive、Local motors 等。

3. 群智涌现过程的网络结构关系基本形式

众包设计任务发布后，内外在动机相互融合并共同作用下，吸引网络设计方（主动资源）群体的关注与聚集，这个过程称为主动资源的群体涌现。群体资源涌现本质上是双向互利的，众包设计任务依赖主动资源群体的参与，主动群体通过完成设计任务也能得到报酬或提升技能水平。

群智涌现是在群体涌现的基础上形成的，大规模群体在特定场景下聚集、交互、相互作用，群体知识在相互作用中不断融合与发展并产生新知识。简言之，群智涌现是群体数量急剧增长、群体相互影响作用下，已有知识不断碰撞、融合，并产生新知识的过程，是群体量变引起群智质变的体现。在众包设计系统中，群体的流动是"常态"，群智涌现才是"非常态"。群智涌现是两类模式的核心要素，对提高众包设计效率和设计服务质量，建立全新的知识网络、生态网络和价值网络具有重要作用。

不同的设计任务需要不同类型的主动资源，主动资源作为众包设计的关键角色，其复杂的关系网络反映了两类模式的不同特征。定义只包含一种联结关系的网络为单模式网络，含有多种联结关系的网络为多模式网络，如图 2-13 和图 2-14 所示。

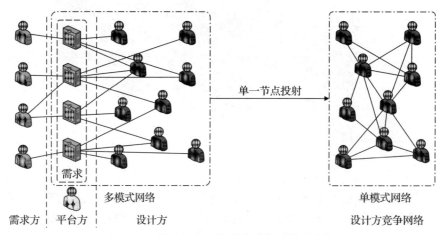

图 2-13 设计服务型模式主动资源关系网络

在构建主动资源关系网络时，将多模式网络向单模式网络进行投射，形成众包设计平台主动资源竞争（合作）网络。当资源群体共同竞争同一需求时，形成的是竞争关系网络，且竞争关系网络中的边是无向的（或是双向的）。在复杂众包设计活动中，除了主动资源之间的竞争关系，还包含资源群体之间的合作关系。如果将主动资源在他人发布的创意下的浏览、评论等行为视为两者之间的合作关系，那么合作关系是由评论者指向被评论者的单向边。

设计服务型模式适用于海量设计服务型众包任务，海量需求需要大规模主动资源涌现，主动资源之间的"竞争"是群智微观行为到宏观涌现的核心作用机理。

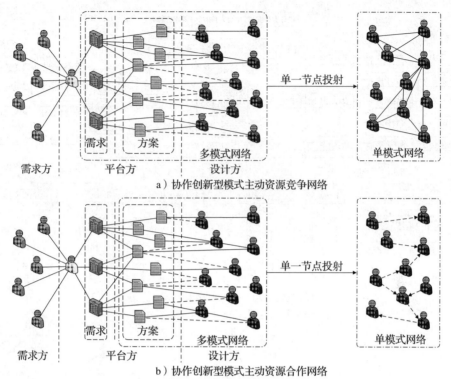

a）协作创新型模式主动资源竞争网络

b）协作创新型模式主动资源合作网络

图 2-14　协作创新型模式主动资源关系网络

　　协作创新模式中，主动资源面对复杂产品创新任务时表现出合作关系，主动资源合作网络中，个体之间的自组织互动行为使得知识、技术和信息形成了流动、交互作用，伴随着新知识的产生与进化，交互协作是群智微观及宏观涌现的核心作用机理。群智涌现不是个体知识的简单相加，而是由个体自组织形成的"智能体"，整体大于部分之和。同时，不同领域的知识与智慧的交融，形成知识融合创新，群智涌现共同作用是众包创新设计的本质，形成了众包设计中大规模设计资源协作的巨大创新能力。

2.3　众包设计生态系统演进机理

2.3.1　众包设计生态系统统一模型

　　众包设计生态系统多主体具有多样性、动态性、模糊性等特点，为了完整描述众包设计生态系统多主体属性及其行为特征，以多主体和多要素及其交互耦合关系为基础，综合探究众包设计生态系统需求链、设计链和交易链，分析众包设计生态系统整体流程及关键因素，研究众包设计生态系统调节机制，概括众包设计生态系统特征属性。以3W1H为骨架构建众包设计生态系统多主体统一模型和多要素统一模型，如图 2-15 和图 2-16 所示。

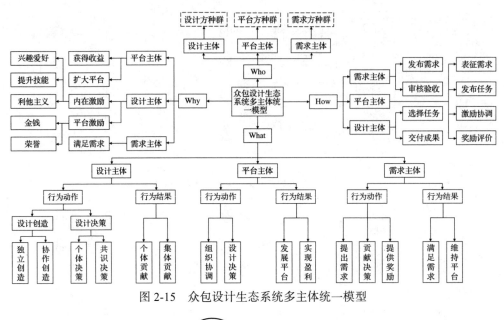

图 2-15 众包设计生态系统多主体统一模型

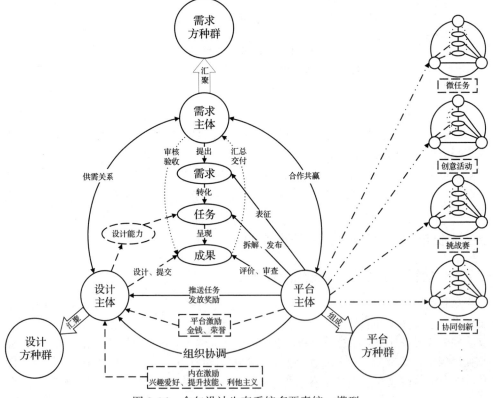

图 2-16 众包设计生态系统多要素统一模型

1. 参与主体分析

"Who"的含义是整个设计活动过程中有谁参与其中，只要与设计任务相关的主体都应该包含在内。由此，在众包设计活动中出现 3 类不同的行为主体：需求主体、平台主体和设计主体。3 类主体的具体含义已在第 1 章中进行详细阐述，这里不再赘述，只简单解释 3 类主体的相互关系。

众包平台 3 类主体为了共同的利益和目标，基于众包设计平台的特定规则，形成具有一定规模的众包主体集合，并且 3 类主体之间存在一定的相互关系：需求主体与平台主体——互利互惠，合作共赢；平台主体与设计主体——平台主体采用金钱、荣誉等不同的激励方法刺激设计主体积极参与设计任务，两者之间是组织协调的关系；需求主体与设计主体——供需关系（捕食关系），需求主体提出个性化需求，设计主体基于不同类型的设计任务，自主选择或被系统推荐设计任务。

2. 参与动机分析

"Why"是指各方主体的动机。平台主体与需求主体的动机比较纯粹，这里主要分析设计主体的参与动机。设计主体参与设计任务有两种激励类型：内在激励和平台激励（外在激励）。

内在激励是设计主体自我价值实现的一种内在的、自发的自主动机，包括设计主体对设计任务的兴趣、从参与活动中获得知识、提升自身技能等，完全是一种主观、自觉、自愿的自我激励方式。平台激励是平台主体为刺激大规模设计主体踊跃参与设计任务所采取的必要激励措施，包括金钱和荣誉。这种完全依靠外部事物的激励方式是目前绝大多数众包设计平台采用的激励方式，是非常行之有效的激励方法。

3. 行为属性分析

从系统的组织角度而言，"What"有两层含义：行为动作和行为结果。前者是动词，指的是设计活动中各方主体所进行的行为动作；后者是名词，是指众包设计活动之后各方主体得到的结果。

设计主体按自身需求自由选择设计任务或直接接受平台主体根据其不同设计能力推荐的设计任务。设计主体之间存在着复杂的竞争 – 协同关系。设计主体之间竞争高收益、高回报的设计任务，同时也存在协作行为，共同完成设计任务。具体而言，可将设计主体的行为动作细分两个子类：创造和决策。由个体独立进行的创新活动称为独立创造，由个体单独进行的决策为个体决策。同样，由群体进行的创新活动称为协作创造，集体共同表决定义为共识决策。

设计主体按设计任务要求提交的最终交付物，即设计结果，可分为个体成果和集体成果。个体成果即由单个个体进行创造的结果，集体成果是由一群不同性别、不同年龄、不同职业的个体为完成同一任务组合成的团队所共同协作的结果。

平台主体一方面要组织协调需求主体与设计主体对接，保障任务与资源的合理匹配，另一方面，要对设计结果交付和支付进行决策与管控。平台主体通过促成供需交易，不仅要实现平台盈利，还要保障平台的良性发展。

需求主体在平台的统一管理机制下发布需求信息，待设计完成后，对设计主体提交的设计结果进行审核、验收，并支付酬劳。需求主体利用平台满足自身需求的同时，也直接维持着平台的持存与发展。

4. 设计过程分析

"How"对应的关键词是 process，是指众包设计活动的完整流程。

平台主体具备支撑众包设计活动所需的技术和工具，使需求表征、任务发布、资源对接、交易完成等得到保障。平台主体通过精准表征个性化需求，将模糊需求转化为可操作的设计任务，以不同的任务实施方式在平台上发布。平台主体采取不同的激励方法，刺激设计主体更积极地参与设计任务，将不同类型的设计任务推荐给不同能力的设计主体，实时追踪设计主体的参与情况以及设计任务的进展状态，并采取措施协调组织设计主体，确保设计任务按时按需完成。

设计主体在平台的监管下完成设计任务，交付给需求主体，然后获取报酬。需求主体之间竞争少量的优质服务，希望以最低的成本获得最优的设计方案，而设计主体则希望以最少的设计投入获取最大的经济效益。需求主体与设计主体存在博弈关系。

2.3.2 众包设计生态系统特性分析

众包设计生态系统模型分为微观层和宏观层 2 个层次，如图 2-17 所示，层层递进、相互关联。微观层即设计过程，探究需求主体、设计主体和平台主体三方之间的相互作用和交互耦合关系，详细展示了多主体与多要素相互之间的结构关系，以满足设计需求为主线，以群体协同参与众包任务的执行过程为流程，展示设计任务的方案生成过程。宏观层从系统任务体系角度考虑三方"种群"的相互关系，同时研究需求与资源的多样性、各方主体的协调性和环境条件的匹配性。

1）系统稳定性。众包设计生态系统的稳定性是其所具有的保持或恢复自身结构和功能相对稳定的能力，主要通过反馈调节来完成。反馈分为正反馈和负反馈，负反馈对众包设计生态系统保持平衡必不可少。众包设计生态系统对干扰具有抵抗和恢复的能力，通过正负反馈的相互作用与转化，保证系统可以达到一定的稳态。例如，需求数量随着需求主体的涌入不断增加，持续吸引大规模设计主体涌入；而需求数量减少以后，反过来就会影响设计主体的数量。众包设计生态系统中需求主体与设计主体在彼此长期适应、相互作用下保持系统平衡。

2）复杂层级性。众包设计生态系统不同的需求主体提出不同的设计需求，包括简单型任务和复杂型任务，不同任务需要不同设计知识和能力，进一步映射到设计主体层级性。需求主体和设计主体的多样性和层级性，决定了众包设计生态系统是一个复杂的层级系统。

3）系统可持续发展。参与过众包设计任务的大规模网络设计主体的信息以及完成的设计任务会被平台主体记录和保存，作为系统的资源库和案例库。当相似需求再次出现时，平台主体会优先推荐给完成过类似任务、经验丰富的设计主体。如果由未曾参与类似任务的设计主体来执行，任务完成之后可以将该设计主体补充到资源库。库的建立可以有效提高需求与资源的对接速度，提高任务执行效率，有效保障了众包设计生态系统的稳健性与可持续发展。

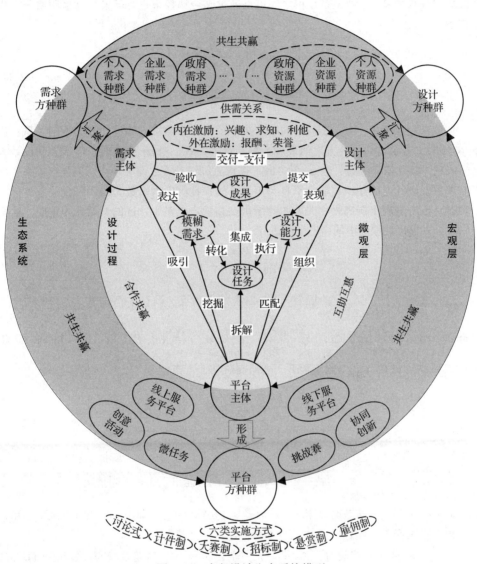

图 2-17　众包设计生态系统模型

2.3.3　众包设计生态系统作用机理

需求方、设计方、平台方由于自身聚集等作用，汇聚成各自的种群，种群相互独立又相互作用，在此过程中，需求方种群生成海量动态需求，设计方种群自组织结成利益团体，平台方种群需要管控众包项目的执行过程。构建众包设计生态系统动力学模型，从三方种群之间的相互关系探究众包设计生态系统的作用机理。

众包设计生态系统中需求方种群与设计方种群可能出现相互竞争关系、相互依存关系及弱肉强食关系。3 种关系互相之间可以通过平台调控来进行转换。这里用微分方程来描述:

$$\begin{cases} \dfrac{\mathrm{d}x_1}{\mathrm{d}t} = r_1 x_1 \left(1 - \dfrac{x_1 + \alpha x_2}{N_1} \right) \\ \dfrac{\mathrm{d}x_2}{\mathrm{d}t} = r_2 x_2 \left(1 - \dfrac{x_2 + \beta x_1}{N_2} \right) \end{cases} \quad (2\text{-}20)$$

在该众包社区中,α、β 的不同取值决定了社区中需求方和设计方的不同关系:当 $\alpha, \beta > 0$ 时,需求方和设计方之间表现为相互竞争关系;当 $\alpha, \beta < 0$ 时,需求方和设计方之间表现为相互依存关系;当 $\alpha \cdot \beta < 0$ 时,需求方和设计方之间表现为弱肉强食关系。由于需求方及设计方的知识技能水平良莠不齐,故在社区中大多数为弱肉强食关系。需求方和设计方所表现出弱肉强食关系里的平衡点和稳定点对于社区的发展尤为重要。这里利用微分方程定性理论中的结论来阐述。

$$\begin{cases} \mathrm{d}x = P(x, y) \\ \mathrm{d}y = Q(x, y) \end{cases} \quad (2\text{-}21)$$

二元方程组 $\begin{cases} P(x, y) = 0 \\ Q(x, y) = 0 \end{cases}$ 的根为式(2-21)的平衡点。设 (x^*, y^*) 为式(2-21)的一个平衡点,令 $a_{11} = \dfrac{\partial P}{\partial x}\Big|_{(x^*, y^*)}$,$a_{12} = \dfrac{\partial P}{\partial y}\Big|_{(x^*, y^*)}$,$a_{21} = \dfrac{\partial Q}{\partial x}\Big|_{(x^*, y^*)}$,$a_{22} = \dfrac{\partial Q}{\partial y}\Big|_{(x^*, y^*)}$。将 $P(x, y)$ 和 $Q(x, y)$ 在 (x^*, y^*) 附近展开,省略高阶项,可得:

$$\begin{cases} \dfrac{\mathrm{d}x}{\mathrm{d}t} = a_{11}x + a_{12}y \\ \dfrac{\mathrm{d}y}{\mathrm{d}t} = a_{21}x + a_{22}y \end{cases} \quad (2\text{-}22)$$

设系数矩阵 $\begin{pmatrix} a_{11} & a_{12} \\ a_{21} & a_{22} \end{pmatrix}$ 的特征根为 λ_1、λ_2,则可能出现 3 种不同情况:

① λ_1、λ_2 是同号实数时,则 $\lambda_i < 0 \Rightarrow (x^*, y^*)$ 是稳定点,$\lambda_i > 0 \Rightarrow (x^*, y^*)$ 不是稳定点;

② λ_1、λ_2 是异号实数时,(x^*, y^*) 不是稳定点,是鞍点;

③ λ_1、λ_2 是共轭复数时,$\lambda_{1,2} = a \pm b_i$,则 $a < 0 \Rightarrow (x^*, y^*)$ 是稳定点,$a > 0 \Rightarrow (x^*, y^*)$ 不是稳定点。

式(2-21)平衡点的稳定性可由上述 3 条结论判定。基于 Volterra 模型,再结合众包社区中弱肉强食关系网,可以构建 Prey-Predator 模型(食饵捕食者模型)。假定"食饵"即需求方发布的任务数量或难度系数为 $x_1(t)$,掠食者即设计方数量为 $x_2(t)$。

1)若只考虑需求方发布的任务数量或者难度系数,即假定设计方数量几乎为 0 或设计方的知识技能水平过低,则 $x_1(t)$ 将以固有增长率 γ_1 无限增长,即 $x_1' = \gamma_1 x_1$。

2）若考虑到设计方的存在，则需求方发布的任务数量或者难度系数将受到限制，设减少的程度与设计方数量成正比，故

$$x_1' = x_1(\gamma_1 - a_1 x_2) \tag{2-23}$$

式中，比例系数 a_1 反映设计方完成任务的能力。

3）因为设计方离开需求方无法生存，假定其自然淘汰率为 $\gamma_2 > 0$，则 $x_2' = -\gamma_2 x_2$。而需求方发布的任务作为设计方的生存来源，相当于使其淘汰率降低，促进了其生存率的增长。设生存来源与需求方数量成正比，故有

$$x_2' = x_2(-\gamma_2 + a_2 x_1) \tag{2-24}$$

式中，比例系数 a_2 反映需求方对设计方的供养能力。

式（2-23）、式（2-24）表示在众包社区正常运转的情况下，需求方和设计方相互之间的影响关系。联立可得方程组：

$$\begin{cases} x_1' = x_1(\gamma_1 - a_1 x_2) \\ x_2' = x_2(-\gamma_2 + a_2 x_1) \end{cases} \tag{2-25}$$

由式（2-21）可得式（2-25）的平衡点为 $p_0\left(\dfrac{\gamma_2}{\alpha_2}, \dfrac{\gamma_1}{\alpha_2}\right)$，$p_1(0,0)$。仍用式（2-22）的方法研究平衡点的稳定性，$a_{11} = f_{x_1} = \gamma_1 - \alpha_1 x_2$，$a_{12} = f_{x_2} = -\alpha_1 x_1$，$a_{21} = g_{x_1} = \alpha_2 x_2$，$a_{22} = g_{x_2} = -\gamma_2 + \alpha_1 x_1$。对于 $p_1(0,0)$ 点，$a_{11} = \gamma_1$，$a_{12} = 0$，$a_{21} = 0$，$a_{22} = -\gamma_2$。故 $\lambda_1 = \gamma_1$，$\lambda_2 = -\gamma_2$，即方程组的 2 个特征根为异号实数，所以 $p_1(0,0)$ 点不稳定。对于 $p_0\left(\dfrac{\gamma_2}{\alpha_2}, \dfrac{\gamma_1}{\alpha_2}\right)$ 点，$a_{11} = 0$，$a_{12} = -\dfrac{\alpha_1 x_1}{\alpha_2}$，$a_{21} = \dfrac{\alpha_2 x_1}{\alpha_1}$，$a_{22} = 0$，特征方程为 $\lambda^2 + \gamma_1\gamma_2 = 0$，此时 2 个特征根为共轭复数，实部为 0，故无法直接判断平衡点的稳定性。所以进一步分析解的渐进行为。将式（2-23）、式（2-24）相除，得：

$$\frac{x_1'}{x_2'} = \frac{x_1(\gamma_1 - \alpha_1 x_2)}{x_2(-\gamma_2 + \alpha_2 x_1)} \tag{2-26}$$

对式（2-26）进行初等变换并求解，得 $-\gamma_2 \ln x_1 + \alpha_2 x_1 = \gamma_1 \ln x_2 - \alpha_1 x_2 + C$，即

$$(x_1^{\gamma_2} e^{-\alpha_2 x_1})(x_2^{\gamma_1} e^{-\alpha_1 x_2}) = C \tag{2-27}$$

若众包设计生态系统正常运转，则需求方和设计方需要同时存在，即 $x_1, x_2 > 0$，故式（2-27）可以定义一组封闭曲线，如图 2-18 所示，图中的横坐标是设计主体数量，纵坐标是需求主体数量，曲线表示它们的数量随时间的周期性变化。当需求方任务大量增加时，设计方有了丰富的待解决项目而导致其数量急剧增长，从而出现马太效应，多数任务由知识技能水平高的设计方完成，导致平台内其他设计方产生生存危机以至于离开社区；当设计方的数量减少时，平台会提出各种优惠政策来吸引设计方以维持社区的活力，但新增的设计方知识技能水平良莠不齐，又会出现再一轮的马太效应，导致其数量剧减。众包社区循环往复，形成周期性运转。

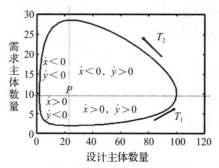

图 2-18　设计主体数量与需求主体数量曲线

2.4　众包设计理论

2.4.1　众包设计理论总体架构

众包设计理论体系是对开放式创新、群体智慧、协同设计的融合与发展，包括群智创新设计过程理论和众包设计生态系统理论。众包设计理论体系系统阐述了怎样进行众包设计，管控什么样的众包活动、怎样管控众包活动，实现什么样的群智创新、怎样实现群智创新等系统理论问题，是贯通社会心理学、社会管理学、社会经济学等领域，并涵盖用户需求精准挖掘、主动资源组织管理、设计过程动态管控等内容的系统的产品设计理论体系。

众包设计理论体系总体架构如图 2-19 所示。

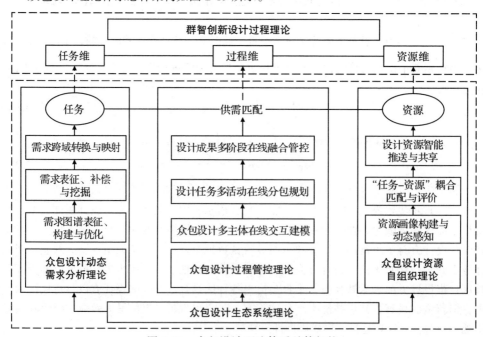

图 2-19　众包设计理论体系总体架构

1. 群智创新设计过程理论

群智创新设计过程理论探究复杂产品众包设计的主动资源、设计任务及设计过程三要素之间的关联关系。

（1）群智创新设计过程维分析

AD 理论的系统性和自上而下的结构可以识别问题和制定循序渐进的设计，将产品设计任务划分为细粒度任务单元来降低设计复杂度，从设计抽象概念的高层次到详细参数的低层次逐步展开[7-9]。根据复杂众包任务的阶段性设计与管理的特点以及知识流、信息流、任务流的作用和影响，过程维基于 AD 理论的独立公理和信息公理 2 个基本原理，集成公理化设计矩阵和设计结构矩阵，通过设计方程关联分解与"Z"字形曲折映射，完成需求域、功能域、物理域等各域内的层级划分以及域间各要素的对应与转化。

（2）群智创新设计任务维分析

为满足不同类型的设计需求，将其转化为可执行的设计任务，明确功能和技术要求，实现由定性到定量的转变。在众包设计过程中，需求拆解与需求到任务的转化由平台方完成，任务的复杂度、颗粒度及耦合度直接关乎设计效率。在充分考虑需求特征、任务特征等约束条件的基础上，建立设计任务数理方程模型，利用智能算法技术将低维空间任务数据映射到高维特征空间，形成粒度更小、便于协作的设计任务。通过对高复杂度条件下遗传和交叉变异特性进行分析，利用智能算法，最大限度地保留父代任务的遗传特性，提高众包任务的分解精度。

（3）群智创新设计资源维分析

众包主动资源在时间、能力等方面具有自主性[10]，合作模式存在松散性和不确定性[11]，众包设计系统需要设计合理的内外在复合式激励机制，吸引大众群体参与，并制定相应管理措施，保障群智涌现稳定有序，以高效完成设计任务。主动资源的积极性、交互性和参与度直接影响群智的涌现性和持续性，同时决定了群智设计过程的动态性和复杂性。根据主动资源不同的知识水平和交互关系，通过社交网络分析技术，利用博弈论和系统动力学模型分析成员关系，构建优化选择决策模型，区分不同智力水平的群体，将不同类型的设计任务对主动资源进行合理调配，实现提高主动资源利用率和设计效率的目的。

2. 众包设计生态系统理论

（1）众包设计动态需求分析理论

用户自然语言表达出来的设计需求，往往具有模糊性、不确定性的特点，难以理解与执行，必须对模糊动态的设计需求进行分析与挖掘，精确表达成统一、明确的设计语言，一般需要经历需求表征、需求精准识别、需求跨域映射与转换 3 个步骤。

1）产品需求图谱表征、构建与优化。通常而言，产品设计要素分类维度包括功能性需求、技术性需求、结构性需求及其他需求。根据 KANO 模型理论，可以从必要型、期待型、反向型 3 个角度划分需求要素属性类别，对其赋予不同的重要度值，完成对原始需求的分类。接着，立足于产品设计要素 4 个分类维度，分别从用户需求视角和产品需求视角进行表征，构建个体用户层面的需求图谱和产品层面的需求图谱。用户需求图谱的构建包括原始需求获取、需求要素抽取和析出、多维分类信息识别等步骤，对析出的多维需求进行标准化合并，完成用户需求图谱到产品需求图谱的转化与集成。构建产品需求图谱内部演化模型，对图谱中不正确的产品特征组合以及用户反馈存在矛盾等错误进行纠正，完成产品需求图谱的链接预测、实体解析和自我修复，实现产品动态多域需求图谱的优化。

2）用户需求表征、补偿与挖掘。产品需求图谱的构建是需求分析的第一步，图谱表征与构建是进行用户需求表征的工具，目的是实现将模糊、半结构化、非结构化的用户需求转化为明确、结构化的需求表征。但此时得到的用户需求还不够完善，需要深入分析需求的性质和特征，利用相似度计算整合相似用户需求，实现用户需求的有效补偿。与此同时，还需要对潜在用户需求进行智能挖掘，为需求 – 任务的精准映射打好基础。

3）用户需求跨域转换与映射。为了更好理解用户需求，依据 AD 理论，分别将用户需求项、功能需求项、设计参数、过程变量归类为需求域、功能域、物理域、工艺域等元素，实现多粒度域需求元素的跨域转换。为了更高效地执行众包任务，需要对不同粒度以及相似设计任务进行封装，首先提取多域用户设计需求，预测并补充相似历史设计任务，通过标准设计任务包将粒度基本统一的多域需求封装成可执行设计任务，完成多域需求向众包任务的精准映射与封装。其次，面向众包任务的功能任务、结构任务、技术任务、形态任务和其他任务等多个层面，考虑众包任务中的多类信息，完成对众包设计任务多层面的综合评价。

（2）众包设计资源自组织理论

群智高质量汇聚产生群智涌现是众包设计任务高效执行的必要条件，而群智有效汇聚有赖于资源群体的有效组织和协作。一般而言，众包任务的参与群体具有高流动性和弱约束性，如果不能对其有效管理，就难以解决供需匹配度低的问题。因此，研究设计资源画像构建与动态感知、"任务 – 资源"耦合匹配、设计资源智能推送与共享能保障众包任务的执行效率。

1）资源画像构建与动态感知。初始主动资源的信息和特征都比较模糊，为了满足资源群体统一组织和关联表达，根据基本信息、历史服务、相关评论、社交网络大数据等信息对其进行分类与定义，利用资源群体特征与关联关系统一表达模型，构建可拓展、实时主动更新管理的资源池。同时，对资源信息抽取和语义关联挖掘，形成设计资源语义向量空间映射及动态关联，可以实现资源群体的动态感知。

2）"任务 – 资源"耦合匹配。各种各样拥有专业技能的主动资源适合不同类型的众包任务，"任务 – 资源"耦合匹配是众包活动的关键，需要细致化地描述任务与任务、资源与资源以及任务与资源之间的约束关系。资源群体多维度评价是实现"任务 – 资源"精准匹配的基础，根据众包平台的开放特性，评价指标包括但不限于主动资源的技能水平、学习能力、服务态度、服务成本、任务完成及时率等。在每次任务执行结束时，要及时更新对设计资源的评价。

3）设计资源智能推送与共享。设计资源智能匹配与推送可以有效提高资源利用率，避免资源浪费，同时也进一步增加资源群体参与的积极性。用户画像技术是构建资源群体行为、偏好、能力特征模型的友好工具，结合已有的任务模型和资源模型，在任务数据、资源数据中进行关联挖掘和数据匹配，形成面向用户模型的资源池和面向设计资源模型的任务池，结合推送对象间关联关系，完成有目的地推送。

（3）众包设计过程管控理论

设计资源群体的自主性和适应性造就了众包设计过程的动态性和不确定性，设计过程面临难以有效开展和优化收敛等挑战。为了提高众包设计任务执行过程的稳定性，可分3个步骤完成，首先进行众包设计多主体在线交互建模，其次进行设计任务多活动在线分包规划，最后进行设计成果多阶段在线融合管控。

1）众包设计多主体在线交互建模。众包设计多主体在线交互关联关系不易描述，尤其是资源群体隐性设计知识难以结构化表达，通过建立面向知识深度共享的设计过程多主体在线交互模型，可以实现众包设计知识的推荐与共享。同时，根据众包设计过程动态性、分布性、层次性等特点，从组织层、任务层、执行层3个维度对众包设计过程进行分层建模，为后续设计过程分包与管控奠定基础。

2）设计任务多活动在线分包规划。众包设计任务模块粒度越小越有利于任务的执行与交付，通过用户需求物元表征与筛选，提取影响用户满意度的产品性能质量特性需求，作为产品设计模块化初步分解方案。结合初步分解方案提取技能需求特征，同时在资源池中提取设计资源技能特征，对两类特征进行拟合匹配以及分解适应性评价，优化调整粒度大小，形成产品众包协同设计任务多活动分解方案，以此构建任务–资源双边驱动的设计任务多活动分解模型。在设计任务侧考虑任务分解方案的复杂性、耦合性、关联性、协同性等多维属性，在设计资源侧考虑可用设计资源解空间的能力属性特征。为了感知和评价设计状态，采集资源群体设计过程演化数据，从设计认知行为演化、设计草图转换行为、设计过程迭代行为3个维度评判参与者设计过程的质量。

3）设计成果多阶段在线融合管控。设计成果多阶段在线融合管控可以从成果交付里程碑分解、设计成果综合评价、成果交付综合评价3个步骤进行。对众包任务进行多级分包、分阶段交付、交付节点设置，将设计成果建成具有依赖关系的有向图，以成果间依赖关系、时间粒度等为依据，寻找所有可执行拓扑顺序，按照里程碑数量约束将其聚合成若干里程碑。在多层分包模式下，构建支持设计资源行为绩效可量化的交付物多属性综合评价指标体系，形成对成果的最终评价。应用动态契约数学模型，以时间或者金钱为输入，通过货币化系数将时间转化为金钱，以委托代理模型的一阶条件为边界条件，以主动资源收益为输出，对交付支付进行融合管控。最后，对设计成果进行评价和计算，并及时更新资源画像，完成众包设计任务的闭环跟踪与管理。

2.4.2 众包设计关键技术体系

针对众包设计发展的4个挑战，依据前文提出的众包设计理论总体架构，在作者团队前期有关众包设计关键技术和使能工具研究工作的基础上，本节进一步提出众包设计关键技术体系，如图2-20所示。

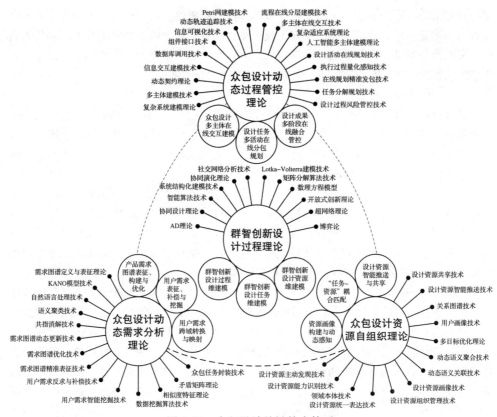

图 2-20　众包设计关键技术体系

　　众包设计关键技术体系围绕众包设计理论总体架构展开，涉及群智创新设计过程理论、众包设计动态需求分析理论、众包设计资源自组织理论、众包设计动态过程管控理论等理论架构所用到的理论和技术方法。群智创新设计过程理论包括产品设计过程分解理论及技术、众包设计任务系统结构化建模理论及技术、众包设计资源协作演化相关理论、超网络模型构建理论与相关技术、众包设计生态网络系统建模及效能评价相关理论与技术；众包设计动态需求分析理论包括产品动态多域需求图谱表征与评价理论及相关技术、产品动态多域需求图谱构建与优化相关理论及技术、非完备用户需求精确表征、补偿与智能挖掘相关理论及技术、多粒度用户需求跨域转换与映射理论及相关技术；众包设计资源自组织理论包括设计资源统一画像构建与动态感知理论及相关技术、设计资源关联挖掘与自组织理论及相关技术、"任务 – 资源"耦合匹配与评价修正相关理论及技术、个性化设计资源智能推送与共享相关理论及技术；众包设计动态过程管控理论包括众包设计多主体在线交互建模理论及相关技术、设计任务多活动在线分包规划理论及相关技术、设计成果多阶段在线融合管控理论及相关技术。上述基础理论及技术方法共同支撑和保证众包设计理论体系的可实践性。

参考文献

[1] NAM P S. The principles of design[M]. New York: Oxford University Press, 1990.

[2] NAM P S. Axiomatic design theory for systems[J]. Research in Engineering Design, 1998, 10: 189-209.

[3] HOWE J. 众包：群体力量驱动商业未来 [M]. 朱文静，译 . 北京：中信出版社，2011.

[4] ZHANG N, YANG Y, SU J, et al. Modelling and analysis of complex products design based on supernetwork[J]. Kybernetes, 2019, 48(5): 861-887.

[5] MCGRATH J E. Groups: interaction and performance[M]. Upper Saddle River: Prentice-Hall, 1984.

[6] 王震，欧阳啸，郭伟 . 众包设计平台工作者关系网络构建与分析 [J]. 计算机集成制造系统，2022（8）：254-265.

[7] RAUCH E, MATT D T, DALLASEGA P. Application of axiomatic design in manufacturing system design: a literature review[J]. Procedia CIRP, 2016, 53: 1-7.

[8] ZHU A, HE S, HE D, et al. Conceptual design of customized lower limb exoskeleton rehabilitation robot based on axiomatic design[J]. Procedia CIRP, 2016, 53: 219-224.

[9] WU Y, ZHOU F, KONG J. Innovative design approach for product design based on TRIZ, AD, fuzzy and Grey relational analysis[J]. Computers & Industrial Engineering, 2020, 140: 106276.

[10] SHA Z, CHAUDHARI A M, PANCHAL J H. Modeling participation behaviors in design crowdsourcing using a bipartite network-based approach[J]. Journal of Computing and Information Science in Engineering, 2019, 19(3): 1-12.

[11] CHEN J, MO R, CHU J, et al. Research on the optimal combination and scheduling method of crowdsourcing members in a cloud design platform[J]. Proceedings of the Institution of Mechanical Engineers, Part B: Journal of Engineering Manufacture, 2019, 233(11): 2196-2209.

第 3 章

众包设计生态网络演进
机制的分析方法

3.1 引言

本章针对众包设计系统中同质低端设计能力过度竞争和众包设计生态趋于恶化等问题，构建众包设计生态网络结构模型、关系模型和演化模型，揭示众包设计生态网络演进规律及多主体价值变化规律，建立众包设计生态网络效能评价指标体系并提出相应评价方法，为众包设计的实践应用提供理论和技术上的指导。

在众包设计生态网络模型构建方面，从生态关系角度入手，分析众包设计过程中的主体及要素间的关系，研究系统的生态学特征。以生态学理论和复杂网络理论为基础，研究众包设计生态网络的构建方法，建立众包设计资源、需求及整体生态系统的表征模型。

在众包设计生态网络演进机制及价值变化规律分析方面，基于双向觅食理论，描述众包设计过程中需求方和设计方的行为过程，建立众包设计生态网络仿真方法，以分析用户行为、平台管控对于众包设计生态网络及多主体价值变化的影响，总结形成众包设计生态网络演进机制及价值变化规律。

在众包设计生态网络整体评价方面，基于众包设计生态系统价值网络，研究众包设计生态网络效能评价方法，构建评价机制和评价指标体系。

3.2 构建众包设计生态网络模型

自然界中，各种生物都有自己的"生态位"，即每一物种都拥有自己的角色和地位，占据一定的空间，发挥一定的功能。生态位法则（即价值链法则）决定了相似需求或同质服务在同一系统区间内的激烈竞争。

　　个体生态位是指众包设计生态系统中的个体对服务交易相关属性（服务类别、价格区间、服务方式、时间范围等）的选择所构成的多维空间。对于设计方，其生态位是以服务种类、服务能力范围、质量水平、价格等属性为坐标轴围成的多维空间；对于需求方，其生态位是以服务类别、质量要求、时间要求、价格区间等属性为坐标轴围成的多维空间。个体生态位定义了个体在服务交易市场中的相对位置和状态，基于此可以比较个体的差异性，也可以分析个体的发展状态，进而分析整个众包设计生态系统的演化进程。

　　个体生态位宽度是众包设计生态系统中个体对环境适应能力的表征，对于某一个环境因子（服务类别、价格区间、服务方式、服务效率等），个体能适应的变化范围越大，则其生态位越宽。众包设计生态系统中，几乎所有活动都围绕服务交易展开。与交易相关的因子显著影响个体的发展能力。因此，个体生态位宽度根据个体对交易活动的适应性而定义。个体的适应性越好，在服务交易活动中越能占据优势地位。

　　Lotka-Volterra 模型（简称 L-V 模型）是表达两个物种种群之间共生关系的微分方程动态系统模型，是经常用来描述生物系统中掠食者与猎物的动态模型，也就是两者族群规模的消长。目前建立的生态位演化模型都是基于该模型：

$$
\begin{cases}
\dfrac{\dot{x}}{x} = r_1\left(1-\dfrac{x}{K_1}\right) \\[2mm]
\dfrac{\dot{y}}{y} = r_2\left(1-\dfrac{y}{K_2}\right)
\end{cases}
\tag{3-1}
$$

式中，x 和 y 表示两个体当前的生态位宽度，r_1 和 r_2 为与自身生态位及成功率等有关的增长率（内禀增长率），K_1 和 K_2 为无竞争条件下各自生态位宽度的上限。

　　复杂网络指的是具有自组织、自相似、吸引子、小世界和无标度中的部分或全部特征的网络。众包设计生态系统也具有部分上述特征。首先，众包设计生态系统是自组织的系统。自组织过程的基本特征是具有一个核心和一种正反馈的关系。在众包设计生态系统中，这个核心是围绕设计服务供需的价值链。所有的参与者都连接到这条价值链上。主动资源通过出售服务获得价值，需求主体通过购买服务获得相应的价值。而众包设计生态系统中的交易规则对系统的发展起到了正反馈的作用。依照规则行动才能获得收益（价值），任何违背此规则的个体都会受到惩罚，并且认同规则的个体越多，此规则对个体的约束力越强。其次，自相似特征也在众包设计生态系统中有体现。如果随机地从原系统中取出一部分个体构成新系统，那么在原系统个体数量具有一定规模的条件下，新系统与原系统在结构上是相似的，而且众包设计生态系统中部分结构甚至可以脱离原系统独立运转。再次，吸引子是指系统的稳态，它一直吸引系统向其发展。在运营者的调控下，众包设计生态系统始终向着有序的平衡状态发展，小的扰动总是能够得到控制。

　　本节借鉴生态学理论，从生态位和生态关系的角度分析众包设计生态系统中个体发展与相互关系形成，应用复杂网络理论构建众包设计生态系统网络模型，分析众包设计生态系统的演化及涌现特征。

3.2.1   构建众包设计生态网络结构模型

众包设计生态系统是一个开放、动态的网络系统，其中有众多角色和复杂交互的关系，难以从固定、单一的角度将众包设计生态系统描述清楚。因此，基于生态学和复杂网络理论，建立多层次的众包设计生态网络模型，分别描述众包设计生态系统不同方面的状态。除了表征众包设计生态系统的状态，根据当前状态找出系统发展中存在的问题也至关重要。因而引入信息熵理论，从熵的角度表征众包设计生态系统状态，揭示问题。

针对简单任务的众包设计过程，从生态学角度入手，建立众包设计生态网络模型，从交易关系、生态关系、系统有序性3个层面刻画众包设计生态网络状态；建立三层网络模型，分别描述众包设计生态系统中的交易关系、生态关系和生态熵，如图3-1所示。

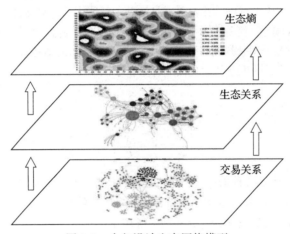

图 3-1   众包设计生态网络模型

第一层为交易关系网络，反映众包设计生态网络中真实的交易状态。建模时将设计方与需求方看成节点，他们之间的交易关系表示成边。边的权重与交易次数成正比。通过交易关系网络能够刻画众包任务交易的分布情况，发现其中的重要节点，为系统治理提供参考。

第二层为生态关系网络，反映众包设计网络中交易主体的生态关系。生态关系从交易关系中抽取得出，包括主体间的竞争与合作关系。节点大小与主体的生态位宽度成正比。通过生态关系网络能刻画众包主体的发展情况及相互间的关系，发现其中的关键问题。

第三层为生态熵，非网络，反映众包设计生态系统的健康状况。通过引入熵理论描述众包设计生态系统的发展情况，分为支持型输入熵、压力型输出熵、氧化型代谢熵和还原型代谢熵，利用3类主体（设计方、需求方和平台方）及交易过程的基础数据分别进行刻画，最终汇总成熵流和熵变两个系统级指标，反映众包设计生态系统的协调性与可持续性。

3.2.2　构建众包设计生态网络关系模型

1. 交易关系建模

交易关系是众包设计生态网络中至关重要的一种关系，众多设计服务都是通过交易完成的。在交易关系中，有一个众包需求主体和多个众包设计主体。众包需求主体在众包设计生态系统上提交需求信息；平台主体将需求信息规范化后发布出来；众包设计主体根据自身能力和意愿响应需求，争夺任务。交易关系模型如图 3-2 所示。

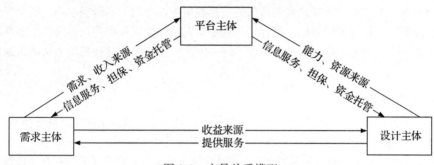

图 3-2　交易关系模型

众包平台主体在交易过程中起着担保和提供信息服务的作用，这是一个自组织的过程。在激烈的竞争中，仅有一个或少数几个设计主体能够成功，且通常都能够满足需求主体的需求。

为客观描述众包设计生态网络，采集猪八戒网设计版块 2016 ～ 2019 年的交易数据，进行预处理后按年度建模。为便于比较，将不同年度同层次网络放到一起进行分析。图 3-3 所示的是 2016 ～ 2019 年交易关系网络的变化。

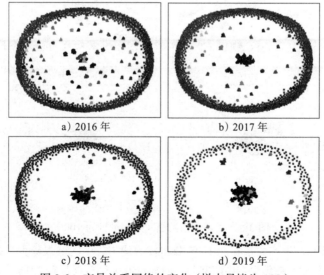

a) 2016 年　　　　　　　　　b) 2017 年

c) 2018 年　　　　　　　　　d) 2019 年

图 3-3　交易关系网络的变化（样本量皆为 100）

由图 3-3 可知，交易关系在 2016～2019 年出现了较显著的变化。2016～2017 年聚集在中间的节点数量较少，大部分分布在四周，说明此期间交易关系较为均匀，没有集中到少数几个节点上。而 2018～2019 年中间的节点和连线明显增多，四周的节点减少，说明此期间交易关系大部分集中在中间的少数几个节点上，四周零散的交易已经较少。

此交易关系网络反映了众包设计生态系统存在明显的马太效应，即强者愈强现象。随着时间的发展，获得较多交易的节点更容易获得新的交易机会。马太效应对众包系统来说是一种生态恶化的表现。当大部分的交易都集中在少数主动资源手中，而大部分服务商都得不到良好发展的时候，很容易导致主动资源的流失，致使众包设计生态系统服务能力的下降，吸引力减弱，平台收益下降。因此，需要关注这种现象并采取措施使之减弱。

2. 生态关系构建

生态关系是在交易关系的基础上，根据众包设计生态系统内主体交互情况抽取得到，包括两种关系——竞争与合作。竞争关系主要体现在设计主体间，多个主体争夺一个任务就产生了激烈的竞争，通常最后只有一个设计主体成功交易；合作关系也存在于设计主体间，针对复杂任务，往往需要多个设计主体协作完成，通过自组织形成良好的合作关系。

从交易关系中抽取生态关系，根据对众包设计生态系统各主体生态位的定义和分析，计算交易中个体的生态位，提取竞争/合作关系，借用复杂网络理论，构建生态关系网络，如图 3-4 所示，图中的连线表示竞争关系和交易关系。

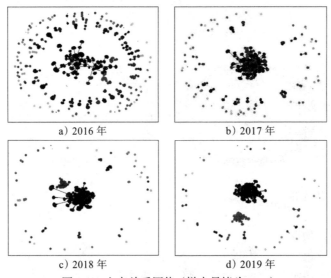

a) 2016 年　　　　　　　　b) 2017 年

c) 2018 年　　　　　　　　d) 2019 年

图 3-4　生态关系网络（样本量皆为 100）

由图 3-4 可知，生态关系在 2016 年分布较为均匀，中间节点较少，四周节点较多；而 2017 年大部分节点都集中在中间部分，四周只有少量节点；到 2018～2019 年时，几乎所有的节点都集中在中间。此现象说明随着时间的增长，众包设计生态系统中的竞争越来越激烈，早期单个任务的参与者数量较为有限，后期对需求的争夺已非常激烈，导致许多设计方没有交易机会。

这种情况也是众包设计生态系统恶化的表现。适度的竞争能够促进主动资源提升服务水平，提高设计结果的质量，但过于激烈的竞争将使得较多个体难以获得交易机会，流失率大。长此以往，众包生态系统对大多数主动资源来说可能变得难以生存，从而造成系统衰落。

3. 生态熵分析

为评价系统的发展状况和健康情况，利用熵理论进行分析。首先研究生态系统的熵变，包括熵流和熵产生两部分。系统与生态环境进行物质能量交换时所产生熵变，称为系统的"熵流"；系统内部环境质量恶化和生态环境建设过程所产生的熵变，称为"熵产生"；生态系统内部各类"熵流"和"熵产生"的总和，即为系统的"总熵变"[1]。

具体地，又将生态系统的熵分为支持型输入熵、压力型输出熵、氧化型代谢熵和还原型代谢熵[2]。支持型输入熵体现生态系统的生产者组分及其生产能力，可反映生态系统的承载力；压力型输出熵体现生态系统中的消费者组分及其消费、释放能量物质的能力，可反映生态系统所承担的压力；氧化型代谢熵体现生活、生产过程中产生的废弃物、污染物及其对生态环境造成的负面影响；还原型代谢熵体现生态系统中还原者组分及其还原代谢能力，主要表现为对于生态环境的保护。图 3-5 定义了生态熵与生态系统指标体系的映射关系。

3.2.3　构建众包设计生态网络演化模型

基于社会学习理论[3-5]，建立众包设计生态系统的演化模型，如图 3-6 所示。底层是个体演化层，模拟了单个主体在众包设计生态系统中经历自我进化的现象；中间层是多个主体相互学习、提高自身能力的组织演化空间；顶层是模仿政策、价值观推动的众包设计生态系统加速演进的文化空间，体现顶层设计及社会文化的影响。

1. 模型构建假设

考虑到实际众包设计生态系统的特点和系统建模的简便性，对众包设计生态系统做出如下合理假设：

① 设计主体无论是由个人还是团体组成，统一视为一个"个体"，收益分配这里不予以研究；

② 众包系统均视为第三方网络平台；

③ 每一个众包任务只由一个设计主体完成；

④ 众包任务存在时限，一个周期结束时无论任务完成与否，均退出众包设计生态系统，下一个周期开始时刷新任务列表；

⑤ 假设众包任务完成所需时间为众包任务平均完成时间，即视所有众包任务均在一个周期内完成。

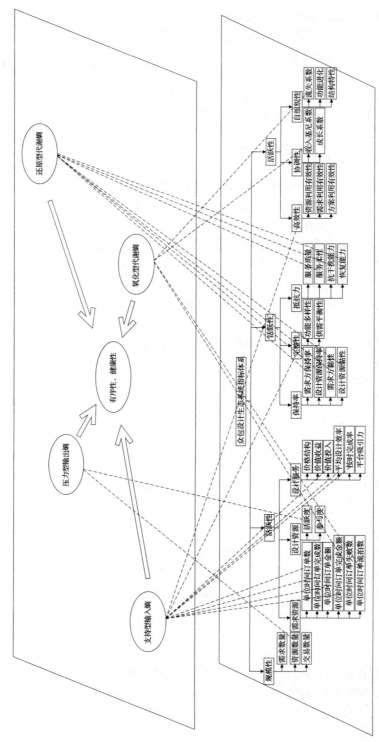

图 3-5 生态熵与生态系统指标体系的映射关系

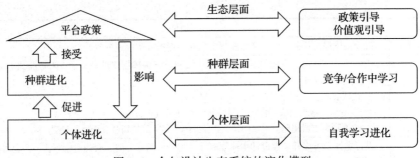

图 3-6　众包设计生态系统的演化模型

2. 模型符号定义

依据上文对众包设计生态系统参与主体的主要属性及行为特征的分析结果,定义见表 3-1 的符号。

表 3-1　众包设计生态系统模型的符号定义

符号	定义	符号	定义
R	众包任务的酬劳	T	设计主体的能力领域
D	众包任务的难度	G	设计主体的能力等级
S	众包任务的类别	N	设计主体的学习进度
M	设计主体拥有的财富	O	学习进度阈值
C	设计主体消耗的成本	P	任务完成评价系数

3. 模型实现过程

本节在 Sugarscape 模型[6-9]的基础上提出了一种多代理(Agent)的众包设计生态网络演化模型。Sugarscape 模型由 Agent、环境、规则 3 个基本组成部分构成,在将众包设计生态系统的各方主体映射到模型中时,设计主体为 Agent。Agent 具有高度自治性,可以做出选择、判断、执行等行为,为模型的核心,需求主体为环境,平台主体被映射为规则参与到模型中,故众包设计生态网络演化模型实现的过程见表 3-2。

表 3-2　众包设计生态网络演化模型实现过程

要素	说明
输入	输入模型相关参数,进行初始化定义
输出	设计主体最终人数;设计主体人数变化折线图;设计主体财富的最大值和最小值;设计主体财富分布柱状图;设计主体平均能力等级及变化折线图等
步骤 1	检测。若所有设计主体的财富均为零,模型停止
步骤 2	需求主体发布任务。需求主体在缴纳保证金后将众包任务的要求(难度)、类别、酬劳、任务期限等信息发布到众包生态系统上
步骤 3	设计主体搜寻、接取任务。设计主体在系统内依据自己的能力范围、能力大小、个人兴趣等浏览、寻找众包任务。当有合适的任务时,选择任务酬劳最高的任务,若多个酬劳相同,选择最简单的或自己最感兴趣的众包任务。如果没有合适的众包任务,进入下一个周期或执行步骤 6 进行学习提升

（续）

要素	说明
步骤 4	设计主体提交任务。设计主体在规定的期限内按要求完成并提交任务
步骤 5	任务评价。在第三方监督下，需求主体收到设计主体提交的任务后，对成果进行公正评价，评价分为 3 种： ① 达成要求，支付全额酬劳，$M_{t+1} = M_t + R - C$ ② 需要返工修改，依据情况支付，$80\% \leqslant P < 100\%$，$M_{t+1} = M_t + R \cdot P - C$ ③ 达不到要求或超期，予以设计主体任务酬劳等额的处罚金进行处罚赔偿，$M_{t+1} = M_t - R - C$
步骤 6	设计主体学习提升。在设计主体没有搜寻到合适的任务时，会通过学习提升自己的能力，学习需要多个周期完成，每个周期学习进度为 $N+1$，当学习进度增加到进度阈值 O 后，设计主体能力等级 $G+1$，学习进度 N 清零
步骤 7	循环。若某一个设计主体财富值为零，则该设计主体退出模型系统，同时有一定的概率会有新的设计主体进入模型。任务列表刷新，进入下一个周期

4. 模型仿真结果

在运行时不设置仿真时间，使模型持续运行直至系统稳定，但为了更好地观察系统运行，将会在每 100 个仿真时间记录一次系统的数据输出。同时，Agent 数量初始值设为 600，财富初始值设为 10 ~ 20 的随机整数，运行仿真模型。图 3-7 所示为系统仿真时间分别为 0、900、1800 时的仿真模型状态，代表了众包设计生态系统动态演化过程中的不同阶段。

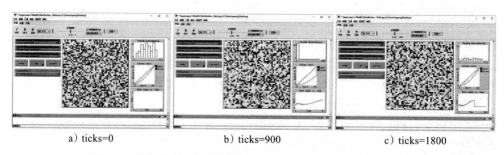

a）ticks=0　　　　　　　b）ticks=900　　　　　　　c）ticks=1800

图 3-7　系统仿真时间分别为 0、900、1800 时的仿真模型状态

由图 3-7 可知，在众包设计生态系统演化模型的初始时刻，Agent 的数量处于最高状态，平均财富和平均能力等级与相应属性中位数十分接近，基尼系数（Gini）[10] 为 0.1684，Agent 种群分布比较均衡。随着仿真的进行，由于 Agent 彼此之间竞争激烈，Agent 种群数量呈指数式下滑，直至仿真时间为 600 左右时，Agent 种群数量不再下降，基本保持不变。这个阶段是众包设计生态系统的诞生期，设计主体对众包模式充满兴趣，积极参与众包任务，但由于设计主体人数多于合适的众包任务量，竞争异常激烈，受兴趣衰减、损益不当等因素影响，不断有设计主体退出众包设计生态系统。当仿真模型进入初步稳定状态后，系统结构稳定性加强，众包设计生态系统处于发展期，设计主体迅速发展，不断参加众包任务，贫富差距逐渐加大。而当仿真时间到达 1100 时，众包设计生态系统迈入成熟期，需求主体与设计主体的状态维持稳定，各方面进入常态化。当仿

真时间到达 1600 左右时，Agent 种群数量略有波动，个体财富最大值陡降，高等级、富有的个体基本退出系统，代表众包设计生态系统进入衰退期，大量优质的设计主体不再进行众包活动，众包活动质量极低。当仿真时间为 1771 时，仿真模型中 Agent 平均能力等级为 0，意味着众包设计生态系统彻底衰败，系统中只剩下一些低等级 Agent 和无难度的众包任务。

从众包设计生态网络的演化过程分析中可以看出，众包设计生态系统的发展符合一般系统的生命周期历程，体现了系统的成长性，清楚了解系统的发展特性有助于研究相应策略，帮助众包设计生态系统发展与延续。

通过观察 Agent 种群财富的相关统计学参数、分布直方图、洛伦兹曲线[11]和基尼系数的动态变化，可以发现随着仿真的进行，Agent 的贫富差距在不断加大。图 3-7 中 ticks=900 时，财富分布直方图和洛伦兹曲线非常直观地显示出，群体中 90% 的 Agent 只拥有不超过 50% 的财富，财富只掌握在少数人手中，与现实中贫富差距显著的社会现象十分契合。

结合演化模型的运行规则与众包设计生态系统的特点进行分析，可以准确地理解 Agent 的财富情况。在初期，大量 Agent 进入系统，系统中存在各层次的 Agent，财富分布比较均衡，洛伦兹曲线接近绝对公平线，基尼系数为 0.1684，表示群体财富分布比较公平。随着仿真时间的推进，能力较强的 Agent 在激烈的竞争中拥有巨大的优势而快速获得财富，而能力较差的 Agent 只能一点一滴地积累。在这个过程中，Agent 因为收益小于消耗导致拥有的财富不断缩减，当财富值耗光时，不得不退出系统。在实际众包设计生态系统中，设计主体可能因为兴趣衰减、获得的利益过低，认为不值、没有太多时间经常参加众包活动或其他原因退出，不再是众包设计的参与者。初始阶段财富的快速累积，使得基尼系数迅速增大，当 Agent 种群数量急剧减少时，基尼系数开始减小，当 Agent 种群数量稳定后，众包设计生态系统进入发展期，基尼系数又逐渐增大，贫富差距越来越明显。进入成熟期后，基尼系数不再持续增大而是不断波动，但群体财富分布比较稳定，不到 10% 的 Agent 拥有超过 50% 的财富。此时，这些富有的 Agent 能力较强，其能力已经达到仿真模型中资源限制等级的上限，退出系统是大多数 Agent 的选择。

同样地，在众包设计生态系统中，当设计主体的能力足以解决系统能力领域内的任何任务时，根据马斯洛需求层次理论，设计主体会追求更高的目标，其能力能够支撑设计主体寻找到一个满意的专职工作，较大的可能不再参加众包任务。高等级 Agent 的离开使系统内的财富总值锐减，系统内仅剩能力较差的 Agent 与新生的 Agent，财富分布回归到较为公平状态。基尼系数较为直观地反映了 Agent 种群的财富分布情况，与系统的发展变化一致，整个仿真过程中 Agent 种群基尼系数的变化如图 3-8 所示。

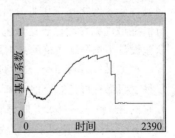

图 3-8　整个仿真过程中 Agent 种群基尼系数的变化

Agent 种群平均能力等级变化如图 3-9 所示。Agent 种群的平均能力等级在仿真初期提高后随即开始下降，当仿真时间为 300~400 时，平均能力等级维持在 0.26 左右，当仿真时间到达 1300 左右时，平均能力等级再次下降至 0.16，而当到达 1771 时降至 0。与此同时，图 3-9 中 Agent 种群能力等级的中位数在 t =300 左右时已经从初始的 2 变为 0，说明系统中绝大部分 Agent 的能力等级不到 1。由此可见，Agent 种群的能力等级也存在"财富掌握在少数人手上"的现象，两极分化严重，大量的 Agent 能力极其有限。从现实社会情况来分析，众包设计生态系统中的设计主体为普通设计爱好者和高技能人才，或兼职获取报酬，或满足自身兴趣，利用闲余时间参与众包活动，并不总会专职于众包任务。当设计主体的能力较强时，继续提升的追求与工作方面的要求使设计主体脱离众包设计生态系统成为普遍现象。因此，Agent 种群的平均能力等级也侧面反映了众包设计生态系统的生命周期历程。

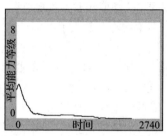

图 3-9　Agent 种群平均能力等级变化

3.3　众包设计生态网络动态分析

最佳觅食理论（Optimal Foraging Theory，OFT）是一种行为生态学模型，可用来预测动物在寻找食物时的行为方式 [12]。虽然食物为动物提供能量，但寻找和捕获食物需要能量和时间。为了最大限度地提高适应性，动物采用觅食策略，以最低的成本提供最大的益处（能量），最大化获得净能量。OFT 有助于预测动物可用于实现此目标的最佳策略。最优觅食理论广泛应用于服务创新、智能优化算法、车间调度等方面的研究 [13-15]，为众包设计生态网络系统仿真分析提供理论借鉴。在众包设计生态网络构建的基础之上，本节借鉴最优觅食理论表达众包设计的交易过程，进行众包设计生态网络系统仿真，分析众包设计生态网络系统的结构演进机制以及多主体价值变化规律。

根据最优觅食理论，动物必然使其单位时间获取的净能量最大 [16]。对于任何捕食者，每种食饵都有自己的处理时间（h），这是捕食者在锁定一个食饵的位置之后，捕获它、打开它的壳（或表皮等）并吃掉它所需的时间。每种食饵都有自己的净热量值（net caloric value）E，这是当食饵被消化吸收后，捕食者从提取的能量中减去打开食饵、咀嚼和消化它消耗的能量所剩下的数值。捕食者所处的自然环境中不同食饵的数量存在差异，捕食者遇到每种食饵的概率不同，食饵的相遇率（encounter rate）λ_i = 食饵 i 的总相遇数 / 总搜寻时间 t，指单位时间内遇到的食物数量。捕食者除了消耗时间处理食物，也要消耗时间识别食物，考虑识别时间 r 时，捕食者的广义收益率（generalized profitability）为

$$\frac{E}{T} = \frac{\lambda_1 E_1 + \lambda_2 E_2 + \cdots + \lambda_n E_n}{1 + \lambda_1(h_1 + r_1) + \lambda_2(h_2 + r_2) + \cdots + \lambda_n(h_n + r_n)} \quad (3\text{-}2)$$

此时，判断某食饵是否包含在食物中的依据为：一种食饵包含在食物中，当且仅当它的收益率大于不包含它时食物的净热量获取率为

$$\frac{\lambda_1 E_1 + \lambda_2 E_2 + \cdots + \lambda_k E_k}{1 + \lambda_1(h_1 + r_1) + \lambda_2(h_2 + r_2) + \cdots + \lambda_k(h_k + r_k)} < \frac{E_{k+1}}{h_{k+1} + r_{k+1}} \quad (3\text{-}3)$$

3.3.1 众包设计生态网络演进仿真方法

众包设计生态系统中包含需求方、设计方、平台方三类主体，以及设计任务（由设计需求转化映射得到）和设计方案两类要素，仿真的主要目的是分析三类主体和两类要素在众包设计过程中的行为及变化情况，主要包括需求方/设计方加入众包系统、需求方发布众包设计需求、设计方选择参与设计任务、设计方提供设计方案、需求方选择解决方案等行为。

1. 需求方/设计方加入众包系统

众包设计生态系统是一个高度开放的环境，个体的行为不受任何限制和约束，因此需求方和设计方个体进入和退出也是普遍现象[17]。当受到系统的吸引或其他个体的推荐时，新个体会加入众包设计生态系统；而当生态系统不能满足需求或者不能获得期望中的收益时也可能退出。因此，这种现象必须在演化分析中给予考虑。个体进入的动机有很多，包括内在激励，如娱乐、好奇、学习、利他等；外在激励，如认同、荣誉、排名等；金钱激励，如求职、报酬、奖金等[18]。很难分辨个体在哪种因素影响下最有可能加入系统，因此，假设新个体以一定的概率进入/退出系统。

新需求方个体加入众包设计生态系统。需求方加入的主要目的是解决个性化设计需求，获取满意的解决方案，因此众包设计需求满足率直接影响需求个体加入的概率。众包设计生态系统中原有需求的总体满足率（p_{Dem}）越高，需求方越愿意加入系统发布新的设计需求，即新需求方个体加入的概率（$p_{\text{Dem\_in}}$）越大。

$$p_{\text{Dem}} = \frac{\sum n_{\text{Dem}}}{\sum N_{\text{Dem}}}, \quad p_{\text{Dem\_in}} = e^{\gamma_{\text{Dem}} \cdot p_{\text{Dem}}} \quad (3\text{-}4)$$

式中，n_{Dem} 表示众包设计生态系统中完成交易的众包设计任务成交量，N_{Dem} 表示众包设计平台中总的设计任务数量，γ_{Dem} 表示众包设计平台方管理措施对新需求方个体加入的影响系数。

新设计方个体加入众包设计生态系统。设计方加入的主要目的是提供设计方案并获取报酬，因此设计方的收益情况直接影响资源个体加入的概率。设计方在众包设计生态系统中的总体收益率（p_{Des}）越高，则能够吸引越多的设计方个体加入，承接众包设计任务，即新设计方加入的概率（$p_{\text{Des\_in}}$）越大。

$$p_{\text{Des}} = \frac{\sum E_i}{\sum n_i \cdot E_i}, \quad p_{\text{Des\_in}} = e^{\gamma_{\text{Des}} \cdot p_{\text{Des}}} \quad (3\text{-}5)$$

式中，E_i 表示设计任务 i 的金额，n_i 为参与设计任务 i 的设计方数量，γ_{Des} 表示众包设计平台方管理措施对新设计方个体加入的影响系数。

新加入个体生态位。新加入需求方 / 设计方个体能力类型与系统中现有的需求方 / 设计方个体能力类型的分布比例正相关，系统中占比越高的能力类型，在新个体上出现的概率越大，$p_i = n_i / N$（n_i 表示某种需求 / 能力类型数量，N 表示众包设计生态系统内所有的需求 / 能力类型数量），假设新个体生态位包含两个维度，确定需求方 / 设计方能力类型后，需求 / 能力值的大小服从该类型的正态分布。

若个体在众包设计生态系统中不能获得收益，则有退出的可能性。此外，若个体在系统中无新的行为活动的时间越长，则退出的可能性越大。采用如下公式计算需求方个体（$p_{\text{Dem\_out}}$）和设计方个体（$p_{\text{Des\_out}}$）退出的概率：

$$p_{\text{Dem\_out}} = \frac{t_A}{T_A} \cdot e^{-\eta_{\text{Dem}} \cdot p'_{\text{Dem}}}, \quad p_{\text{Des\_out}} = \frac{t_A}{T_A} \cdot e^{-\eta_{\text{Des}} \cdot p'_{\text{Des}}} \quad (3\text{-}6)$$

式中，p'_{Dem} 表示需求方个体的需求满足率，p'_{Des} 表示设计方个体的收益率，t_A 表示需求方个体（设计方个体）上一次发布需求（参与设计任务）到现在的时间间隔，T_A 表示时间周期常数，η_{Dem}（η_{Des}）表示平台方调控措施对需求方（设计方）个体退出概率的影响系数。

2. 需求方发布众包设计需求

如果将发布设计需求看成随机事件，那么整个系统中的新增设计任务数量就是随机事件的累计发生次数[19]。为了更准确地反映众包设计生态系统中的任务，考虑用泊松过程来描述任务的产生。

假设平均金额为 E 的设计任务的达率为 $r(E)$，计算方法如下：

$$r(E) = (1 - E^a)^b \quad (3\text{-}7)$$

式中，E 表示某类型设计任务的平均金额，a 和 b 都是常数。为方便起见，将价格都映射到 [0, 1] 区间内。可以看出，设计任务出现的概率反比于任务金额：金额越高，设计任务发生的概率就越低。这符合现实规律。

根据泊松过程，在时间周期 t（仿真周期）内，新增 n 个某金额设计任务的概率（$P(N_t = n)$）为

$$P(N_t = n) = \frac{(r(E)t)^n}{n!} e^{-r(E)t} \quad (3\text{-}8)$$

新加入个体发布需求：假设新个体发布需求的概率为 1，即新个体加入时，都会发布需求。

新个体必然发布设计需求，需求经转化映射成任务。若计算出来的新增设计任务数量小于新加入需求个体数量，则令设计任务数量等于新加入的需求个体数量；若大于新个体数量，则随机分配给其他需求方。

为了便于仿真，新发布的设计任务特性按照如下规则确定：任务金额呈随机正态分布，任务类型服从随机均匀分布，任务内容呈随机正态分布，众包形式服从随机均匀分

布，难易程度呈随机正态分布。

3. 设计方选择参与设计任务

设计任务发布后，设计方会对设计任务进行选择，挑选合适的进行响应。设计方在选择时有一定的随机性，但也会考虑任务金额、任务类型、任务内容、众包形式、难易程度等任务特性。可以采用最优觅食理论描述设计方选择众包设计任务过程。

设计方觅食设计任务，如图 3-10 所示。觅食过程包括：搜寻设计任务（搜寻食物），设计方在自身的能力范围内搜寻食物；分析设计任务（识别食物），根据任务金额、任务类型、任务内容、众包形式、难易程度等特性，识别食物的潜在收益率；形成设计方案（处理食物），设计方若选择参与，则根据自身设计能力形成设计方案；交付－交易（获得能量），若需求方采纳设计方案，则设计方获得报酬。

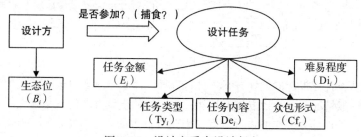

图 3-10　设计方觅食设计任务

设计方定期查看系统中发布的众包设计任务，搜寻自己能力范围内的设计任务，任务相遇率为 λ_{Des}。

找到设计任务后，设计方根据任务内容（De_i）、众包形式（Cf_i）等属性信息，分析完成任务的可能性，决定是否参与。设计方分析设计任务的时间由任务内容及众包形式决定：$r_{\mathrm{Des}\_i} = f(\mathrm{De}_i, \mathrm{Cf}_i)$。

设计方决定参与后，开始执行任务并提出设计方案，执行任务所需的时间与设计方的能力以及任务特征的生态位（B_i）和任务难易程度（Di_i）相关，即 $h_{\mathrm{Des}\_i} = f(B_i, \mathrm{Di}_i)$。

对于捕食范围内的所有设计任务，根据任务收益率排序后，再根据最优觅食理论，判断是否"觅食"某设计任务，判断依据为

$$\frac{E}{T} = \frac{\lambda_1 E_1 + \lambda_2 E_2 + \cdots + \lambda_n E_n}{1 + \lambda_1(h_1 + r_1) + \lambda_2(h_2 + r_2) + \cdots + \lambda_n(h_n + r_n)} \tag{3-9}$$

$$\frac{\lambda_1 E_1 + \lambda_2 E_2 + \cdots + \lambda_k E_k}{1 + \lambda_1(h_1 + r_1) + \lambda_2(h_2 + r_2) + \cdots + \lambda_k(h_k + r_k)} < \frac{E_{k+1}}{h_{k+1} + r_{k+1}} \tag{3-10}$$

4. 需求方选择解决方案

设计方提交设计方案后，需求方从中选择最好的方案并将报酬支付给对应的设计方。在此过程中，需求方首先要对方案进行评价，然后选择最优方案，也可看作为动物觅食过程。

需求方觅食设计方案，如图 3-11 所示。觅食过程包括：搜寻设计方及其提交的设计方案（搜寻食物），查看设计方提交的设计方案；分析设计方案（识别食物），根据任务的需求特性，分析设计方生态位与需求的匹配程度，识别食物的潜在收益率；选择设计方案（处理食物），采纳作为最终的解决方案；交付 – 交易（获得能量），获得设计方案，并将报酬支付给设计方。

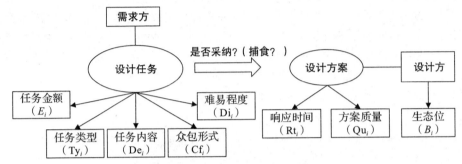

图 3-11　需求方觅食设计方案

需求方从设计方提交的设计方案中进行选择。需求方想要以最小的代价获取最优的设计方案。一般情况下，设计方能力越强，提交好的设计方案的概率越大，需求方倾向于选择能力强的设计方提交的设计方案，因此设计方的生态位（B_i）会影响需求方与方案的相遇率。同时，设计方分析设计任务的时间（r_{Des_i}）和执行设计任务的时间（h_{Des_i}）直接影响提交设计方案的时间以及方案相遇率：

$$\lambda_{\text{Dem}\_i} = f(B_i, r_{\text{Des}\_i}, h_{\text{Des}\_i}) \tag{3-11}$$

需求方分析众多设计方案，评价方案质量，判断方案是否符合设计要求、是否满足设计需要。方案描述越详细（Qu_i），需求方越能清晰地理解方案意图，直接影响需求者分析设计方案的时间：$r_{\text{Dem}\_i} = f(\text{Qu}_i)$

需求方分析完所有设计方案后，需要从中选择一个或者多个作为最终的解决方案。需求方选择某设计方案的时间相同，设为 1。

根据最优觅食理论，需求方选择某设计方案的净能量获取率为

$$\frac{E}{T} = \frac{\lambda_i E}{1 + (\lambda_i + r_i)} \tag{3-12}$$

需求方最终选择净能量获取率最高的方案，即

$$\frac{E}{T} = \max\left\{\frac{\lambda_i E}{1 + (\lambda_i + r_i)}\right\} \tag{3-13}$$

5. 基于双向觅食理论的众包设计过程仿真算法

众包设计是一个双向选择的过程，可以采用双向觅食对众包设计过程进行详细分析。众包设计过程双向觅食过程包括：设计方觅食，搜寻设计任务（搜寻食物），形成设计方案（处理食物）；需求方觅食，搜寻匹配设计任务需求的主动资源（搜寻食物），查看设计

方案（处理食物）；若二者同时"觅食"到对方，则交易成功。设计方与需求方双向觅食过程如图 3-12 所示。

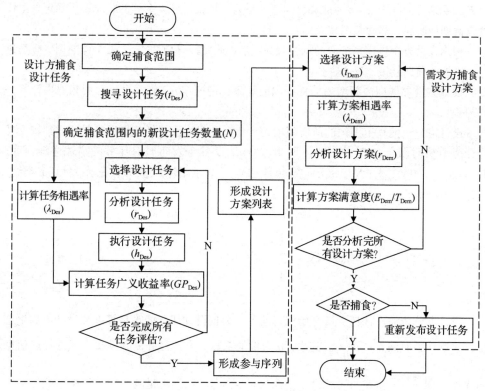

图 3-12　设计方与需求方双向觅食过程

对比最优觅食理论，双向觅食的参数含义见表 3-3。

表 3-3　双向觅食参数含义

最优觅食理论	设计方觅食	需求方觅食
食饵净能量值 (E)	任务价格 (E_{Des})	任务价格 (E_{Dem})
总觅食时间 (T)	任务时间 (T_{Des})	任务时间 (T_{Dem})
搜寻食物时间 (t)	搜寻任务时间 (t_{Des})	搜寻方案时间 (t_{Dem})
识别食物时间 (r)	分析任务时间 (r_{Des})	分析方案时间 (r_{Dem})
处理食物时间 (h)	执行任务时间 (h_{Des})	选择方案时间 (h_{Dem})
食物相遇率 (λ)	相遇率 (λ_{Des})	相遇率 (λ_{Dem})
食物收益率 (P)	任务收益率 (P_{Des})	方案收益率 (P_{Dem})
总热量获取率 (E/T)	总回报率 $\left(\dfrac{E_{Des}}{T_{Des}}\right)$	方案满意度 $\left(\dfrac{E_{Dem}}{T_{Dem}}\right)$

（1）设计方捕食过程

根据设计方在系统中的生态位，确定捕食范围。确定设计方能够完成的设计任务的特征，包括任务类型 Ty_i、任务价值 E_i 和众包形式 Cf_i。若设计方前一个仿真周期每个任务类型中标的任务价值区间为 $[E_{min}, E_{max}]$，则当前仿真周期能够捕食的任务价值范围为 $[\alpha E_{min}, \beta E_{max}]$，其中 α、β 为捕食范围调整系数，根据设计方个体的收益期望确定，个体的收益期望越高，捕食范围越大。

根据设计方个体在系统中的浏览行为习惯，确定搜寻周期 t_{Des}。若个体的浏览频率越高，则搜寻周期越短，反之越长。

设计方搜寻周期内新增的捕食范围的任务数量记作 n，则每个任务的相遇率计算公式为 $\lambda = n/t_{Des}$。

设计方分析捕食范围内的所有新增设计任务，根据设计任务类型及描述详细程度计算任务分析时间 $r_{Des} = Ty_i/\ln De_i$。其中，De_i 表示任务发布时对任务的描述详细程度；$De_i = N_{word} + 10 N_{picture}$，$N_{word}$ 表示文字数量，$N_{picture}$ 表示图片数量；Ty_i 表示设计任务类型，每种任务类型的取值如下：

$$Ty_i = \begin{cases} 1 & \text{雇佣、买服务} \\ 2 & \text{计件} \\ 3 & \text{比稿} \\ 4 & \text{招标} \\ 5 & \text{大赛} \end{cases}$$

设计方分析完设计任务后开始执行任务，根据设计任务的难易程度和设计方的生态位，计算任务时间 $h_i = a\dfrac{Di_i}{B_i}$。其中，a 为常量系数；设计任务复杂度根据任务描述信息熵计算，$Di_i = -\sum_{i=1}^{n} p(x_i) \log_2 p(x_i)$，描述内容越多包含的信息量越大，任务难度越大。

根据设计任务的价值，设计方分析执行任务的时间，计算每个设计任务的广义收益率 $P_i = E_i/(r_{Des} + h_{Des})$。将广义收益率从高到低排序，广义收益率最高的任务在捕食序列中，按照式（3-14）依次判断其他设计任务是否在捕食序列中，形成设计方的最终捕食序列。

$$\frac{\lambda_1 E_1 + \lambda_2 E_2 + \cdots + \lambda_k E_k}{1 + \lambda_1(h_1 + r_1) + \lambda_2(h_2 + r_2) + \cdots + \lambda_k(h_k + r_k)} < \frac{E_{k+1}}{h_{k+1} + r_{k+1}} \tag{3-14}$$

（2）需求方捕食过程

需求方获取多个设计方案后，从中选择最能满足任务需求的一个或者多个作为最终解决方案。

首先，根据提方案的设计方在该维度的生态位（B_i）以及设计方分析任务时间和执行任务时间（$r_{Des\_i} + h_{Des\_i}$），计算每个设计方案的相遇率 $\lambda_{Dem} = \dfrac{B_i}{r_{Des\_i} + h_{Des\_i}}$。

其次，需求方查看设计方案内容，分析设计意图、方案思路，计算方案分析时间 $r_{Dem} = 1/\ln Qu_i$，Qu_i 表示设计方案的描述详细程度。

最后，计算需求方对设计方案的满意度，$\dfrac{E_i}{T_{\text{Dem}}} = \dfrac{\lambda_{\text{Dem\_}i} E_i}{1 + \lambda_{\text{Dem\_}i}(h_{\text{Dem\_}i} + r_{\text{Dem\_}i})}$，从中选择

满意度最高的一个或多个设计方案，即 $\max\left\{ \dfrac{\lambda_{\text{Dem\_}i} E_i}{1 + \lambda_{\text{Dem\_}i}(h_{\text{Dem\_}i} + r_{\text{Dem\_}i})} \right\}$。

3.3.2　众包设计生态网络演进机制分析

1. 众包设计生态网络系统特征

（1）众包设计生态网络系统结构特征

借鉴复杂网络分析方法[20]，定义以下众包设计生态网络系统结构特征。

节点数：统计众包设计生态网络中包含的各类节点的数量，包括需求方、设计方、设计任务和设计方案。

边数：统计众包设计生态网络中节点之间的关系数量，包括需求方与设计任务间的发布关系，设计方与设计方案间的提交关系，设计任务与设计方案间的解决关系，需求方种群内部、设计方种群内部的"竞争"关系，设计方种群内部的"协作"关系，需求方种群与设计方种群之间的"捕食"关系等。

平均路径长度：网络中连接节点 i 和 j 的最短路径上的边数称为这两个节点之间的距离，用 L_{ij} 表示。网络的平均路径长度 L 定义为 L_{ij} 的平均值，即任意两节点之间的平均值。在设计方竞争网络中，平均路径长度表示的是任意两设计方之间的平均竞争关系数量，距离越短，表示设计方竞争网络中存在越多同时竞争多个需求的设计方。而在设计方合作网络中，平均路径长度和网络直径表示的是任意两设计方之间的平均合作关系数量，距离越短，表示两设计方合作的可能性越大。

活跃度：网络中度数大于 K 的节点在全部节点中所占的比例，可以计算出网络中较为活跃的节点占比。

平均度数：网络中节点度数的均值，可以计算出网络中节点的平均活跃程度。

社区数目：复杂网络不是大批性质相同节点的随机连接，而是许多不同类型的节点的组合，其中相同类型的节点间存在较多的连接，而不同类型节点的连接则相对较少，这些同一类型的节点以及这些节点之间的边所构成的子图称为网络中的社区。实际网络的社区代表特定对象的集合，例如，社会网络中的社区代表根据兴趣或背景而形成的真实的社会团体。在众包设计生态网络中，社区数目越多，则代表资源越分散，越有利于用户群体的发展。

（2）众包设计生态网络系统生态特征

生态系统是具有很强的自组织、自发展的复杂网络系统。网络分析方法已经成为研究生态系统结构、内部变化规律的有效工具[21]。接下来，采用生态网络分析方法分析众包设计多主体生态网络的稳定性、上升性、发展能力和冗余度。

生态网络稳定性（S）：指系统抵抗外界干扰变化的能力，稳定性指标值越大，系统的稳定性越好[22]。网络稳定性指标能够反映出众包设计生态系统中设计任务多样性，以

及需求方、设计方的生态位多样性，同时表征任务及其参与方的分布均匀性。基于信息熵理论，定义稳定性的计算方法：

$$S = H_R - \text{AMI}, \quad \text{AMI} = k\sum_{i=1}^{n+2}\sum_{j=0}^{n}\frac{T_{ij}}{T_{..}}\log_2\frac{T_{ij}T_{..}}{T_{i.}T_{.j}}, \quad H_R = -\sum_{j=0}^{n}\left(\frac{T_{ij}}{T_{..}}\right)\log_2\left(\frac{T_{.j}}{T_{..}}\right) \qquad (3\text{-}15)$$

式中，AMI（Average Mutual Information）表示生态网络的平均交互信息，随着生态系统的物质、能量交换的网络不断完善，系统的 AMI 指标值也随之降低；H_R 是生态系统的多样性指标；n 表示生态网络中的节点数量；T_{ij} 表示由节点 j 流至节点 i 的流量；$T_{i.}$ 表示流至节点 i 的总流量；$T_{.j}$ 表示由节点 j 流出的总流量；$T_{..}$ 表示网络通量。

生态网络上升性（A）：指定量化系统的规模和反馈，常用于衡量生态系统活跃程度和组织程度[23]，体现了众包设计生态系统中需求方发布个性化需求、设计方响应设计任务的速度。上升性计算公式如下：

$$A = \sum_{i=1}^{n+2}\sum_{j=0}^{n}T_{ij}\log_2\frac{T_{ij}T_{..}}{T_{i.}T_{.j}} \qquad (3\text{-}16)$$

生态网络发展能力（C）：指生态系统最大的发展潜力，是生态网络上升性的上限[23]，反映出众包设计生态系统将来达到的状态。发展能力计算公式如下：

$$C = -\sum_{i=1}^{n+2}\sum_{j=0}^{n}T_{ij}\log_2\frac{T_{ij}}{T_{..}} \qquad (3\text{-}17)$$

生态网络冗余度（R）：指生态系统中信息的缺失程度，冗余度越大网络越向无效率方向发展[23]，可用于表征众包设计生态系统的需求满足率以及设计效率。冗余度计算公式如下：

$$R = -\sum_{i=1}^{n+2}\sum_{j=0}^{n}T_{ij}\log_2\frac{T_{ij}^2}{T_{.j}T_{i.}} \qquad (3\text{-}18)$$

2. 设计方行为对网络系统结构的影响机制分析

设计方根据自身意愿及空余时间进入众包设计系统并选择设计任务，其行为具有自主性、随意性和不确定性。设计方是完成众包设计任务的主体，对于众包设计生态系统的运行具有至关重要的作用，其行为也影响众包设计生态系统的演化。接下来通过仿真的方法，分析设计方不同行为特征对众包设计生态网络系统结构的影响，主要包括设计方搜寻设计任务和收益期望。

（1）设计方搜寻设计任务行为对网络系统结构的影响

设计方参与众包设计任务的时间周期不同，有的设计方个体将众包设计作为职业，每天定时进入系统查看设计任务；有的设计方个体只是在空闲时间进入系统承接设计任务，搜寻设计任务的周期不固定。通过设置不同的设计方搜寻设计任务的时间周期，进行仿真实验，以揭示设计方参与行为对众包设计生态网络系统结构的影响。

将设计方搜寻设计任务的周期 t_{Des} 作为自变量，取值分别为 25、30、35、40、45 和 50，分析不同取值时众包设计生态网络结构特征，结果见表 3-4。

表 3-4　设计方搜寻周期 – 网络结构特征仿真结果

搜寻周期	节点数	边数	平均路径长度	活跃度	平均度数	社区数目
25	1881	2396	5.96	0.27	2.24	235
30	1917	2231	5.44	0.23	2.14	250
35	1792	2165	5.59	0.25	2.19	241
40	1438	1718	6.22	0.25	2.10	236
45	747	852	5.41	0.24	1.85	214
50	849	974	5.37	0.21	1.84	218

随着设计方搜寻设计任务的周期逐渐增加，设计方进入系统的频率降低；系统中的设计方数量减少，设计方提交的方案数量也随之减少；需求方的设计需求不能得到及时满足，需求方的数量也会减少。这直接体现在生态网络节点数量及节点间关系数量的减少，如图 3-13 所示。

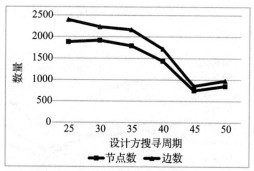

图 3-13　设计方搜寻周期对生态网络节点数量及节点间关系数量的影响

社区数目反映出系统中设计方和需求方的聚集程度，社区数目越大，用户的聚集程度越低，反之则聚集程度越高。由图 3-14 可知，随着搜寻周期增加，众包设计生态网络中的社区数目逐渐减少，说明网络节点之间关系越来越紧密、聚集程度越来越高，主要由于系统中的需求方和设计方数量减少，设计任务由少量较为固定的设计方参与完成，系统的生态多样性降低。

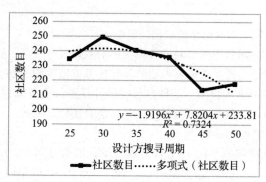

图 3-14　设计方搜寻周期对生态网络社区数目的影响

设计方搜寻周期与众包设计网络的生态特征的关系见表 3-5。

表 3-5　设计方搜寻周期 – 网络生态特征仿真结果

搜寻周期	稳定性 S	上升性 A	发展程度 C	冗余度 R
25	0.98	172 425	288 323	115 898
30	1.68	134 021	303 772	169 751
35	1.16	149 762	275 855	126 092
40	1.76	108 975	227 161	118 186
45	0.99	75 942	129 017	53 075
50	0.82	135 283	224 727	89 444

设计方搜寻周期变长，众包设计生态网络中节点之间的生态关系呈下降趋势，节点之间的竞争、协作和交易关系减少，表明设计方的参与度降低、系统活跃度下降。生态网络中节点数量减少，直接导致众包设计生态网络规模减小、活跃度降低、设计效率与需求满足率减小，众包设计生态系统发展受限，体现为生态网络上升性、冗余度和发展程度逐渐降低，如图 3-15 所示。

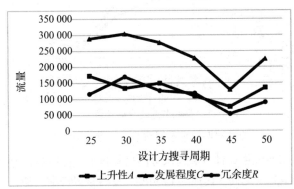

图 3-15　设计方搜寻周期对生态网络生态特征的影响

综上所述，设计方搜寻设计任务周期越长，众包设计生态系统中设计方、需求方、设计任务、设计方案等节点数量越少，节点之间的关系也随之减少，众包设计生态逐渐趋于恶化。

（2）设计方收益期望对网络系统结构的影响

设计方根据自身时间自主选择和查看系统中的众包设计任务，同样，可以根据自身对设计任务的收益期望，自主选择要参加的设计任务价值范围。如果设计方想要获得更多的价值收益、赚取更多的报酬，选择参与的设计任务价值范围就越大，反之则越小。通过设置不同的参与设计任务的价值范围，进行仿真实验，以揭示设计方收益期望对众包设计生态网络系统结构的影响。

将设计方参与范围调整系数 α、β 作为自变量，取值分别为（1.0，1.1）（0.9，1.2）（0.8，1.3）（0.7，1.4）（0.6，1.5）和（0.5，1.6），分析不同取值时众包设计生态网络结构特征，结果见表 3-6。

表 3-6　设计方捕食范围 – 网络结构特征仿真结果

(α, β)	节点数	边数	平均路径长度	活跃度	平均度数	社区数目
（1.0，1.1）	585	588	6.02	0.18	1.41	233
（0.9，1.2）	1108	1267	6.20	0.24	1.77	233
（0.8，1.3）	1083	1271	5.66	0.26	1.83	223
（0.7，1.4）	679	721	5.97	0.21	1.50	218
（0.6，1.5）	715	734	5.55	0.18	1.52	237
（0.5，1.6）	1048	1188	5.69	0.24	1.81	237

　　设计方捕食范围越大，同时参与同一个设计任务的设计方数量就越多，竞争越激烈。由图 3-16 可知，适当扩展捕食范围，设计方之间的竞争性增加，众包设计生态网络的节点和关系随之增加，有助于生态发展。然而，当设计方的捕食范围过大，会导致恶性竞争，不利于众包设计生态的发展。

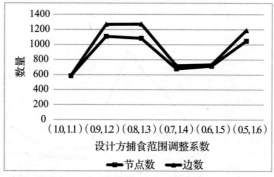

图 3-16　设计方捕食范围对生态网络节点数量及节点间关系数量的影响

　　分析设计方的活跃度也可以得到相同的结论。如图 3-17 所示，当捕食范围调整系数取值较小时（如（0.8，1.3）），设计方对能力范围内的设计任务展开竞争，参与的积极性较高，设计方的活跃度逐渐上升；当捕食范围进一步扩大，部分金额较高的设计任务超出设计方的能力范围，较低的设计任务低于设计方的收益期望，会导致设计方的参与积极性降低，系统整体活跃度也会降低。

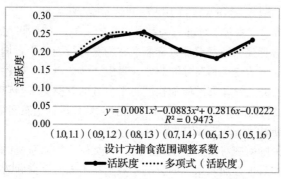

图 3-17　设计方捕食范围对生态网络活跃度的影响

分析不同捕食范围仿真条件下众包设计网络的生态特征，见表 3-7。

表 3-7　设计方捕食范围 – 网络生态特征仿真结果

(α, β)	稳定性 S	上升性 A	发展程度 C	冗余度 R
（1.0, 1.1）	1.88	674 581	1 566 073	891 492
（0.9, 1.2）	1.81	2 505 874	5 456 309	2 950 435
（0.8, 1.3）	2.14	2 969 911	8 855 638	5 885 727
（0.7, 1.4）	2.05	536 934	1 332 449	795 515
（0.6, 1.5）	1.59	629 879	1 282 112	652 233
（0.5, 1.6）	2.24	1 075 462	2 907 673	1 832 211

随着捕食范围的扩大，众包设计生态网络的上升性、发展程度和冗余度先增加后减少，表明设计方在一定程度上扩展捕食范围，有助于众包设计生态的发展，需求的快速响应和设计效率的提高；然而，如果设计方"饥不择食"，盲目参与各种类型的设计任务，则会导致众包设计生态恶化，如图 3-18 所示。

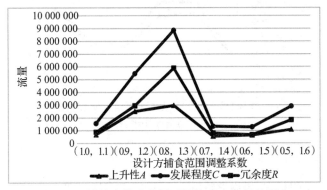

图 3-18　设计方捕食范围对网络生态特征的影响

综上所述，设计方捕食范围直接影响系统的竞争激烈程度，适度的捕食范围可以提高系统的竞争性，促进众包设计生态良性发展；盲目地选择设计任务则会导致系统活跃度降低以及恶性竞争，致使生态恶化。

3. 平台方管控对网络系统结构的影响机制分析

设计方和需求方参与众包设计的行为都是自主的，平台方不能"规定"用户的行为，但是可以通过一定的管控措施对设计方和需求方的参与行为产生影响。例如，通过任务奖励、广告宣传、优惠活动、利润分红等方式吸引更多的用户，通过任务推送、服务推荐等方式提高设计任务与设计方的匹配程度。平台方的管控会影响众包设计生态网络系统结构，接下来通过仿真的方法，分析平台方管控对众包设计生态网络系统的影响机制。

（1）平台方激励对网络系统结构的影响

平台方的各种激励措施对用户产生吸引力，增加用户加入系统的意愿，直接体现在仿真算法中设计方和需求方加入系统的影响系数上。不同激励措施对用户加入系统的影响系数不同，通过设置不同的设计方和需求方加入系统的影响系数，进行仿真实验，以揭示平台方激励对众包设计生态网络系统结构的影响。

将平台方激励措施对新个体加入的影响系数 η 作为自变量，取值分别为 1.2、1.5、1.8、2.1、2.4 和 2.7，在仿真工具中进行仿真分析，仿真结果见表 3-8。

表 3-8　平台方激励 – 网络结构特征仿真结果

η	节点数	边数	平均路径长度	活跃度	平均度数	社区数目
1.2	475	522	4.88	0.26	1.69	221
1.5	738	955	5.11	0.36	2.17	200
1.8	1162	1365	5.40	0.28	2.11	237
2.1	1020	1157	6.03	0.26	1.98	238
2.4	1054	1284	5.66	0.25	2.02	229
2.7	1774	2183	6.09	0.29	2.23	220

平台方通过激励措施、优惠活动等吸引新的设计方和需求方加入，对新个体的吸引力度越大，影响系数越大，新加入的个体数量也就越多。众包设计生态网络中的节点数量及节点间关系数量逐渐增加，如图 3-19 所示。

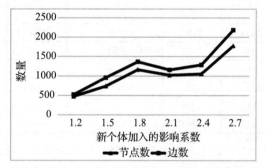

图 3-19　平台方激励对生态网络节点数量及节点间关系数量的影响

然而，新加入的个体主要是被各项激励措施吸引而来，他们中大部分没有真正的设计需求或者不具备设计能力和设计意愿，难以真正有效参与到众包设计活动中。当大量新个体不发布设计需求或不提交设计方案时，虽然系统中的用户总量增加，但是系统的整体活跃度降低，如图 3-20 所示。

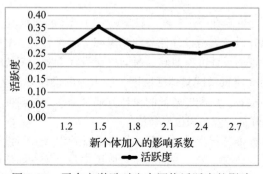

图 3-20　平台方激励对生态网络活跃度的影响

综上所述，平台方的激励措施有助于用户数量的提升，但不是所有用户都适合众包设计，激励措施要有针对性，只有通过吸引真正有需求、有能力的个体才能满足众包设计任务对能力多样性的需求，提升系统的活跃度。

（2）平台方推荐对网络系统结构的影响

为了提高众包设计效率和设计质量，平台方通过设计任务和资源能力匹配，将设计任务推送给相关的设计方，被推送的设计方可以在第一时间查看到设计任务，而不用在众多设计任务中寻找，提高了被推送的设计人员与设计任务的相遇率。平台方推荐力度越大、推荐频率越高、推荐范围越小，对设计任务相遇率的影响越大。在原有相遇率的基础之上，增加平台方推荐对相遇率的影响系数，通过设置不同影响系数值，进行仿真实验，以揭示平台方推荐对众包设计生态网络系统结构的影响。

将平台方推荐对任务相遇率影响系数作为自变量，取值分别为1.4、1.6、1.8、2、2.2、2.4和2.6，在仿真工具中进行仿真分析，仿真结果见表3-9。

表 3-9 平台方推荐 – 网络结构特征仿真结果

相遇率影响系数	节点数	边数	平均路径长度	活跃度	平均度数	社区数目
1.4	2969	3734	5.82	0.03	2.34	212
1.6	2139	2895	5.22	0.04	2.52	241
1.8	1448	1711	5.91	0.04	2.10	227
2	803	924	5.46	0.06	1.84	236
2.2	1036	1171	5.27	0.04	1.91	256
2.4	1968	2420	5.95	0.03	2.22	222
2.6	1232	1484	5.80	0.04	2.05	240

平台方只会将设计任务推送给少部分相关性较大的设计方，被推荐的设计方快速响应设计任务，由于其本身能力较强，对设计任务的完成度较高，所提交的设计方案也极容易被需求方采纳。在其他设计方搜寻到设计任务、提交设计方案之前，该设计任务可能已经结束，会严重影响其他设计方参与的积极性。长此以往，大量未被推荐设计任务的设计方逐渐退出系统，系统整体的节点数量减少。同时，除被推荐设计方提交设计方案以外，其他设计方提交的方案数量逐渐减少，导致众包设计网络中节点之间的关系数量减少，如图3-21所示。

平台方的推荐行为也会在一定程度上影响设计方个体的活跃度，如图3-22所示。适度的推荐措施可以提升设计方与设计任务的相遇率，能够避免匹配度高的设计方错过设计任务，同时未被推荐的设计方有足够的时间提交设计方案，系统整体活跃度提升。但是，过度的推荐反而会降低系统整体活跃度，能力强的设计方不会经常搜寻设计任务，而是等着平台方自动推荐。匹配度较低的设计方缺少足够的时间搜寻设计任务和完成设计方案，投资回报率降低，参与积极性降低。

综上所述，平台方推荐行为一方面能够提升被推荐设计方与设计任务的相遇率，提高众包设计质量和设计效率，另一方面容易造成被推荐设计方的惰性，降低未被推荐设计方的积极性。因此，平台方在进行众包设计任务推荐时要考虑对双方的影响。

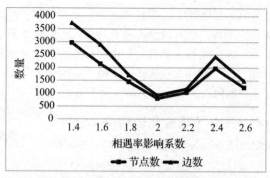

图 3-21　平台方推荐对生态网络节点数量及节点间关系数量的影响

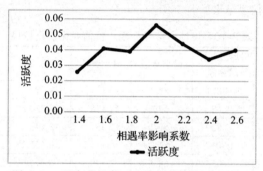

图 3-22　平台方推荐对生态网络活跃度的影响

3.3.3　众包设计生态网络多主体价值变化规律分析

1. 众包设计生态系统多主体价值特征

（1）多主体价值指标

- 新增任务总数：仿真周期内，需要满足的设计任务数量。
- 新增任务总金额：仿真周期内，新发布设计任务的金额总和，反映系统中价值的增长值。新增任务金额越高，系统价值增长越多，设计方可获取的价值量越大。
- 任务最小金额：仿真周期内，需求方新发布设计任务的最小金额，反映设计任务的整体价值水平，以及需求方对众包设计模式的认可程度。任务最小金额越高，说明系统中设计任务整体价值水平越高。
- 任务最大金额：仿真周期内，新发布设计任务的最大金额，反映需求方对众包设计生态系统的期望程度。任务最大金额越高，需求方对系统满足其需求的期望值越高。

（2）价值收益指标

- 成交额：仿真周期内，新发布的任务中有设计方中标的任务总金额，反映系统中需求方与设计方之间的价值交易量。成交额越高，交易越频繁，价值传递效率越高。
- 基尼系数：衡量设计方的收入不平均性，反映设计方之间的贫富差距。基尼系数越大，贫富差距越明显，即高收入设计方个体的收入越来越高，低收入设计方个体的收入越来越低，两极分化严重。

- 平均收益：仿真周期内，所有设计方的平均收入，反映系统中设计方收益的整体水平。某个设计主体的收益为其在每个中标任务上的收益总和。若设计任务只有一个中标的设计方，则设计方在该任务上的收益为任务金额；若存在多个中标设计方，则为任务金额除以所有中标设计方的个数。

2. 设计方行为对多主体价值变化影响规律分析

（1）设计方搜寻设计任务行为对多主体价值变化的影响

采用与 3.3.2 节中"设计方搜寻设计任务行为对网络系统结构的影响"相同的仿真设置，设计方搜寻周期 t_{Des} 取值分别为 25、30、35、40、45 和 50，在仿真工具中对多主体价值进行仿真分析，仿真结果见表 3-10。

表 3-10　设计方搜寻周期 – 价值变化仿真结果

搜寻周期	新增任务总数	新增任务总金额	最小金额	最大金额	成交额	基尼系数	平均收益
25	39	104 881	84.4	22 139	19 573.6	0.78	4482.64
30	33	77 636	64.3	17 475	28 830.5	0.87	6705.20
35	33	62 829	59.7	17 457	13 548.2	0.84	4311.75
40	32	46 017	81.7	3724.2	10 575.2	0.83	5187.30
45	23	30 755	68.4	7570.8	6277.6	0.88	3329.73
50	24	27 157	123.4	3510.6	7639.8	0.84	3028.10

设计方搜寻周期越长，同时在系统中搜寻任务的设计方数量越少，对于设计任务的响应越慢，需求方的设计需求难以得到有效满足，因此众包设计生态系统对需求方的吸引力越来越低，发布的设计任务数量也越来越少，设计任务的金额也逐渐降低。

对于有迫切设计需求的需求方个体，仍然希望通过众包设计获取解决方案，只能通过增加任务金额的方式吸引设计方参与，因此设计任务的最小金额会逐渐上升，如图 3-23 所示。

随着搜寻周期变长，设计任务数量及设计任务总金额减少，导致众包设计生态系统价值总量减少，设计方成交额及平均收益也逐渐降低。由图 3-24 可知，成交额的减少速度大于平均收益的减少速度，是由于随着搜寻周期的变长，设计方对系统的依赖性或兴趣逐渐降低，部分设计方逐渐退出系统。

综上所述，随着设计方搜寻设计任务周期变长，查看设计任务频率降低，任务金额及平均收益均不同程度减少，导致需求方和设计方难以在系统中获得价值收益，系统会逐渐丧失吸引力和竞争力，众包设计生态逐渐恶化。

（2）设计方收益期望对多主体价值变化的影响

采用与 3.3.2 节中"设计方收益期望对网络系统结构的影响"相同的仿真设置，设计方参与范围 α、β 取值分别为（1.0，1.1）（0.9，1.2）（0.8，1.3）（0.7，1.4）（0.6，1.5）和（0.5，1.6），在仿真工具中对多主体价值进行仿真分析，仿真结果见表 3-11。

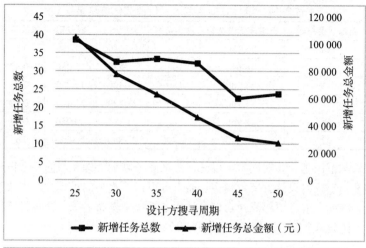

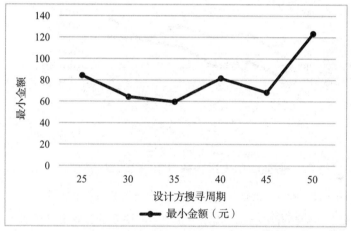

图 3-23　设计方搜寻周期对众包设计任务及金额的影响

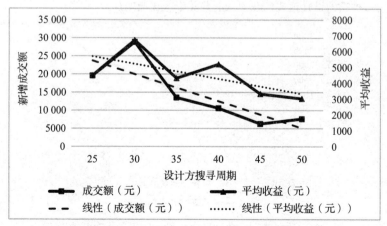

图 3-24　设计方搜寻周期对设计方收益的影响

表 3-11　设计方捕食范围 – 价值变化仿真结果

(α, β)	新增任务总数	新增任务总金额	最小金额	最大金额	成交额	基尼系数	平均收益
(1.0, 1.1)	28	25 180	90	2630	8280	0.79	4421
(0.9, 1.2)	45	48 640	100	3520	12 080	0.82	3900
(0.8, 1.3)	43	43 700	130	3420	11 800	0.82	3114
(0.7, 1.4)	51	71 700	90	11 820	27 410	0.83	4687
(0.6, 1.5)	41	78 960	60	21 180	8940	0.84	2727
(0.5, 1.6)	42	112 180	70	22 860	20 650	0.91	4943

　　设计方参与范围越大，对同一个设计任务的竞争越大，即参与同一个设计任务的设计方数量越多，形成的设计方案也越多。需求方可以从更多的设计方案中选择，满意度也有所提高，因此需求方更愿意在众包设计生态系统中发布需求。众包设计任务呈上升的趋势，设计任务总金额也逐渐增加，如图 3-25 所示。

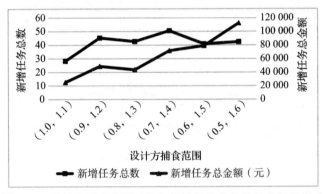

图 3-25　设计方捕食范围对众包设计任务总数及总金额的影响

　　不仅任务数量和金额有所增加，需求方也愿意花更多的钱解决设计问题，设计任务的平均金额也逐渐升高（如图 3-26 所示），表明需求方对众包设计的认可度逐渐提高，众包设计作为一种新的设计模式，在大众的普及率也逐渐增加。

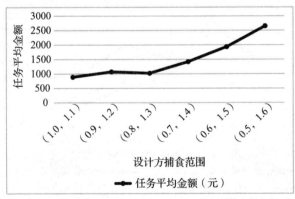

图 3-26　设计方捕食范围对众包设计任务平均金额的影响

对设计方而言，竞争激烈化导致基尼系数逐渐升高，这表明设计方收益两极分化越来越严重，高收入群体的收益越来越高，低收入群体的收益越来越低。由图 3-27 可知，设计方的平均收益在一定的范围内振动变化，并没有显著提高，这表明系统中设计方的整体收益难以有效提升。

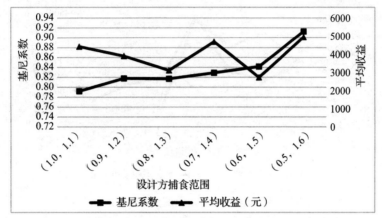

图 3-27　设计方捕食范围对设计方收益的影响

综上所述，设计方参与范围增大，设计方竞争愈发激烈，一方面对需求方是利好的，可以使其获得满意度更高的解决方案，另一方面也会导致设计方两极分化严重，整体收益水平受到制约。

3. 平台方管控对多主体价值变化影响规律分析

（1）平台方激励对多主体价值变化的影响

采用与 3.3.2 节中"平台方激励对网络系统结构的影响"相同的仿真设置，设计方 γ 取值分别为 1.2、1.5、1.8、2.1、2.4、2.7 和 3，在仿真工具中对多主体价值进行仿真分析，仿真结果见表 3-12。

表 3-12　平台方激励 - 多主体价值变化仿真结果

γ	新增任务总数	新增任务总金额	最小金额	最大金额	成交额	基尼系数	平均收益
1.2	35	74 860	150	12 420	16 760	0.70	4129
1.5	46	118 140	60	17 840	14 100	0.84	3640
1.8	46	80 050	70	15 130	13 150	0.85	3184
2.1	38	125 900	100	20 870	25 970	0.81	7310
2.4	40	37 050	80	3140	10 340	0.78	3237
2.7	57	59 450	60	2940	17 040	0.71	3162
3	59	44 230	60	3070	11 410	0.75	2571

系统对设计方的吸引力越大，新加入的设计方数量越多，提交的设计方案数量也越多，需求方的选择空间越大，获取满意的解决方案的概率也越大，因此需求方对系统的期望也越来越高，任务最大金额和平均金额均逐渐增加。然而，当平台方通过各种方式

吸引大量设计方后，新加入设计方的设计能力、参与意愿差异很大，形成的设计方案质量参差不齐，降低需求方的设计体验，会导致需求方对系统的期望降低，金额减少，如图 3-28 所示。

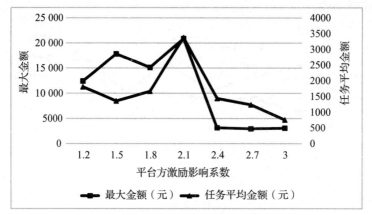

图 3-28　平台方激励对众包设计任务金额的影响

对设计方而言，平台方的激励措施在一定程度上增加收益，当大量设计方涌入系统时，平均收益逐渐降低，如图 3-29 所示。

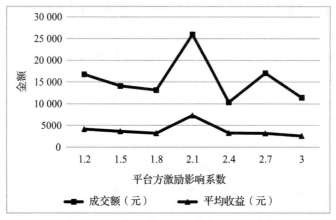

图 3-29　平台方激励对设计方收益的影响

综上所述，吸引设计方参与能够提升众包设计生态系统的服务能力，为需求方提供高质量的设计方案，促进众包设计生态良性发展。然而，前提是设计方具有足够的设计能力和设计意愿，如果大量低水平的设计方涌入系统，导致设计方整体收益降低，则不利于系统的高质量发展。

（2）平台方推荐对多主体价值变化的影响

采用与 3.3.2 节中"平台方推荐对网络系统结构的影响"相同的仿真设置，平台方推荐对任务相遇率影响系数取值分别为 1.4、1.6、1.8、2、2.2、2.4 和 2.6，在仿真工具中对多主体价值进行仿真分析，仿真结果见表 3-13。

表 3-13 平台方推荐 – 多主体价值变化仿真结果

相遇率影响系数	新增任务总数	新增任务总金额	最小金额	最大金额	成交额	基尼系数	平均收益
1.4	28	39 760	120	3220	8980	0.81	3052
1.6	40	52 090	80	3370	19 840	0.79	3672
1.8	61	123 080	90	13 400	45 860	0.84	8234
2	38	54 230	60	7160	19 250	0.81	3920
2.2	45	70 400	70	9350	12 910	0.84	3253
2.4	40	51 440	70	8660	13 490	0.87	3407
2.6	45	64 629.8	70	5780	16 180	0.82	3629

平台方将设计任务推荐给设计方，能够提高被推荐设计方与设计任务之间的相遇率。当推荐力度小、推荐范围大时，有更多优质的设计方参与众包设计任务，需求方能够获得满意的解决方案，使得有更多的需求方在系统上发布设计需求，因此新增任务总数和任务金额逐渐上升；当推荐力度大、推荐范围小时，只有少数的设计方提交解决方案，需求方可选择性减小，在系统上发布设计任务的意愿降低，新增任务总数和任务金额减少，如图 3-30 所示。

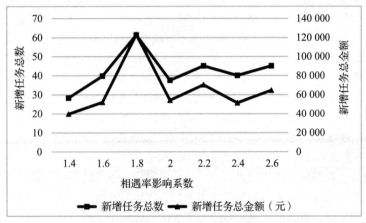

图 3-30 平台方推荐对众包设计任务总数及总金额的影响

分析设计方的收益情况，当平台方适度推荐时，成交额和整体收益均呈上升趋势；当平台方过度推荐时，成交额和整体收益降低。分析其原因，主要是由于平台方的推荐行为会影响设计方参与设计任务的活跃度，当活跃度降低时，产生的设计方案数量减少，难以满足需求方的设计要求，交易数量和交易金额随之减少，如图 3-31 所示。

综上所述，平台方在推荐设计任务时要充分考虑推荐力度和推荐范围，要保证需求者能够获取到满意的设计方案，兼顾可选设计方案的质量和数量，质量太差或数量太少都有可能影响交易行为。

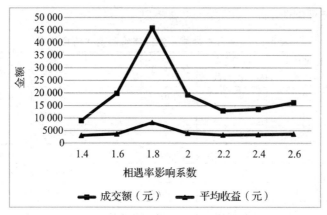

图 3-31　平台方推荐对设计方收益的影响

3.4　众包设计生态网络效能评价分析

3.4.1　众包设计生态网络效能影响因素分析

创新生态系统是企业借以整合各自的投入和创新成果从而产生面向客户的解决方案的协同机制。在创新生态系统中，生态是由供应商、分销商和外包商、相关产品和服务制造者、相关技术提供者及其他对企业提供产品的创造传递产生影响或被其影响的组织所构成的松散网络[24]。众包设计生态网络是创新生态系统的继承与发展。众包设计生态网络中存在四大体系以维持生态系统的良好运行：第一是信用体系，众包设计过程涉及需求主体的承诺兑现，以及设计主体所形成的方案验证，良好的信用体系是众包设计生态网络保障各方利益的基石；第二是金融体系，金融体系包括众包设计生态的多种盈利模式、资金流转和支付；第三是平台体系，众包设计生态网络提供各种形式的一对一合作、一对多合作，且为任务分解、协作过程提供便利；第四是大数据体系，众包设计生态网络可对海量数据进行收集、管理、分析和利用，形成数据资源竞争力。众包设计生态网络支撑体系如图 3-32 所示。

众包设计生态网络效能指的是众包设计生态网络自我维持与抗干扰能力的大小。众包设计生态系统效能评价指对众包设计服务综合质量展开评价，评估其设计服务是否实现三方利益最大化，以实现众包设计生态系统的良好稳定运转。结合众包设计的组织方式及运行特点，本节从活跃性、稳定性及可持续性 3 个维度对众包设计生态网络效能进行分析，其影响因素如图 3-33 所示。

众包设计生态网络活跃性评价包含设计需求、设计主体和设计服务 3 个方面。设计需求由单位时间订单数、单位时间订单完成数、单位时间订单金额、单位时间订单完成金额、单位时间订单失败数和单位时间订单流拍数来表征，设计主体由活跃度和参与度来表征，设计服务由价值结构、价值效益、价值投入、平均设计效率、按时完成率和系统吸引力来表征。从众包设计生态网络的组成结构来看，众包设计生态网络的核心功能是提供众包设计服务。设计需求是众包设计的直接出发点，设计需求的增多能吸引更多优质的设计服务。众包设计平台能够通过各种方式保持现有的设计需求和设计服务，同时通过服务激励等方式维持并扩大现有规模，保证众包设计生态网络的完整性，并提升抵抗风险的能力。

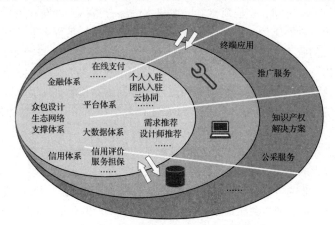

图 3-32 众包设计生态网络支撑体系

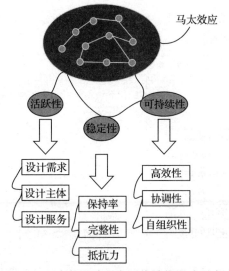

图 3-33 众包设计生态网络效能影响因素

众包设计生态网络稳定性评价包含保持率、完整性和抵抗力 3 个方面。保持率包含需求方保持率、设计方保持率、需求方黏性、设计方黏性等指标。完整性由功能多样性、供需平衡性等指标进行量化，其中供需平衡性表征众包平台的供需情况，功能多样性反映各生态水平因子的主体分布均匀程度。抵抗力由抗干扰性、恢复能力、服务质量及服务柔性表征。其中，抗干扰性反映生态系统在受到内外部干扰因素时，保持稳定性的能力；恢复能力表征众包平台异常订单恢复比例（恢复/异常）；服务质量表征众包平台的平均服务质量；服务柔性代表设计方接入众包设计平台后的信息透明度、容错能力等柔性特性的要求。

众包设计生态网络可持续性评价包含高效性、协调性和自组织性 3 个方面，反映众包设计生态网络的可扩展性。高效性由资源利用有效性、需求利用有效性和方案利用有效性表征。其中，资源利用有效性表征设计方的利润率（收益投入比）；需求利用有效性表征用户需求的完成时间、完成质量和完成成本的综合指标；方案利用有效性表征设计方案利用数与产生数的比例。协调性由收入基尼系数和成长系数表征。其中，收入基尼系数表征设计方的收入差距，成长系数表征设计方的成长速度。自组织性由流失系数、功能进化及结构特性表征。其中，流失系数主要用于表征平台用户/需求流失比例，功能进化表征平台新增功能数量，结构特性表征平台网络结构特性（复杂网络的拓扑结构特性），通过比较复杂网络的基本参数，来描述众包结构属于哪个类型的复杂网络（ER 网络、WS 网络或 BA 网络）。

　　众包设计生态网络是一个用户、应用、服务和数据高度统一的系统，众包设计平台由于自身技术能力的不足，可能导致设计方流失、利用效率低等问题，会影响众包设计生态网络效能。商业竞争存在显著的"马太效应"和"零和效应"，导致规模体量占据较大优势的众包设计生态网络会凭借着自身的资源优势以及市场占比侵蚀竞争对手。

3.4.2　众包设计生态网络效能评价指标体系构建

　　结合以上分析，本节从活跃性、稳定性及可持续性 3 个维度对众包设计生态网络效能进行评价，其指标体系如图 3-34 所示。

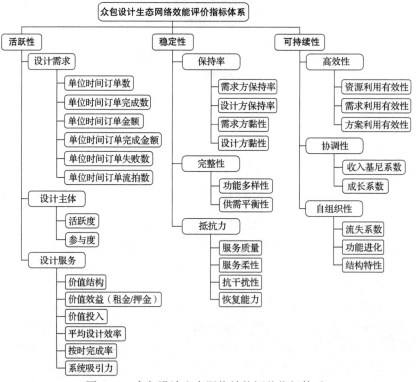

图 3-34　众包设计生态网络效能评价指标体系

1. 活跃性

（1）设计需求

1）单位时间订单数：表征单位时间内订单产生数量。

$$单位时间订单数 = \frac{N}{T} \tag{3-19}$$

式中，N 为订单数量，T 为订单时间。

2）单位时间订单完成数：表征单位时间内订单消耗数量。

$$单位时间订单完成数 = \frac{N}{T} \tag{3-20}$$

式中，N 为订单完成数量，T 为订单时间。

3）单位时间订单金额：表征单位时间内新增订单总金额。

$$单位时间订单金额 = \frac{V}{T} \tag{3-21}$$

式中，V 为订单金额，T 为订单时间。

4）单位时间订单完成金额：表征单位时间内完成的订单金额。

$$单位时间订单完成金额 = \sum_{n=1}^{N} M_n \tag{3-22}$$

式中，M_n 为单位时间内订单 n 的金额。

5）单位时间订单失败数：表征单位时间内交易失败的订单数量。

$$单位时间订单失败数 = \frac{N}{T} \tag{3-23}$$

式中，N 为订单失败数，T 为订单时间。

6）单位时间订单流拍数：表征单位时间内交易过期的订单数量。

$$单位时间订单流拍数 = \frac{N}{T} \tag{3-24}$$

式中，N 为订单流拍数，T 为订单时间。

（2）设计主体

1）活跃度：表征单位用户的活跃程度。

$$活跃度 = \frac{N}{M} \tag{3-25}$$

式中，N 为活跃设计方数量，M 为设计方数量。

2）参与度：表征设计方参与项目的情况，包括投标、提交方案、讨论等行为。

$$参与度 = \frac{D}{M} \tag{3-26}$$

式中，D 为参与情况矩阵，M 为设计方数量。

（3）设计服务

1）价格结构：表征平台方向需求方 / 设计方收取佣金的价格结构。

2）价值效益：表征单位时间平台收益。

$$价值效益 = 所有渠道收入之和$$

3）价值投入：表征单位时间平台投入价值。

$$价值投入 = 所有渠道支出之和$$

4）平均设计效率：表征订单完成平均时间。

$$平均设计效率 = \frac{1}{N}\sum_{n=1}^{N}\frac{K_n}{M_n} \tag{3-27}$$

式中，K 为完成设计时间，M 为额定设计时间，N 为完成订单数量。

5）按时完成率：表征按时完成订单的比例。

$$按时完成率 = \frac{M}{N} \tag{3-28}$$

式中，M 为按时完成订单数量，N 为订单总数。

6）系统吸引力：表征大众对众包生态系统中设计活动的关注。

$$系统吸引力 = \frac{R_T}{R_{T-1}} \tag{3-29}$$

式中，R_T 为周期内 Alexa 站外流量排名均值，R_{T-1} 为上一周期内 Alexa 站外流量排名均值。

2. 稳定性

（1）保持率

1）需求方保持率：表征单位时间内需求方的保持率（流入 / 流出）。

$$需求方保持率 = \frac{R_{act}^{t1}}{R_{act}^{t0}} \tag{3-30}$$

式中，R_{act}^{t0} 为起始时间活跃需求方总数，R_{act}^{t1} 为截止时间活跃需求方总数。

2）设计方保持率：表征单位时间内设计方的保持率（流入 / 流出）。

$$设计方保持率 = \frac{U_{act}^{t1}}{U_{act}^{t0}} \tag{3-31}$$

式中，U_{act}^{t0} 为起始时间活跃设计方总数，U_{act}^{t1} 为截止时间活跃设计方总数。

3）需求方黏性：表征需求方对众包设计活动的积极性。

$$需求方黏性 = \frac{R_{act}^{t1}}{R^{t1}} \tag{3-32}$$

式中，R_{act}^{t1} 为截止时间活跃需求方总数，R^{t1} 为截止时间需求方总数。

4）设计方黏性：表征设计方对众包设计活动的参与度。

$$设计方黏性 = \frac{U_{act}^{t1}}{U^{t1}} \tag{3-33}$$

式中，U_{act}^{t1} 为截止时间活跃设计方总数，U^{t1} 为截止时间设计方总数。

（2）完整性

1）功能多样性：表征众包设计生态系统包含服务种类数量。

$$功能多样性 = 众包设计生态系统包含服务种类数量$$

2）供需平衡性：表征众包设计生态系统的供需情况。

$$需求 \, n \, 的供需平衡性 \, S_n = \frac{1}{U_n} \tag{3-34}$$

$$供需平衡性 = \frac{1}{N}\sum_{n=1}^{N} S_n \tag{3-35}$$

式中，S_n 为需求 n 的供需比，U_n 为参与需求 n 的设计方数量。

（3）抵抗力

1）服务质量：表征众包设计生态系统的平均服务质量。

$$服务质量 = \frac{1}{N}\sum_{n=1}^{N} R_n \tag{3-36}$$

式中，R_n 为订单 n 的服务质量，N 为订单数量。

2）服务柔性：表征众包设计生态系统内的服务相似性（替补性）。

$$服务柔性 = \frac{N_a}{N} \tag{3-37}$$

式中，N_a 为空闲状态活跃设计方数量，N 为三级目录下活跃设计方数量。

3）抗干扰性：表征众包设计异常订单比例。

$$抗干扰性 = \frac{N_{ab}}{N} \tag{3-38}$$

式中，N_{ab} 为异常需求总量，N 为需求总量。

4）恢复能力：表征众包设计生态异常订单恢复比例（恢复/异常）。

$$恢复能力 = \frac{N_{re}}{N_{ab}} \tag{3-39}$$

式中，N_{ab} 为异常需求总量，N_{re} 为恢复需求总量。

3. 可持续性

（1）高效性

1）资源利用有效性：表征众包设计方的利润率（收益投入比）。

$$资源利用有效性 = \frac{P}{I} \tag{3-40}$$

式中，P 为平台单位时间收益，I 为平台单位时间投入。

2）需求利用有效性：表征需求的完成时间、完成质量和完成成本的综合指标。

$$需求利用有效性 = \frac{1}{N}\sum_{n=1}^{N} UR_n \tag{3-41}$$

式中，UR_n 为需求 n 利用有效性，N 为需求总量。

3）方案利用有效性：表征设计方案利用数与产生数比例。

$$方案利用有效性 = \frac{P_p}{P_b} \tag{3-42}$$

式中，P_p 为提交方案数量，P_b 为中标方案数量。

（2）协调性

1）收入基尼系数：表征设计方收入差距。

$$收入均值\ u= \frac{1}{N}\sum_{n=1}^{N}Y_n \qquad (3\text{-}43)$$

$$收入基尼系数 = \frac{1}{2N^2u}\sum_{j=1}^{N}\sum_{i=1}^{N}|Y_j - Y_i| \qquad (3\text{-}44)$$

式中，Y_n 为设计方 n 的收入，N 为设计方数量。

2）成长系数：表征众包设计方成长速度。

$$成长系数 = \frac{L_{T1}}{L_{T0}} \qquad (3\text{-}45)$$

式中，L_{T0} 为上个周期系统平均等级，L_{T1} 为本周期系统平均等级。

（3）自组织性

1）流失系数：表征平台用户 / 需求流失比例。

$$流失系数 = \frac{R_{\text{inact}}}{U_{\text{inact}}} \qquad (3\text{-}46)$$

式中，R_{inact} 为不活跃需求方数量，U_{inact} 为不活跃设计方数量。

2）功能进化：表征众包设计生态系统新增功能数量。

$$功能进化 = 新增功能数量$$

3）结构特性：表征众包设计生态系统网络结构特性（复杂网络的拓扑结构特性），通过比较复杂网络的基本参数，来描述众包设计生态网络结构属于哪个类型的复杂网络（ER 网络、WS 网络或 BA 网络）。

3.4.3 众包设计生态网络效能评价方法

目前，关于系统效能评价方法的研究已取得了一定的进展，但众包设计生态网络效能评价的相关研究并不多。系统效能评价的方法分为两类，一类是客观赋权法，包含主成分分析法（PCA）[25-26]、灰色关联度法[27]、TOPSIS 法[28] 等。其中，PCA 是一种变量统计方法，它将原来众多具有一定相关性的指标重新组合成一组互相无关的综合指标来替代原来的指标，从而精简指标数据用以评价。灰色关联度法也是衡量因素间关联程度的方法之一。灰色关联度法首先确定系统特征因子与影响因子，对因子进行无量纲化处理，其次求解因子间的灰色关联系数，最后根据灰色关联系数求解灰色关联度并排序。

另一类是主观赋权法，包含层次分析法（AHP）[29-30]、模糊综合评价法[31] 等。其中，层次分析法是一种常用解决定量或定性问题的多准则决策问题（MCDM）的方法之一，其主要步骤分为 4 步：首先建立评价目标的层次结构模型，其次构造成对比较矩阵，然后进行层次分排序及一致性检验，最后进行层次总排序及一致性检验。层次分析法具有简单快捷的优点，但受专家经验判断的主观影响较大，通常采用模糊集理论改进层次分析法。模糊集（fuzzy set）理论是解决不准确和不客观问题的常用数学工具，通过具有上下模糊区间的模糊数代替传统的准确值，在一定程度上降低了 AHP 的主观性和不确定性。然而，在数据不够完整的情况下，模糊集处理结果容易出现失真，因此以上生态系统效能评价方法还有较多的改进空间。

研究众包设计生态网络应从众包设计全生命周期出发，考虑众包设计的任务发布、任务执行、任务结束等全过程影响因素。该过程涉及的影响因素类型既有定量的，也有定性的。定量的数据由于量纲和影响权重的不同难以直接利用，可采用专家经验评估的方式对众包设计生态网络效能影响因素权重进行计算。

基于区间直觉模糊集（IVIFS）理论的众包设计网络效能评价

（1）理论与模型

模糊集理论是 Zadeh[32] 为描述各种模糊现象而提出的方法，通过将待考察对象及反映它的模糊概念作为模糊集合，建立适当的隶属度函数，通过模糊集合运算对模糊对象进行分析，是一种用来解决不确定性和主观性的常用数学工具。一个模糊集 $\tilde{A}$ 可用式（3-47）表达：

$$\tilde{A} = \{x, \mu_{\tilde{A}}(x) \mid x \in X\} \tag{3-47}$$

式中，$\mu_{\tilde{A}}(x): X \to [0,1]$ 是模糊集 $\tilde{A}$ 的隶属度函数并且 $\mu_{\tilde{A}}(x) \in [0,1]$ 是元素 x 对集合 $\tilde{A}$ 的隶属程度。

虽然模糊集在一定程度上解决了定量描述困难的问题，但随着评价准则的增加和评价因素的扩大，传入信息的正确性和完整性可能会出现问题。直觉模糊集（IFS）就是为解决这一问题而产生的 [33]，IFS 通过使用隶属度和非隶属度来描述用户偏好。一个直觉模糊集 $\tilde{A}$ 可用式（3-48）表示：

$$\tilde{A} = \left\{ \langle x, \mu_{\tilde{A}}(x), v_{\tilde{A}}(x) \rangle \mid x \in X \right\} \tag{3-48}$$

式中，$\mu_{\tilde{A}}(x)$、$v_{\tilde{A}}(x)$ 代表元素 x 在集合 $\tilde{A}$ 中的隶属程度和非隶属程度，且 $\mu_{\tilde{A}}(x): X \to [0,1]$ 和 $v_{\tilde{A}}(x): X \to [0,1]$ 在 $0 \leqslant \mu_{\tilde{A}}(x) + v_{\tilde{A}}(x) \leqslant 1$ 条件下成立。

Atanassov[34] 在直觉模糊集的基础上提出了区间直觉模糊集（IVIFS），可用式（3-49）表示：

$$\pi_{\tilde{A}}(x) = 1 - \mu_{\tilde{A}}(x) - v(x); \quad \pi_{\tilde{A}}(x): X \to [0,1] \tag{3-49}$$

式中，$\pi_{\tilde{A}}(x)$ 代表元素 x 对 $\tilde{A}$ 的犹豫程度或者不确定程度，显然对于所有的 $x \in X$ 有 $0 \leqslant \pi_{\tilde{A}}(x) \leqslant 1$。

假设集合 X 是一个非空集合，X 中的区间直觉模糊集 $\tilde{A}$ 可用式 (3-50) 表示：

$$\tilde{A} = \left\{ \langle x, \tilde{\mu}_{\tilde{A}}(x), \tilde{v}_{\tilde{A}}(x), \tilde{\pi}_{\tilde{A}}(x) \rangle \mid x \in X \right\} \tag{3-50}$$

式中，$\tilde{\mu}_{\tilde{A}}(x) \subset [0,1]$，$\tilde{v}_{\tilde{A}}(x) \subset [0,1]$，$\tilde{\pi}_{\tilde{A}}(x) \subset [0,1](x \in X)$，$\tilde{\pi}_{\tilde{A}}(x) = [\pi_{\tilde{A}}^L(x), \pi_{\tilde{A}}^U(x)]$，$\pi_{\tilde{A}}^L(x) = 1 - \mu_{\tilde{A}}^U(x) - v_{\tilde{A}}^U(x)$，$\pi_{\tilde{A}}^U(x) = 1 - \mu_{\tilde{A}}^L(x) - v_{\tilde{A}}^L(x)$，且当 $\mu_{\tilde{A}}(x) = \mu_{\tilde{A}}^L(x) = \mu_{\tilde{A}}^U(x)$，$v_{\tilde{A}}(x) = v_{\tilde{A}}^L(x) = v_{\tilde{A}}^U(x)$ 时，$\mu_{\tilde{A}}^L(x) + v_{\tilde{A}}^L(x) + \pi_{\tilde{A}}^U(x) = 1$，$\mu_{\tilde{A}}^U(x) + v_{\tilde{A}}^U(x) + \pi_{\tilde{A}}^L(x) = 1$。

定义 $(\tilde{\mu}_{\tilde{A}}(x), \tilde{v}_{\tilde{A}}(x))$ 为区间值直觉模糊数（IVIFN），因此 IVIFS 可用式（3-51）表示：

$$\tilde{A} = [\mu_{\tilde{A}}^L(x), \mu_{\tilde{A}}^U(x)], [v_{\tilde{A}}^L(x), v_{\tilde{A}}^U(x)], [\pi_{\tilde{A}}^L(x), \pi_{\tilde{A}}^U(x)] \qquad (3-51)$$

（2）IVIF-AHP 实现步骤

IVIF-AHP 方法的计算过程如下。

● 步骤 1：确定目标，建立评价指标体系。

假设 K 是专家数量，m 是评价准则数量 C_i（$i = 1, 2, \cdots, m$），n 是该准则下的指标数量 C_j（$j = 1, 2, \cdots, n$），那么 C_{ij} 代表第 i 个准则下的第 j 个指标。

● 步骤 2：计算专家权重。

由于专家的工作经验、专业程度不同，因此需要对专家的评价权重做出区分。专家内部交流对同一问题的看法并对其他所有专家的专业程度使用表 3-14 所示的量化表评分。区间直觉模糊加权平均值通过式（3-52）得到，用于累加所有人的评价。

$$\mathrm{IVIFWA}_w = \begin{pmatrix} \left[1 - \prod_{j=1}^n (1 - \mu_j^L)^\sigma, 1 - \prod_{j=1}^n (1 - \mu_j^U)^\sigma \right], \\ \left[\prod_{j=1}^n (v_j^L)^\sigma, \prod_{j=1}^n (v_j^U)^\sigma \right] \end{pmatrix}, \ \text{其中} \sigma = \frac{1}{K-1} \qquad (3-52)$$

$$\lambda^{(k)} = \frac{\sqrt{\frac{1}{2}[(1 - \pi_{\tilde{A}}^{L(k)})^2 + (1 - \pi_{\tilde{A}}^{U(k)})^2]}}{\sum_{k=1}^K \sqrt{\frac{1}{2}[(1 - \pi_{\tilde{A}}^{L(k)})^2 + (1 - \pi_{\tilde{A}}^{U(k)})^2]}} \qquad (3-53)$$

式中，$\lambda^{(k)}$ 是第 k 个专家的权重，$k = 1, 2, \cdots, K$。

表 3-14　专家专业程度量化表

术语	IVIF 值		
	$\tilde{\mu}_{\tilde{A}}(x)$	$\tilde{v}_{\tilde{A}}(x)$	$\tilde{\pi}_{\tilde{A}}(x)$
	$[\mu_{\tilde{A}}^L(x), \mu_{\tilde{A}}^U(x)]$	$[v_{\tilde{A}}^L(x), v_{\tilde{A}}^U(x)]$	$[\pi_{\tilde{A}}^L(x), \pi_{\tilde{A}}^U(x)]$
Extremely Qualified(EQ)	[0.95, 1.00]	[0.00, 0.00]	[0.00, 0.05]
Very Qualified(VQ)	[0.80, 0.85]	[0.05, 0.10]	[0.05, 0.15]
Qualified(Q)	[0.60, 0.65]	[0.10, 0.15]	[0.20, 0.30]
Less Qualified(LQ)	[0.30, 0.35]	[0.25, 0.30]	[0.35, 0.45]
Very Less Qualified(VLQ)	[0.20, 0.25]	[0.30, 0.35]	[0.40, 0.50]
Extremely Less Qualified(ELQ)	[0.00, 0.05]	[0.45, 0.50]	[0.45, 0.55]

● 步骤 3：得到专家的准则评价。

专家的评估矩阵通过表 3-15 得到，并且转化为 IVIF 值以便计算。

表 3-15　准则评估的量化表

比较等级	IVIFNS	IVIFNS 倒数
EI	([0.38, 0.42], [0.22, 0.58], [0, 0.4])	([0.22, 0.58], [0.38, 0.42], [0, 0.4])

（续）

比较等级	IVIFNS	IVIFNS 倒数
IV	([0.29, 0.41], [0.12, 0.58], [0.01, 0.59])	([0.12, 0.58], [0.29, 0.41], [0.01, 0.59])
MMI	([0.10, 0.43], [0.03, 0.57], [0, 0.87])	([0.03, 0.57], [0.10, 0.43], [0, 0.87])
IV	([0.03, 0.47], [0.03, 0.53], [0, 0.94])	([0.03, 0.53], [0.03, 0.47], [0, 0.94])
SMI	([0.13, 0.53], [0.07, 0.47], [0, 0.8])	([0.07, 0.47], [0.13, 0.53], [0, 0.8])
IV	([0.32, 0.62], [0.08, 0.38], [0, 0.6])	([0.08, 0.38], [0.32, 0.62], [0, 0.6])
VSMI	([0.52, 0.72], [0.08, 0.28], [0, 0.4])	([0.08, 0.28], [0.52, 0.72], [0, 0.4])
IV	([0.75, 0.85], [0.05, 0.15], [0, 0.2])	([0.05, 0.15], [0.75, 0.85], [0, 0.2])
EMI	([1, 1], [0, 0], [0, 0])	([0, 0], [1, 1], [0, 0])

- 步骤 4：计算汇总 IVIF 值，并得到群体 IVIF 值。

IVIF 值基于专家的评价通过 IVIFWA 操作符被汇总到了群体 IVIF，使用式（3-54）计算准则的 IVIF 值。

$$\text{IVIFWA}_{C_i} = \left(\begin{bmatrix} 1 - \prod_{j=1}^{n}(1-\mu_j^L)^{\lambda_k}, 1 - \prod_{j=1}^{n}(1-\mu_j^U)^{\lambda_k} \end{bmatrix}, \\ \prod_{j=1}^{n}(v_j^L)^{\lambda_k}, \prod_{j=1}^{n}(v_j^U)^{\lambda_k} \end{pmatrix} \right), \quad \text{其中} \sum_{k=1}^{K} \lambda^{(k)} = 1 \quad （3-54）$$

- 步骤 5：计算一致性比率。

一致性评价对于确保专家的评价结果一致性具有十分重要的作用。除了考虑有犹豫度的方案的两两比较外，还要根据决策准则与方案的偏好关系确定直觉一致性和不一致性指标，RI 给出了相同顺序往复矩阵的众多随机项的平均一致性指数。因此，计算两两比较矩阵的总体一致性比率的公式为

$$\text{CR} = \frac{\text{RI} - \sum \pi_{A_{ij}}^U(x)}{n-1} \quad （3-55）$$

当 CR＞0.10 时，不符合一致性校验；如果 CR≤0.10，则说明通过一致性校验。

假设 $\omega_1, \omega_2, \cdots, \omega_n$ 是准则的权重，$\omega_j \geq 0, j=1,2,\cdots,n$ 且 $\sum_{j=1}^{n} \omega_j = 1$。通过式（3-56）和式（3-57）计算各指标的权重。

$$\omega_j = \frac{1 - \tilde{\omega}_j}{n - \sum_{j=1}^{n} \tilde{\omega}_j^-} \quad （3-56）$$

$$\tilde{\omega}_j = 1 - \frac{\sum_{k=1}^{K} \frac{\lambda^{(k)}(\mu_{\tilde{A}_j}^L + \mu_{\tilde{A}_j}^U)}{2}}{\sqrt{\sum_{k=1}^{K} \frac{\lambda^{(k)}(\mu_{\tilde{A}_j}^{L\,2} + \mu_{\tilde{A}_j}^{U\,2} + v_{\tilde{A}_j}^{L\,2} + v_{\tilde{A}_j}^{U\,2})}{2}}} \quad （3-57）$$

- 步骤 6：计算准则权重，根据准则权重的大小进行排序。

根据 IVIF-AHP 方法得出的指标权重，设计调查问卷，根据专家的评分可以将评价

结果分为 5 类，分别是 A、B、C、D、E 类，见表 3-16。

表 3-16　专家评分等级表

分数	100～90	89～75	74～60	59～45	＜45
等级	A（优秀）	B（良好）	C（一般）	D（普通）	E（较差）

通过分析众包设计生态网络的构成、运行机制与影响因素，构建众包设计生态网络效能评价指标体系，基于众包设计生态网络效能评价指标体系，运用粗糙层次分析方法对众包设计生态网络系统进行效能评估，一方面有利于为众包设计方和需求方选择合适的众包设计平台提供借鉴，另一方面为众包设计平台提供了一种科学量化自身当前发展状况的工具。

3.5　众包设计生态网络建模与演进分析工具应用

众包设计生态网络是一个具有显著动态、开放性特征的生态系统，其内部种群多种多样、交互关系错综复杂，很难从单一、固定视角展开描述。通过构建反映生态体系中参与各方行为特征、互动关系的网络系统模型，可以描述众包设计生态网络不同方面的状态，进而评价网络效能，实现对其潜在问题的快速识别、诊断与优化改进。基于此，利用复杂网络模型展示生态系统中各节点间的关系，搭建过去时刻的生态网络，以计算未来时刻可能的生态网络结构。本节系统应用工具的目标是全面反映众包设计生态网络中真实的交易状态、多主体生态关系和网络系统的健康状态，揭示众包设计群智生态演进规律及运行机理，为众包设计生态系统良性发展提供策略，实现众包设计平台生态网络的建模、演进仿真、价值增长仿真、系统效能评价等功能。

3.5.1　众包设计生态网络工具应用数据基础

为了实现众包设计生态系统全局特征及网络关系的准确、动态分析，系统应用工具对数据结构和规模有一定要求，因此需要采用周期性数据爬取的方式来获得足质足量的基础数据。对于众包设计生态网络建模工具，需要重点采集典型众包设计平台的交易、互动等数据，包括设计方与需求方总量、主体名称、交易时间、任务时长、订单金额、项目总量、订单总量、服务类型及数量、互动关系等；对于众包设计生态网络仿真工具，需要着重采集参与主体行为数据及平台运营指标性数据，包括设计任务与设计方案总数、招标 / 雇佣 / 买服务 / 计件 / 大赛 / 比稿总数、任务增量、参与任务数、中标数、关联关系等；对于众包设计生态网络效能评价工具，需要根据不同评价方案采集并统计具有特征指向性的数据，包括人员投入规模、价格结构、单位时间订单完成数 / 失败数、平台投入、平台吸引力、设计效率等。

利用基于 Java 语言开发的爬虫工具对 2015～2021 年度猪八戒网公开数据（涵盖用户信息、贡献内容、主体行为、交易、关系网络、平台统计等）进行了全面采集（已获得猪八戒数据使用授权，且仍在补充新数据），累计获得 700 余万条各类数据，能够支持包含 4 类生态群落、10 万以上节点生态网络的构建需求及 1 万以上节点网络图的仿真分析需求。

3.5.2　众包设计生态网络建模工具应用

1. 应用对象

建模工具从生态位、生态关系的角度分析众包设计生态网络中个体、主体种群发展与相互关系的形成，进而构建众包设计生态网络模型，归纳众包设计生态网络的演化及涌现特征。

2. 面向问题

针对众包设计生态系统所存在的低质量、竞争过剩、供需关系不平衡、资源结构不够优化、设计生态趋于恶化等问题，建立能够描述众包设计生态特征的复杂网络模型。基于平台运行数据进行追踪分析，实现众包设计生态系统的全面、实时、动态管理。

3. 应用效果

从交易关系、生态关系、生态熵关系 3 个角度建立众包设计生态网络建模工具。通过交易关系网络能够刻画众包任务交易的分布情况，发现其中的重要节点，为生态治理提供参考；通过生态关系网络能刻画参与主体的发展情况及相互间的关系，发现其中的关键问题；通过引入熵理论描述生态网络的发展状况，使用熵流和熵变 2 个系统级指标反映众包设计生态网络的协调性与可持续性。进一步通过众包设计生态网络状态感知工具，实现众包设计生态系统实时状态的动态检测。

4. 应用实例

如图 3-35 所示，对于交易关系，用户选择时间段及样本数量后，即可进行建模分析，形成反映众包设计生态网络交易关系的可视化图谱。

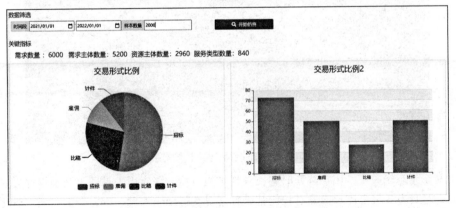

图 3-35　众包设计生态网络交易关系可视化图谱

如图 3-36 所示，选择 2021 全年度的数据片段，设置样本容量为 2000，构建交易关系网络。由图可见，整体交易关系相对均匀，但是在局部区域出现了少数几个连线较多的节点，说明交易网络中存在需求向着部分资源方聚集的趋势，有可能导致平台交易关系发展不平衡，进而使众包设计生态系统的稳定性与可持续性变差，系统状态可能出现恶化。因此，平台方需要适时地提出应对策略，对交易关系进行及时干预，以保证众包设计生态系统健康、平稳发展。

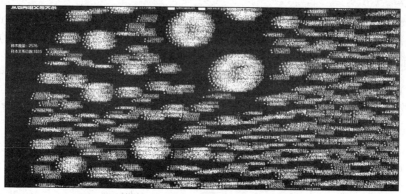

图 3-36　众包设计生态网络模型交易关系网络

对于生态关系，用户选择时间段及样本数量后，即可进行建模分析，形成反映生态关系的可视化图谱，如图 3-37 所示。选择 2016 ～ 2021 年的数据片段，设置样本容量为 5000，构建生态网络。由图 3-37 可见，除少数节点存在连线集中的情况外，大部分节点分布相对均匀，这说明在该时间段内平台竞争关系较为健康、稳定。但是，由于时间跨度较大，可视化图谱难以反映更为细致的生态网络特征，因此，当需要通过生态关系图谱反映更多、更具体的特征时，应当适当缩小时间跨度并提高样本容量。

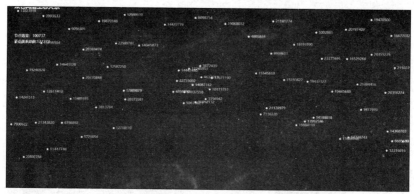

图 3-37　众包设计生态网络模型生态关系可视化图谱

对于生态熵关系，用户选择时间段及样本数量后，该应用工具即可利用设计方、需求方、平台方 3 类主体及交易过程的基础数据对支持型输入熵、压力型输出熵、氧化型代谢熵和还原型代谢熵分别进行刻画，最终汇总成熵流和熵变 2 个系统指标，形成反映生态熵关系的可视化图谱。

如图 3-38 和图 3-39 所示，对于众包设计生态网络状态感知，用户在数据感知模板与感知脚本维护中选取指标与因子，可以得到生态网络状态感知关系可视化图谱。点选其中的节点，可以获得显示对应出度与入度信息的感知结果，如图 3-40 所示。

图 3-38　众包设计生态网络数据感知模板

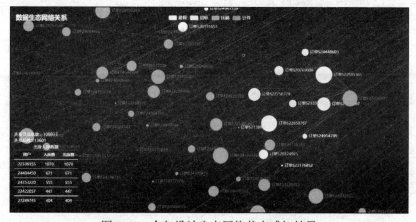

图 3-39　众包设计生态网络感知脚本维护

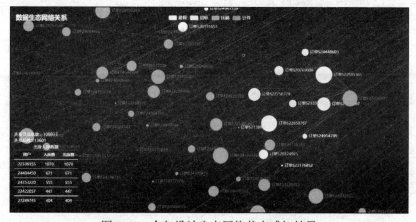

图 3-40　众包设计生态网络状态感知结果

3.5.3　众包设计生态网络仿真工具应用

1. 应用对象

仿真工具的主要目的是分析 3 类主体（需求方、设计方和平台方）和 2 类要素（设计任务和设计方案）在众包设计过程中的行为及变化情况，归纳众包设计生态系统的结构演进机制以及多主体价值变化规律。

2. 面向问题

针对众包设计参与方类型多样、构成复杂、需求差异大等问题，基于最优觅食理论，表达众包设计的交易过程，进行众包设计生态网络仿真，为设计方选择参与设计任务、需求方选择解决方案、平台方动态管理等提供最优策略支持。

3. 应用效果

众包设计生态网络仿真工具通过对生态网络价值变化和演进过程的仿真，实现对众包设计交易过程的全链路模拟，进而归纳众包设计生态系统的结构演进机制及多主体价值变化规律。

4. 应用实例

对于众包设计生态网络演进仿真，用户在设置仿真时间参数、周期，并调整生态系统各方特征参数（如平台管理措施影响需求方加入、平台管理措施影响需求方退出、平台管理措施影响设计方加入等）后，通过仿真可获得众包设计生态系统参与各方行为关系图模型及对应指标与生态关系图模型及对应指标。如图 3-41 所示，通过分析 2020 年12 月 31 日至 2021 年 12 月 31 日的数据可以发现，系统整体朝着供需平衡的良性方向发展，但需要注意有可能出现的需求向部分设计方过度集中的问题。

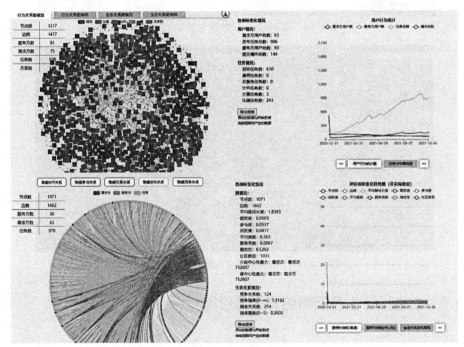

图 3-41　众包设计生态网络演进仿真结果

对于众包设计生态网络价值变化仿真工具，用户在设置仿真时间参数、周期，并调整生态系统各方特征参数后，通过仿真可获得相关价值指标，并导出相应报表。如图3-42所示，通过分析2020年12月31日至2021年12月31日的数据可以发现，平台中需求方和设计方总量基本保持平衡状态。在交易类型中，招标类项目总数较多，其次是比稿类项目，计件与大赛制项目相对较少。

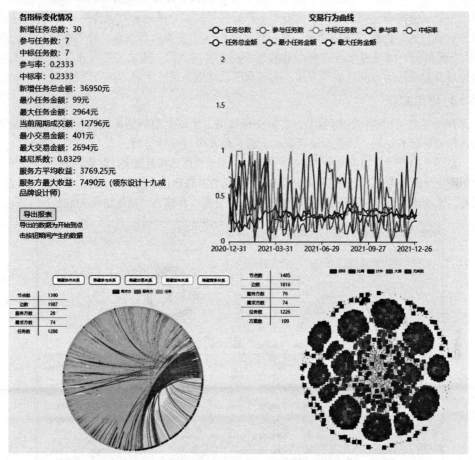

图3-42　众包设计生态网络价值变化仿真结果

3.5.4　众包设计生态网络效能评价工具应用

1. 应用对象

该工具通过分析活跃性、稳定性及可持续性，实现对众包设计生态网络自我维持与抗干扰能力的评价。

2. 面向问题

众包设计生态系统呈现出主体多样、结构复杂的特点，因而，需要定期对平台服务综合质量展开评价，评估其设计服务是否能够满足用户需求和三方利益最大化，从而实现众包设计生态系统的良好稳定运转。

3. 应用效果

对众包设计生态网络活跃性的评价主要从设计需求、设计主体、设计服务 3 个方面展开，综合考虑订单、活跃度、参与度、价值结构、设计效率等指标因素。对稳定性的评价主要从保持率、完整性和抵抗力 3 个方面展开，综合考虑各方保持率、功能多样性、服务质量、抗干扰性等指标因素。对可持续性的评价主要从高效性、协调性和自组织性 3 个方面展开，综合考虑各方利用有效性、收入基尼系数、流失系数等指标因素。进一步通过众包设计生态网络治理工具，实现众包设计生态系统实时、动态管理。

4. 应用实例

评价工具可根据一段时间平台实际交易数据，生成生态网络评价指标整体关联模型及评价指标计算结果，以此反映活跃性、稳定性及可持续性等特征。

如图 3-43 所示，目前网络系统的可持续性、稳定性指标相对健康，但是活跃性指标较低，说明系统在设计需求、设计主体、设计服务等方面存在待改进、提升的部分，需要重点关注。另外，系统可以对不同评价方案的效能进行对比分析，并输出可视化结果，如图 3-44 所示。

项目方案/指数名称	数据源	取值类型	权重	结果值	计算结果	说明
众包评价方案					69.17	
稳定性			34.00%		74.46	
保持率			33.30%		91.39	
需求方保持率 (Δ)	关联	数值类型	24.60%	65	15.99	表征单位时间平台需求方保持率 (流入/流出)。
设计资源保持率 (Δ)	关联	数值类型	24.80%	100	24.80	表征单位时间平台设计资源保持率 (流入/流出)。
需求方黏性	关联	数值类型	25.60%	100	25.60	表征需求方对平台的忠诚度。
设计资源黏性	关联	数值类型	25.00%	100	25.00	表征设计资源对平台的忠诚度。
完整性			30.80%		49.68	
功能多样性	关联	数值类型	53.30%	45	23.99	表征众包平台包含服务种类数量。
供需平衡性	填报	Bool类型	46.70%	55	25.69	表征众包平台的供需情况
抵抗力			35.80%		80.25	
服务柔性	填报	Bool类型	25.00%	45	11.25	表征众包平台内的服务相似性 (替补性)。
恢复能力 (异常恢复)	关联	数值类型	25.00%	88	22.00	表征众包平台异常订单恢复比例 (恢复/异常)。
抗干扰 (异常比例)	关联	数值类型	25.00%	99	24.75	表征众包平台异常订单比例。
服务质量	填报	Bool类型	25.00%	89	22.25	表征众包平台平均服务质量。
活跃性			34.90%		57.14	
设计需求			34.60%		19.01	
单位时间订单数	关联	数值类型	17.30%	99		表征单位时间内新增订单数量。

图 3-43　众包设计生态网络评价指标计算结果

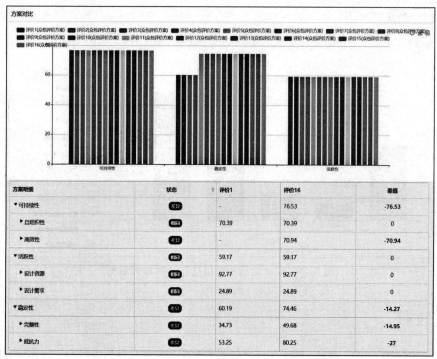

图 3-44　众包设计生态网络评价指标综合比较

众包设计生态网络治理工具包含面向需求方与设计方两类主体的可视化工具。对于需求方治理工具，用户在输入所需年份、数据类型后，可获得反映平台整体需求特征的可视化指引信息，如年度交易总额、交付率、热门需求类型、需求行业分类等，如图 3-45 所示。对于设计治理工具，用户可以直观获得设计方活跃度信息与活跃排名情况，并基于这些信息选择合适的设计方执行设计任务，如图 3-46 所示。

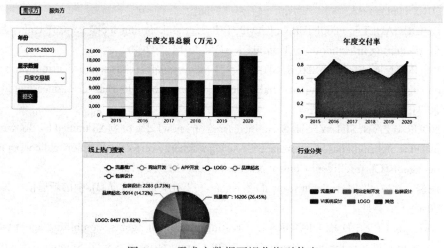

图 3-45　需求方数据可视化指引信息

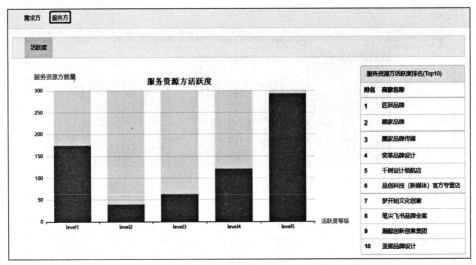

图 3-46　设计方活跃度信息与活跃排名情况

参考文献

[1] 陈召杰，王俊峰，薛霄 . 基于熵模型的服务生态系统演化分析方法 [J]. 计算机应用研究，2021，38（1）：149-154，158.

[2] ZHANG Y, YANG Z, LI W. Analyses of urban ecosystem based on information entropy[J]. Ecological Modelling, 2006, 197(1-2): 1-12.

[3] KENDAL R L, BOOGERT N J, RENDELL L, et al. Social learning strategies: bridge-building between fields[J]. Trends in Cognitive Sciences, 2018, 22(7): 651-665.

[4] LAMBERSON P J. Social learning in social networks[J]. Journal of Theoretical Economics, 2010, 10(1): 1-33.

[5] BOURIGAULT S, LAGNIER C, LAMPRIER S, et al. Learning social network embeddings for predicting information diffusion[C]. ACM, 2014: 393-402.

[6] RAHMAN A, SETAYESHI S, SHAMSAEI M. An analysis to wealth distribution based on sugarscape model in an artificial society[J]. International Journal of Engineering, 2007, 20(3): 221-224.

[7] NOURAFZA N, SETAYESHI S. An increasing on knowledge of MAS trained by Boltzmann machine algorithm based sugarscape CA using a synergy of communication and cooperation bet agents[C]. Intelligent Control & Automation, IEEE, 2012.

[8] 谢霞，周宽宽 . 基于 SugarScape 的多 Agent 人工社会通信仿真 [J]. 中国新通信，2018，20（19）：1-11.

[9] BREARCLIFFE D K, CROOKS A. Creating intelligent agents: combining agent-based modeling with machine learning[C]. 2020 Computational Social Science Society of

Americas Conference, 2020.

[10] 尹雪华，李翔，尹传存 . 基尼系数与洛伦兹曲线的等价分类 [J]. 统计与决策，2021，37(24): 28-32.

[11] 颜节礼，王祖祥 . 洛伦兹曲线模型研究综述和最新进展 [J]. 统计与决策，2014(1): 34-39.

[12] PYKEG H. Optimal foraging theory: a critical review[J]. Annual Review of Ecology & Systematics, 1984(15): 523-575.

[13] 冯丽 . 基于信息觅食理论的高校图书馆嵌入式学科服务创新 [J]. 情报探索，2015(12): 99-102.

[14] 梁晓丹 . 基于觅食行为的智能优化算法研究及应用 [D]. 天津：天津工业大学，2015.

[15] 朱光宇，丁晨，基于累积前景理论的最优觅食算法求解多目标流水车间调度问题 [J]. 计算机集成制造系统，2022，28(3): 690-699.

[16] 姜启源，韩中庚 . 动物最优觅食理论 [J]. 数学建模及其应用，2016，5（1）: 28-42，59.

[17] ZHENG Q, GUO W. Motivations for users participating in co-innovation communities: a case study of local motors[C]. ASME 2019 International Design Engineering Technical Conferences and Computers and Information in Engineering Conference, 2019.

[18] JIN J H, LI Y J, ZHONG X J, et al. Why users contribute knowledge to online communities: an empirical study of an online social Q&A community[J]. Information & Management, 2015, 52(7): 840-849.

[19] 彭巍 . 云制造系统的均衡研究 [D]. 天津：天津大学，2017.

[20] 刘军 . 整体网分析讲义：UCINET 软件实用指南 [M]. 上海：上海人民出版社，2009.

[21] NIELSEN S N. What has modern ecosystem theory to offer to cleaner production, industrial ecology and society? The views of an ecologist[J]. Journal of Cleaner Production, 2007, 15(17): 1639-1653.

[22] LU W, SU M R, ZHANG Y, et al. Assessment of energy security in China based on ecological network analysis: a perspective from the security of crude oil supply[J]. Energy Policy, 2014, 74: 406-413.

[23] MAO X F, YANG Z F, CHEN B, et al. Examination of wetlands system using ecological network analysis: a case study of Baiyangdian Basin, China[J]. Procedia Environmental Sciences, 2010, 2: 427-439.

[24] IANSITI M, LEVIEN R. Strategy as ecology[J]. Harvard Business Review, 2004, 82(3): 68-81.

[25] LIU B, ZHAO D, ZHANG P, et al. Seedling evaluation of six walnut rootstock species originated in China based on principal component analysis and cluster analysis[J]. Scientia Horticulturae, 2020, 265(3): 109212.

[26] WANG D Y, SU Z SU Q, et al. Evaluation of accuracy of automatic out-of-plane respiratory gating for DCEUS-based quantification using principal component analysis[J]

Computerized Medical Imaging and Graphics, 2018, 70: 155-164.

[27] WANG Y L, LI K, GUAN G, et al. Evaluation method for Green jack-up drilling platform design scheme based on improved grey correlation analysis[J]. Applied Ocean Research, 2019, 85: 119-127.

[28] CHEN Y, LI W, YI P. Evaluation of city innovation capability using the TOPSIS-based order relation method: the case of Liaoning province, China[J]. Technology in Society, 2020, 63: 101330.

[29] LYU H M, SHEN S L, ZHOU A N, et al. Data in flood risk assessment of metro systems in a subsiding environment using the interval FAHP-FCA approach[J]. Data in Brief, 2019, 26: 104468.

[30] LYU H M, ZHON W H, SHEN S L, et al. Inundation risk assessment of metro system using AHP and TFN-AHP in Shenzhen[J]. Sustainable Cities and Society, 2020, 56: 102103.

[31] WU X, HU F. Analysis of ecological carrying capacity using a fuzzy comprehensive evaluation method[J]. Ecological Indicators, 2020, 113: 106243.

[32] ZADEH L A. Fuzzy sets[J]. Information & Control, 1965, 8(3): 338-353.

[33] ATANASSOV K. Intuitionistic fuzzy sets[J]. Fuzzy Sets and Systems, 1986, 20(1): 87-96.

[34] ATANASSOV K, GARGOV G. Interval valued intuitionistic fuzzy sets[J]. Fuzzy Sets and Systems, 1989, 31(3): 343-349.

第 4 章

个性化产品动态需求的辨识与映射

4.1　引言

　　本章针对互联网环境下海量个性化需求爆发、需求分类及表征方法缺乏、需求无法精确识别、转换和映射工具缺乏等问题，重点解决"海量众包设计用户需求难以满足"这一问题，突破产品动态多域需求图谱构建与集成方法[1]、非完备用户需求精确识别理论与方法、多粒度用户需求精准跨域映射转换方法等关键技术。

　　本章针对众包设计需求的多源异构特性引发的需求结构化表征难问题，提出产品动态多域需求图谱表征及评价技术体系；针对海量自然语言表述的需求引发的需求要素识别与集成难问题[2]，提出产品动态多域需求图谱构建与集成技术体系；针对众包设计生态动态演进与多主体特性引发的多动力驱动的需求动态演化更新难问题，提出产品动态多域需求图谱优化技术体系；针对众包设计大规模定制化与极速迭代特性引发的非完备众包需求高效挖掘与补全难问题，提出非完备用户需求精确识别技术体系；针对海量模糊的设计需求与丰富多样的设计资源之间精准匹配与转换难问题，提出多粒度用户需求精准跨域映射转换技术体系。

4.2　产品动态多域需求图谱表征及评价

　　产品动态多域需求图谱表征技术主要分为三部分研究内容：多维多视角需求分类体系构建、产品动态多域需求图谱的定义及表征理论，以及需求图谱度量与评价方法。产品动态多域需求图谱表征及评价方法框架如图 4-1 所示。

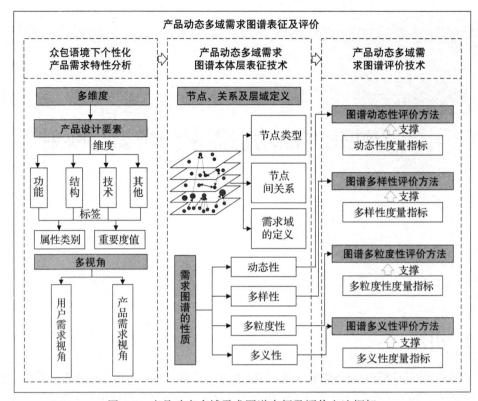

图 4-1　产品动态多域需求图谱表征及评价方法框架

1）在多维多视角需求分类体系构建部分，首先依据产品设计要素围绕功能、技术、结构及其他维度分类用户需求[3]；其次立足用户需求视角和产品需求视角，分别构建针对个体用户层面的需求图谱和针对产品层面的需求图谱。

2）在产品动态多域需求图谱的定义及表征理论部分，主要提出需求图谱中的节点类型、节点间关系以及需求域的定义。另外，给出需求图谱的 4 个性质，分别为动态性、多样性、多粒度性以及多义性。

3）在需求图谱度量与评价方法部分，主要针对需求图谱的 4 个性质，提出动态性度量指标、多样性度量指标、多粒度性度量指标以及多义性度量指标，分别用于需求图谱的动态性、多样性、多粒度性和多义性的评价。

4.2.1　众包语境下个性化产品需求特性分析

对用户需求进行分类的主要目的是便于设计者将用户需求快速在产品设计规范中定位，进而降低设计成本，节省设计流程时间。经过对已有的用户需求分析方法和产品需求分类方法做相对总结和整合，本节将构建一个多维多视角需求分类体系。

作为对用户需求进行分类的依据，本节利用 KANO 模型[4]、质量功能展开等需求分析理论，首先对用户需求进行分析，其次从功能需求、结构需求、技术需求等不同维度，对用户需求进行分类研究，为需求图谱构建中的分层分域、需求实体及其关系属性定义提供依据。需求分类体系见表 4-1。

表 4-1 需求分类体系

分类标准	类别
产品设计要素	功能需求、结构需求、技术需求、其他需求
属性类别	基本型需求、期望型需求、魅力型需求、无差异型需求、反向型需求
重要度值	1、2、3、4、−4

由于不同用户对相同产品的需求不尽相同，故对于不同的需求分类维度，都可以从个体和整体两个视角来理解需求，即用户需求与产品需求。

1. 基于产品设计要素的需求分类

在产品设计领域，一般会将产品设计的要素解析为功能要素、结构要素、人因要素、形态要素、色彩要素、环境要素、成本和工期要求等。为方便将用户需求在产品设计规范中进行定位，将产品设计要素与用户需求进行整合。基于公理化设计理论，结合实际用户需求数据，将用户需求分为功能需求、结构需求、技术需求以及其他需求，如图 4-2 所示。其中，其他需求包含用户对于成本、预算、人因、产品使用寿命、工期、产品使用环境或产品的环境友好性等需求。

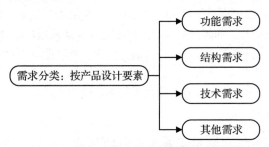

图 4-2 按产品设计要素的需求分类方法

1）功能需求：指用户所期待的产品所具有的效用和被接受的能力，包括产品的使用功能和精神功能。

2）结构需求：指产品功能的承担者，包括对产品的各部分的组织形式的需求。

3）技术需求：指用户对产品的结构、形态的实现方式的需求，包括设计过程中使用的计算机软件、所采用的知识以及产品生产过程中采用的制造方法等。

4）其他需求：指用户对产品的成本、产品设计费用预算、人因方面的考虑、产品的使用寿命、产品生产或设计的工期，以及产品的使用环境或产品的环境友好属性等要求。

2. 基于 KANO 模型对需求要素进行属性类别划分

图 4-3 所示为 KANO 模型的基本内容。依据顾客对需求的满意程度，同时考虑到用户情感分析过程中的可实施性，基于 KANO 模型，将用户需求分为 5 种类型，包括基本型需求、期望型需求、魅力型需求、无差异型需求和反向型需求。

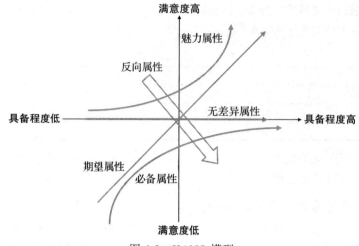

图 4-3   KANO 模型

1）基本型需求：顾名思义，基本型需求描述一个产品所必须满足的需求，这种需求是产品不可以缺少的。

2）期望型需求：指用户的满意度水平与该产品满足需求的程度呈比例关系的需求，当满足该需求的程度越高时，用户的满意度越高。

3）魅力型需求：指用户不会提出硬性要求的一类需求，如果这类需求得到满足，用户的满意度将会大幅提升；如果没被满足，也不会大幅降低用户的满意度。

4）无差异型需求：指无论该产品是否满足需求，都不能对用户的满意度产生影响的需求。

5）反向型需求：指用户本身并不期待会被满足的需求，当产品满足该需求反而会使用户感到厌恶，满意度下降。

3. 基于需求重要性对需求要素重要度值打分

在产品设计的过程中，市场研究人员会按用户对产品各类属性需求的强烈程度（即需求的重要性程度）对用户的各类需求做初步的分级，通常分为核心需求、主要需求和次要需求，如图 4-4 所示。例如，顾客对一辆自行车的需求，首先是其代步的功能，其次是骑行过程中的舒适性，最后才是自行车的材质等需求。因此，对于自行车，代步功能是核心需求，舒适性是主要需求，而材质等是次要需求。

图 4-4   按需求重要性程度的
需求分类方法

用户对于某个产品的需求可以有多种，但对于不同的需求，用户的迫切程度并不相同，因而各类需求的重要性程度也会有所不同。因此，根据用户需求的重要程度，对用户需求进行打分，将用户对需求的重要度进行量化，分别为 1、2、3、4、−4，分数越高表示越重要。

4. 个体用户视角需求图谱

个体用户需求视角指从用户角度出发，将每个用户提出的需求点作为需求图谱中的实体（点），各类需求之间的关系作为需求图谱中的关系（边）来构造的需求图谱。用户需求图谱用以合并不同用户提出的相同需求。在用户需求图谱中设定一个阈值，将语义相似性较高的用户需求合为同一个节点。但在用户需求图谱的节点中，由于每个节点只代表某个或一些用户的某个需求，并不体现需求的统计特性。

对于某一类产品或许多类产品，个体用户的需求视角下的需求分类是确定的、具体的，且不同的用户对产品的需求分类不同，主要体现在不同用户对于不同产品特性的满意度（兴奋性）程度不同，以及相同的产品特性对于不同用户的重要性程度不同。

5. 产品视角需求图谱

产品需求视角指从某个或某一类产品的角度出发，例如，对于冰箱，其功能需求包括冷冻与冷藏，结构需求包括双开门或三开门，技术需求包括满足三级及以上节能指标等。产品需求图谱可以由用户需求图谱聚类得出。由于个体用户对产品的需求有不同的分类，首先对个体用户的需求数据进行统计分析，并采用概率分布的方式来对特定产品的用户需求进行表征，从而在产品需求分类的过程中加以应用。

因此，与用户需求图谱不同，产品需求图谱中的节点包含需求的统计特性。由个体用户视角需求图谱得到产品视角需求图谱的过程如图 4-5 所示。

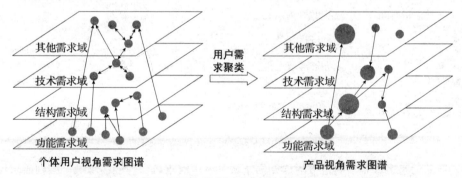

图 4-5　个体用户视角需求图谱向产品视角需求图谱转换

个体用户视角的需求图谱从个体用户的需求出发，图谱中的节点对应用户的某种需求。产品视角需求图谱从产品角度出发，图谱中的节点对应某种产品的各类用户需求，节点中包含需求的统计特性，由个体用户视角的需求图谱聚类得出。

4.2.2　产品动态多域需求图谱本体层表征技术

1. 节点、关系及层域定义

产品动态多域需求图谱包含个体需求和产品需求两个视图，两者的区别与联系见表 4-2。从个体需求视图到产品需求视图自底向上构建，前者为后者提供概率关系所需的数据基础，后者为前者提供推理、映射所需的节点连接概率。产品动态多域需求图谱示意图如图 4-6 所示。

表 4-2　个体需求与产品需求视图的区别与联系

视图	分类维度	节点类型	节点间关系
个体需求	产品设计要素：功能、结构、技术、其他	原始需求、析出需求、推理需求、映射需求等	析出、推理、映射、限制/促进
产品需求		原始需求、标准化需求	包含、概率连接、限制/促进

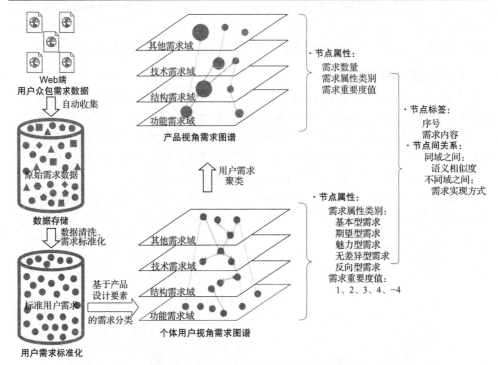

图 4-6　产品动态多域需求图谱示意图

　　产品动态多域需求图谱分为原始需求域、技术需求域、功能需求域、结构需求域、其他需求域等。其中，原始需求域是用户提出的以非结构化和非标准化自然语言描述或表格呈现的原始需求信息的集合，后续的其他层域中的细分需求节点基于需求识别、推理技术及特定产品知识信息，由该层节点跨层、跨域映射获得，因此，除原始需求域以外的其他需求域可统称为标准化需求域。通过层域划分，可以从不同层次和视角细分用户需求。

2. 需求图谱的性质

　　产品动态多域需求图谱的基本单元是"实体-关系-实体"三元组，其中实体（图谱中表现为节点）代表需求，关系（图谱中表现为边）代表需求之间的关系。

　　（1）需求图谱与知识图谱的关系

　　需求图谱的概念衍生自知识图谱，或者说，需求图谱同样属于一种类型的知识图谱，其不同之处在于知识图谱中存储的是各类知识以及知识之间的关系，而需求图谱中存储的是各类需求以及需求之间的关系。

对于知识图谱，有一种比较普适的定义，即知识图谱是以符号形式描述现实世界中的概念及其相互关系的一种图形知识库，其基本的组成单位为"实体 – 关系 – 实体"三元组，另外还有实体及其相关属性值。知识图谱可以看作一种有属性的实体通过关系链接而成的网状知识库。从图形的角度来看，知识图谱可以认为是一种概念网络，该网络中的节点表示物理世界中的实体或概念，网络中的边即为实体间的各种语义层面的关系。概括而言，知识图谱是对现实世界中的知识的一种符号形式的表达。

（2）需求图谱的性质

需求图谱有动态性、多样性、多粒度性和多义性共 4 个独有的特征，这 4 个特性将需求图谱描述为一种复杂的随时间变化的知识图谱。

1）动态性。在当前互联网环境下，科技手段发展突飞猛进，用户需求也在不断地发生变化，需求图谱具有随用户需求改变而发生变化的动态性。当新的用户需求输入、原有用户需求删除或现有用户需求发生改变时，需求图谱能够实时地做出相应的变动，其响应时间的长短决定了需求图谱动态性的大小。

2）多样性。用户需求本身存在多样性，相应地，需求图谱的表征中也有所体现。因此，需求图谱在表现形式、内容等方面具有多样性。在网络中，用群落数量来衡量网络多样性。在产品需求领域中，可以利用用户所需要的产品种类的数量来衡量需求的多样性。在需求图谱中，可以用中心词（即分类结果中的标签）数量占图谱中所有节点数量的比例来评估产品需求图谱的多样性。

3）多粒度性。用户需求针对的产品特性不同，其对产品的需求从宏观到微观也各有不同，这种依需求宏观程度而有所不同的需求图谱特性即为需求图谱的多粒度性。针对每种不同的产品，无论用户需求的特性种类或数量的多少，需求图谱都能够有不同的表征，是其良好的多粒度性的体现。

4）多义性。需求分类的维度不同，相同实体间的关系定义可能会有所不同，这种依分类维度的不同而有所区别的特性，就是需求图谱的多义性。某个实体在不同需求分类体系下，与其他实体存在不同的关系。实体间的关系数量相对于实体本身的数量越多，则说明需求图谱拥有越强的多义性。

3. 需求图谱的一般构建步骤

知识图谱构建的常用技术路线如图 4-7 所示。知识图谱的构建过程都是从数据出发，并从原始数据中提取出知识要素（利用计算机辅助自动或半自动地提取），再将提取出的知识要素存储在数据库（知识库）中，这里提取出的知识要素即事实。自底向上地构建知识图谱实际上是在不断地迭代和更新的 [5]，在每一次的迭代和更新的过程中，都包含了 3 个主要的步骤，即信息抽取 [6]、知识融合 [7-8] 以及知识加工 [9-11]。

信息抽取即从各种渠道收集来的原始数据（即概念）中抽取实体、实体的属性以及各个实体之间的相互关系，并在获取这 3 类信息之后，对其进行本体化知识表达的过程。信息抽取并不完全由人工来完成，它实际上是一种自动地从非结构化或半结构化数据中收集实体、关系以及属性等结构化信息的手段，具体包括实体抽取、关系抽取和属性抽取等技术。知识融合即在获得新知识之后，对所得的知识进行整合，以消除知识中的矛盾点和歧义的过程。知识加工即对经过知识融合阶段所获得的知识做质量评估。通过质量评估之后，将符合要求的部分加入知识库，新增加数据后，就可以对获得的知识进行推理、拓展，并获取新知识。

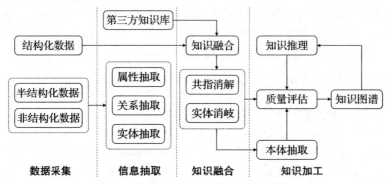

图 4-7　知识图谱构建的常用技术路线

4. 需求图谱的可视化工具

需求图谱的可视化工具与知识图谱的可视化工具一致。事实上，知识图谱属于知识库的一种，其属于图形知识库。目前，已有一些广泛使用的知识图谱分析与可视化工具[12-16]。通用网络分析工具有 Pajek、UCINET、NetMiner、Gephi 等；文献计量分析可视化工具有 HistCite、CiteSpace、VOSviewer、CitNetExplorer、SCI2 等；通用动态数据可视化工具包括开源的 D3.js、高性能图形数据库 Neo4j，以及商业化的动态数据可视化平台等；另外，还有一些地理空间分析可视化工具，如 GeoTime 等。目前应用比较广泛的知识图谱分析与可视化工具总结如图 4-8 所示。

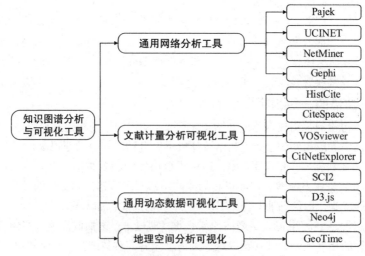

图 4-8　常用的知识图谱分析与可视化工具

5. 产品动态多域需求图谱表征的具体步骤

不同于一般的知识图谱，产品需求图谱构建过程直接采用结构化的数据库，并利用可视化工具进行表征和统计分析以及检索等应用。产品需求图谱的构建过程包含数据获取、数据预处理、训练集构建、模型训练、需求分类、可视化表征等步骤。产品动态多域需求图谱表征步骤如图 4-9 所示。

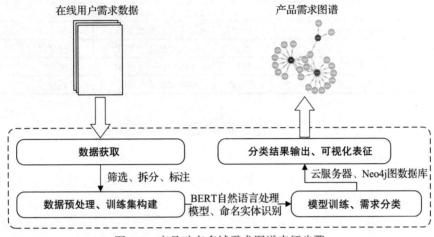

图 4-9　产品动态多域需求图谱表征步骤

产品动态多域需求图谱的定义与表征理论描述了产品动态多域需求图谱中的节点及关系的定义，以及需求图谱的各项性质、可视化工具和表征的具体步骤。需求图谱能够用到的可视化工具与知识图谱可视化工具相同，一些工具主要针对文献计量分析，Neo4j 是一种比较优秀的图数据库与知识可视化表征工具。

4.2.3　产品动态多域需求图谱评价技术

根据目前已有的研究中对于知识图谱各个质量维度的评价方法，结合需求图谱的性质，即动态性、多样性、多粒度性和多义性，对需求图谱的特性进行描述性度量和统计。依据复杂网络理论中图的性质，本节提出 15 种需求图谱的评价指标，用以定量评价需求图谱的各项性质，见表 4-3。

表 4-3　需求图谱评价指标及对应的图谱性质

序号	指标名称	定义	衡量图谱性质
1	节点数	需求图谱节点数量	多样性
2	边数	需求图谱边数量	多义性
3	平均节点度	每个节点平均连接的边数	多义性
4	平均出度和平均入度	平均指向和指出节点的边数	多义性
5	密度	实际边数与最大可能边数之比	多粒度性
6	增长率	图谱增长速度	动态性

(续)

序号	指标名称	定义	衡量图谱性质
7	属性-节点比	节点属性数与节点数之比	多样性
8	图谱直径	图谱中两节点路径最大值	多样性
9	度分布	节点度的分布	多义性、多粒度性
10	聚类系数	衡量图谱节点聚类情况	多粒度性
11	平均语义相似度	衡量节点之间关系的紧密程度	多义性
12	点强度分布	综合反映网络中节点邻域信息	多粒度性
13	介数	边或节点在图谱中的重要程度	多粒度性
14	连通系数	节点间最短连接距离的平均值	多义性
15	节点控制范围	节点对其下游的控制力大小	多粒度性

4.2.4　产品动态多域需求图谱表征与建模工具应用

1. 应用对象

产品动态多域需求图谱表征与建模工具应用对象主要为利用众包设计平台进行需求分析的产品设计人员。

2. 面向问题

产品动态多域需求图谱表征与建模工具面向某时间段内某领域海量用户需求的表征问题，实现用户需求的可视化，从海量用户需求中挖掘潜在用户需求及所包含的统计信息，了解某一领域行业动向，为产品设计师提供参考。通过对众包设计平台上潜在用户需求的挖掘，响应用户提出的个性化需求，进而辅助产品快速迭代更新，实现精准、智能、自主、协同的技术研发和产品设计，促进制造业转型升级。

3. 应用效果

产品动态多域需求图谱表征与建模系统的功能模块 1 为设计要素域用户需求视图表征，主要包括设计要素域用户需求图谱的表征以及设计要素域下需求要素所形成的统计信息表征 2 个子功能。功能模块 2 为需求属性类别视图表征，主要包括需求属性类别图谱的表征以及各属性类别下需求要素所形成的统计信息的表征 2 个子功能。功能模块 3 为需求重要度视图表征，主要包括需求重要度图谱的表征以及各重要度下需求要素所形成的统计信息的表征 2 个子功能。

4. 应用实例

用户输入用户名和密码后，进入产品动态多域需求图谱表征与建模系统。

用户登录主页面后可点击设计要素旁边的表征进入设计要素域用户需求视图。

用户进入设计要素域用户需求视图，即可查看设计要素域用户需求图谱及设计要素域下需求要素形成的统计信息，如图 4-10 所示。

　　同样，用户登录主页面后可点击属性类别旁边的表征进入需求属性类别视图。用户进入需求属性类别视图，即可查看需求属性类别图谱及各属性类别下需求要素形成的统计信息，如图 4-11 所示。

　　用户登录主页面后可点击重要度旁边的表征进入需求重要度视图。用户进入需求重要度视图，即可查看需求重要度图谱及各重要度下需求要素形成的统计信息，如图 4-12 所示。

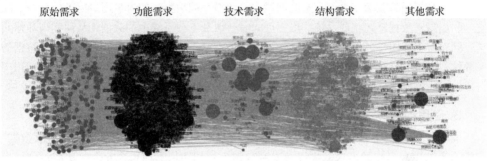

图 4-10　设计要素域用户需求视图

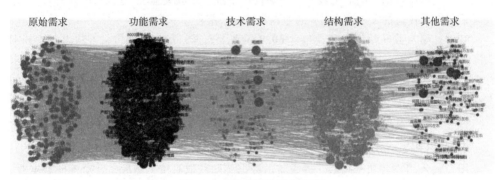

图 4-11　需求属性类别视图

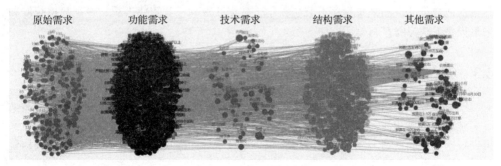

图 4-12　需求重要度视图

4.2.5 需求数据感知获取工具应用

1. 应用对象

需求数据感知获取工具应用对象主要为需要从众包设计平台获取需求数据的产品设计人员。

2. 面向问题

需求数据感知获取工具面向某时间段内某领域不同数据源的海量用户需求数据获取问题。利用需求数据感知获取系统，用户可同时获取和下载系统中的数据，从而实现数据共享；同时避免了用户各自建立应用文件，减少了大量重复数据和数据冗余，维护了数据的一致性；通过对已有数据进行集中控制和管理，实现数据的集中控制。利用该系统，用户可根据实际需要进行下载，实现数据的统一管理，同时为开展研究提供了充足的数据支撑。

3. 应用效果

需求数据感知获取系统包含 3 种数据源，分别是猪八戒网站用户提交的需求数据、大学士网站用户提交的需求数据以及专利数据。感知获取界面包含 6 个子功能，分别为获取猪八戒网站数据源的需求数据及采集程序下载、获取大学士网站数据源的需求数据及采集程序下载和获取专利数据源的专利数据及采集程序下载。

其中，猪八戒网站数据源共包含 6028 条需求数据，每条数据包含 6 项内容，分别为序号、标题、需求描述、价格、获取时间及链接。大学士网站数据源包含 9563 条需求数据，每条数据包含 7 项内容，分别为序号、标题、价格、需求描述、链接、发布时间及获取时间。专利网站数据源包含 3545 条专利数据，每条数据包含 6 项内容，分别为序号、标题、专利摘要、专利号、获取时间及链接。

4. 应用实例

用户输入用户名和密码后，进入需求数据感知获取系统。然后，针对不同数据源，可获取包含所有数据的数据包，并可通过"采集程序下载"下载相关代码，其中分别包括猪八戒数据获取和采集程序下载、大学士数据获取和采集程序下载与专利数据获取和采集程序下载等内容。

4.3 产品动态多域需求图谱构建与集成

针对海量自然语言表述的需求引发的需求要素识别与集成难问题，本节将对产品动态多域需求图谱构建与集成技术体系进行详细的阐述，包含产品动态多域需求图谱要素识别技术、产品动态多域需求图谱融合与集成技术、产品动态多域需求图谱实体层构建与可视化技术 3 个部分。

4.3.1 产品动态多域需求图谱要素识别技术

由于动态多域需求文本的特殊性，对文本要素识别技术提出了更高的要求：在保证灵活性、准确性的前提下，尽可能加快识别的速度，并且可以对要素做初步的分类处理。以下详细阐述该技术。

1. 基于命名实体识别技术的产品动态多域需求图谱要素识别技术

多域需求图谱中的要素是从自然语言构成的用户需求描述中提取得到的。而多域信息是在对要素提取的同时，对其进行类别的分类。因此，从以自然语言表达的模糊用户需求中提取出需求要素并将其分为多个类别的过程，本质上是一个序列标注问题，在自然语言处理中称为命名实体识别技术 [17-20]。

谷歌于 2018 年提出了自然语言处理领域的迁移学习模型——BERT（Bidirectional Encoder Representation from Transformer)，在 11 项自然语言处理任务中取得了最佳效果。该模型可以很好地满足需求图谱要素识别任务。

谷歌提出的原始 BERT 模型虽然提供了基于中文预训练的模型，但由于中文具有前述特征，在进行遮罩时按照单字遮罩会使模型对语言的理解能力折损，因此哈尔滨工业大学的 Yiming Cui 等提出了中文全词遮罩（Whole Word Masking，WWM）的 BERT-WWM 模型 [21]。该模型先使用中文词分割（Chinese Word Segmentation，CWS）技术识别原始语料中的整词，然后对整词遮罩而非仅对其中的单字遮罩。此外，该研究还在原始 BERT 模型预训练语料（中文维基百科）的基础上，构建了包含维基百科、新闻、问答等多种来源的扩展预训练数据集。

除了通过改变遮罩方式和扩展训练集的方式提高 BERT 模型预训练过程对自然语言的理解能力外，百度提出了一种基于知识融合的加强 BERT 表征方法——ERNIE（Enhanced Representation through Knowledge Integration)。ERNIE 使用"知识遮罩"的方式加强原始 BERT 模型，具体来说，使用实体级别的遮罩和短语级别的遮罩，前者遮罩一个实体而非一个单字，后者遮罩一个由数个词组成的语义单元。ERNIE 也使用了扩展数据源，包含中文维基百科、中文百度百科、百度新闻和百度贴吧的多种数据。

本节分别使用 BERT-base 和 BERT-WWM-ext 模型作为基底模型，借鉴 ERNIE 关于知识融合的研究思路，在预训练语料中加入相关领域专利和需求语料，在基底模型的基础上进行叠加训练，以提高模型对相关领域实体的识别能力。

2. 产品动态多域需求图谱要素识别与分类模型构建

产品动态多域需求图谱要素识别与分类模型的构建流程分为数据集构建、预训练模型构建和模型对比验证三步。

（1）数据集构建

构建模型需要 2 个数据集，分别是专利及需求原始数据集和人工标注需求要素实体的需求数据集。前者用于在基底模型基础上进行叠加预训练，由于该训练过程是无监督学习过程，因此无须人工标注；后者用于在已经完成预训练模型的基础上，根据下游任务做微调训练，这一训练过程是有监督学习过程，因此需要人工标注少量数据。

人工标注需求要素实体的需求数据集基于原始需求数据集构建，从中抽取 500 条较典型的需求描述，基于 BIO 标注法，人工标注每条需求中需要识别和分类的需求要素，用于基于预训练模型的下游任务微调，见表 4-4。

表 4-4　数据标注形式

文本	我	司	现	需	要	塑	料	墙	板
标签	O	O	O	O	O	B-F	I-F	I-F	I-F
文本	装	箱	自	动	化	设	备	，	要
标签	I-F	I-F	O	O	O	O	O	O	O
文本	求	能	用	机	械	手	抓	取	产
标签	O	O	O	B-S	I-S	I-S	B-F	I-F	O
文本	品	放	入	纸	箱	，	再	通	过
标签	O	O	O	O	O	O	O	O	O
文本	传	送	带	输	送	过	去	……	……
标签	B-S	I-S	I-S	B-F	B-F	O	O	……	……

（2）预训练模型构建

预训练模型构建是指在 BERT-base 和 BERT-WWM-ext 模型的基础上，叠加一轮包含领域相关专利和需求文本信息的预训练，以增强模型对领域相关实体的识别能力。经过上述预处理后，分别在 BERT-base 和 BERT-WWM-ext 模型的基础上进行模型的叠加预训练，预训练参数与 BERT 模型预训练过程的默认参数保持一致。

（3）模型对比验证

分别使用 BERT-base、BERT-WWM-ext，以及融合领域知识的 BERT-base（下文标为 BERT-base-fus）和 BERT-WWM-ext（下文标为 BERT-WWM-ext-fus）4 种模型，在人工标注需求要素实体的数据集上进行不同轮次的训练，并进行五折交叉验证，分别计算召回率、精准度和 F1 值。

4.3.2　产品动态多域需求图谱融合与集成技术

产品动态多域需求图谱融合及集成技术是对从自然语言中提取出的需求要素进行相似度计算，将相似的需求要素合并处理，并对需求要素间的连边关系进行计算的过程[22-25]。详细介绍如下。

1. 产品动态多域需求图谱融合与集成技术介绍

基于众包网站数据抽取得到的析出需求元素，主要包括结构要素（S）、技术要素（T）、功能要素（F）和其他要素（O），对以上 4 类需求要素及其关系进行融合与集成的操作。

需求图谱中要素的集成是为了更好地展现需求要素的产品构架，将 4 类要素进行量化分析和聚合，形成更为简洁的产品需求要素网络，为设计者提供清晰明了的产品要素组成架构。

2. 基于 Word2Vec 和 Infomap 算法的需求图谱要素聚类模型

Word2Vec 是经典的分布式词向量模型。Word2Vec 模型是一个浅层神经网络结构，它包含 2 个训练模型体系结构，包括连续词袋（Continuous Bag-of-Word，CBOW）和连续跳过（Skip-gram）语法模型，这两种结构如图 4-13 所示。CBOW 模型的输入是目标词的上下文，目标词的嵌入是通过它们的嵌入表示来预测的，而 Skip-gram 模型则恰好相反。Word2Vec 模型可以快速训练嵌入向量，并更好地用于计算语义相似度。本节选择该模型对需求要素进行向量表示，该模型简单高效，适用于为 Infomap 算法提供输入数据集。

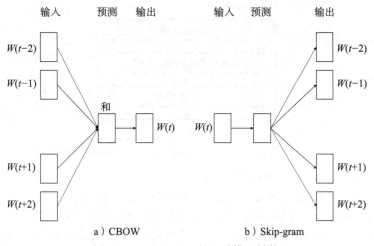

图 4-13　Word2Vec 的两种模型结构

　　Infomap 算法是一种社区发现类算法，本节使用该算法对需求元素进行聚类，通过 Word2Vec 将需求要素的特征表达作为输入，然后通过 Infomap 算法对所有节点进行社区划分，以达到设计要素层内融合的目的。

　　Infomap 算法设计初衷是用最短编码表示随机游走路径。该算法采用双层编码结构，将网络的不同节点划分社区。对社区的编码和社区内部节点编码均采用 Huffman 编码，每个节点编码唯一且长度不同。对于访问频率较高的节点赋予短编码，对于访问频率较低的节点赋予长编码。这样的编码形式和结构可以大幅缩短所描述的信息长度。假设通过某种社区划分方式 M，将节点划分为 m 个群组，则描述随机游走的平均每步编码长度见式（4-1）：

$$L(M) = q_{\unicode{x2D0}}H(Q) + \sum_{i=1}^{m} p^{i}H(p^{i}) \tag{4-1}$$

式中，$q_{\unicode{x2D0}}$ 表示群组 i 出现的概率；$H(Q)$ 表示编码群组所需的平均字节长度；p^{i} 表示编码中属于群组 i 的所有节点的编码的比例；$H(p^{i})$ 表示编码群组 i 中所有节点所需的平均字节长度。

　　Infomap 是可以捕获有关网络动态的网络结构，通过寻找功能的最小描述来划分网络，该描述以流的形式描述网络结构，即所谓的映射方程。与基于模块化的聚类算法不同，后者基于网络生成过程的模型推断聚类成员，并且这种差异可能导致不同的聚类结果。实验证明，基于众包设计平台的需求要素数据 Infomap 算法的聚类效果更好。

3. 产品动态多域需求图谱融合与集成模型构建

产品动态多域需求图谱融合与集成模型构建的技术路线如图 4-14 所示。

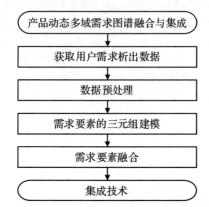

图 4-14　产品动态多域需求图谱融合与集成模型构建的技术路线

该过程包括三部分：数据预处理、数据建模和图谱集成。首先，基于用户需求析出数据，即结构要素（S）、技术要素（T）、功能要素（F）和其他要素（O），由于其他要素（O）中包含大量的杂质数据，并不能对图谱构建提供有效信息，因此对其他要素的数据进行过滤处理。其次，进行数据预处理，去除特殊字符，并过滤掉无效的关键词。然后，计算关键词的共现概率，建立三元组——"需求元素 1– 共现概率 – 需求元素 2"，并存储到关系数据库中。最后，基于 Infomap 算法和 Word2Vec 对各层元素进行融合，合并相关联的边属性，完成产品动态多域需求图谱的融合与集成。

（1）数据预处理

用户需求的析出数据中存在着大量不一致的、异常的数据，这些数据会影响到数据挖掘、分析的执行效率，造成研究结果的偏差，所以要对用户需求的析出数据进行预处理。

首先，由于众包设计平台的数据为非标准格式，具有多种特殊字符，因此需要去除特殊字符，保证需求数据建模质量。该处理过程采用正则匹配的方法，仅保留需求数据中的数字、字母和中文字符，保证数据质量。其次，针对用户需求析出的结构（S）、功能（F）和技术（T）3 类需求要素进行更精确的识别，过滤掉上述 3 类需求要素中的无效数据。

经过上述对用户需求数据的预处理，可以得到高质量的需求数据，确保后续研究分析结果的准确性。

（2）数据建模

以预处理后的数据为模型输入，以用户需求元素为节点，元素的相关性作为边，生成三元组——"需求元素 1– 共现概率 – 需求元素 2"。节点直接使用需求元素的短文本来表示，边的生成基于用户需求的原始数据，计算两个短文本的关联性。此处采用 PMI（Pointwise Mutual Information，点间互信息）原理来衡量两个节点之间的相关性，见式（4-2）。

$$\mathrm{PMI}(\boldsymbol{w}_1, \boldsymbol{w}_2) = \frac{p(\boldsymbol{w}_1, \boldsymbol{w}_2)}{p(\boldsymbol{w}_1) * p(\boldsymbol{w}_2)} \qquad （4\text{-}2）$$

式中，$\boldsymbol{w}_i$ 指需求元素 i 的嵌入向量；$p(\boldsymbol{w}_1, \boldsymbol{w}_2)$ 指需求元素 1 和需求元素 2 共现的概率；$p(\boldsymbol{w}_i)$ 指需求元素 i 在所有需求数据中出现的概率。PMI 的值越大，$\boldsymbol{w}_1$ 和 $\boldsymbol{w}_2$ 的关联性越强。根据上述得到的节点和对应的边，建立三元组并存储到数据库中。

（3）图谱集成

为了体现出用户需求中的产品特征及其之间的关联性，通过用户需求要素融合集成多域产品需求图谱，实现跨产品的需求数据互联，展现产品的多元化特征。

经过数据过滤后，使用 Word2Vec 对各层域节点进行词向量嵌入，构建各层需求要素的词向量模型，为后续分析提供数据基础。本节使用众包设计平台需求数据以及专利标题、摘要文本等数据作为训练的中文语料，然后通过 jieba分词、正则等技术对该语料进行训练，得到适用于特定领域产品设计术语的词向量模型。最后计算各层需求要素节点向量及需求要素对的相似度矩阵作为 Infomap 算法的输入，利用 Infomap 算法将样本集抽象为一个有向图，图的边就代表着两个点之间的相似度，通过构造转移概率实现聚类。

4.3.3　产品动态多域需求图谱实体层构建与可视化技术

1. 产品动态多域需求图谱实体层构建与可视化技术介绍

产品动态多域需求图谱实体层构建与可视化技术利用 Python 语言，将经过产品动态多域需求图谱要素识别技术和产品动态多域需求图谱融合与集成技术提取出的需求要素、需求要素类别以及需求要素间的连边关系信息，分别存储到字典中。在图谱中，将需求要素作为图谱中的节点，需求要素类别作为所属域，需求要素间的连边关系作为连边。选用 Pyecharts 库中的关系图方法 Graph 对节点和关系信息进行可视化。另外，还需要对需求要素数据进行一定的统计分析，利用 Pyecharts 库中的柱状图方法 Bar 和饼图方法 Pie 将统计信息可视化。最终输出的可视化方案类型为 html 页面，可以在网页浏览器中打开。

2. 产品动态多域需求图谱实体层构建与可视化规则

下面将重点介绍产品动态多域需求图谱实体层构建与可视化所使用的 Pyecharts 库中的具体模块。

（1）节点

在产品动态多域需求图谱实体层中，节点性质共包括 6 类，分别为节点在 x 方向上的位置、节点在 y 方向上的位置、节点名称、节点大小、节点属性，以及是否可拖动。

对于节点名称，原始需求域中节点名称为自然语言形成的需求文本的 ID 号。在功能需求域、结构需求域、技术需求域和其他需求域中，节点名称均为被识别并标注的需求要素名称。对于节点大小，其为数字类型。名称相同的需求要素由同一节点表示。相同

　　㊀　分词工具名称。——编辑注

需求要素越多，节点越大。对于节点属性，原始需求域中节点属性为该条需求文本的全部内容，其他域的节点属性各有不同，可将重要度或属性类别作为节点的属性信息。

（2）连边

通过产品动态多域需求图谱要素识别技术抽取出的需求要素，构建动态多域用户需求图谱；通过产品动态多域需求图谱融合与集成技术，对相似需求要素进行聚类以及需求要素之间的关联分析，构建动态多域产品需求图谱。在动态多域用户需求图谱中，连边关系均由原始需求域向其他各域的需求要素进行映射，即连线仅为原始需求域的节点和其他各域的节点的连线，其他各域之间没有连线；在动态多域产品需求图谱中，同域和非同域之间均可有连边，由需求要素之间的共现概率决定。

（3）统计信息

在不同的视图中统计不同类型的信息，统计信息的可视化主要用到饼图和柱状图的形式。

3. 产品动态多域需求图谱实体层构建与可视化模型构建

利用 Pyecharts 库中的 Graph、Bar 和 Pie 模块，便可对产品动态多域需求图谱实体层进行构建与可视化，产品动态多域需求图谱实体层模型构建流程如图 4-15 所示。

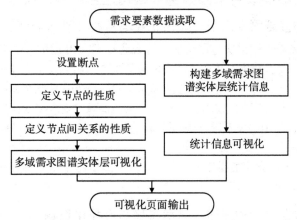

图 4-15　产品动态多域需求图谱实体层模型构建流程

具体地，主要分为以下 6 个步骤。

步骤 1：明确数据结构，需求要素数据读取。基于产品动态多域需求图谱要素识别技术和产品动态多域需求图谱融合与集成技术，获取需求要素、需求要素类别以及连边关系，作为需求图谱实体层模型构建的输入。

步骤 2：定义节点性质，包括节点在 x 方向上的位置、节点在 y 方向上的位置、节点名称、节点大小、节点属性，以及是否可拖动。需要注意的是，可设置需求文本的数量作为需求图谱构建的断点，可视化的节点个数过多反而没有意义。

步骤 3：定义节点间关系的性质，节点与节点相连接的信息。

步骤 4：产品动态多域需求图谱实体层构建与可视化。

步骤 5：构建多域需求图谱实体层的统计信息，并对其进行可视化。

步骤 6：可视化页面输出。

4.3.4　产品动态多域需求图谱集成工具应用

1. 应用对象

产品动态多域需求图谱集成工具应用对象主要为众包设计平台上认领个性化需求的产品设计方。

2. 面向问题

由于需求方受专业水平、设计经验等因素的限制，导致需求方对自身提出的个性化产品需求存在模糊、非标、非完备等特点。当认领需求的设计方按照需求方提出的需求进行产品设计和生产后，会存在实际产品与预期需求无法完全匹配的可能性，从而影响设计方的交易率及其在平台上的声誉。对于众包设计平台，会导致需求方的流失，进而影响到平台的盈利。

因此，为了给需求方提供更优质的解决方案服务或产品，开发了产品动态多域需求图谱集成工具。该工具将特定数量或一段时间内从特定领域的个性化用户需求描述中提取出的功能、结构、技术需求关键词分别基于语义相似度和结构相似度进行融合集成，不仅对需求方提出的非标需求关键词进行语义消歧，同时对功能、结构、技术 3 个不同域之间的关联关系进行挖掘。设计方在认领需求后，可利用产品动态多域需求图谱集成工具，对具体的功能、技术或结构需求进行检索查询，从而匹配出同域下语义相近的需求并挖掘不同域间的关联需求，从中获取相关需求灵感。进而，在与需求方进行需求对接的过程中，该工具可引导需求方对真实需求的辨识与补全，提高需求对接沟通的效率以及产品设计的准确性。

3. 应用效果

产品动态多域需求图谱集成工具响应速度随需求节点的数量而变化，一般情况下为10s 以内。在针对"个性化需求发布 – 认领 – 需求引导 – 需求完善 – 产品设计"的场景下，设计人员分别在使用工具和未使用工具下进行了对比实验，并证明了对于需求对接效率以及产品设计准确性等指标上，使用工具获得的效果更优。

4. 应用实例

现有需求描述——"我司是做铝板加工销售的，现需要购买自动焊接设备，产品见附件图纸，麻烦厂家做一套效率最高的方案。"

设计方认领该需求后，可利用产品动态多域需求图谱集成工具了解某一领域产品在某一具体时间段内用户的普遍需求，从而获取相关需求灵感与需求方进行对接，引导需求方完善需求。

设计方将"焊接"定义为功能需求，并在工具中"功能需求"一栏输入"焊接"，点击"搜索"按钮，便可得到与"焊接"同域语义相似的需求关键词以及不同域间具备关联关系的需求关键词所形成的需求图谱，具体如图4-16所示。可以发现，与"焊接"同属功能域的需求关键词中包含"焊接1000～2000个"需求关键词，启发了设计方在与需求方进行对接过程中需要沟通的内容是：需求方所需要的自动焊接设备每天所需加工铝板的具体产能情况。技术域和结构域所包含的需求关键词则表示与"焊接"具有一定的关联关系，即代表在不同需求方提出自己的需求中，与"焊接"共现的高频需求。

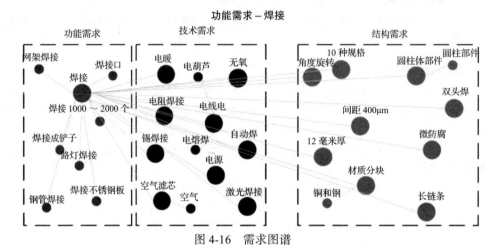

图 4-16　需求图谱

单击"融合"按钮，将所展示的图谱中每个域语义相近的需求关键词进行融合，并用标准需求关键词进行表示，具体如图4-17所示。在技术域中，与"焊接"具有高度关联关系的需求词，例如"闪光焊""水焊""无钎焊"等，提示设计方与需求方进行对接时，需要沟通的内容是：该自动化设备在焊接过程中，对所需的具体焊接技术类型是否有要求。在结构域中，例如"10m长""中心距80cm"等需求关键词，可提示设计方与需求方进行自动化焊接设备的尺寸要求、焊接铝板的尺寸要求等问题的沟通。

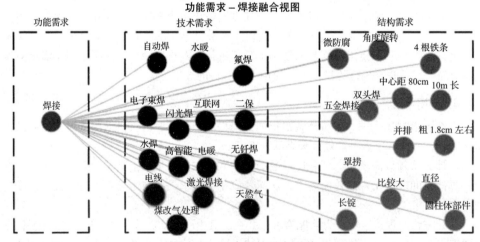

图 4-17　融合后的需求图谱

4.4　产品动态多域需求图谱优化

本节在介绍产品动态多域需求图谱优化技术之外，还将介绍两种需求图谱更新演化技术：外扩增量下的需求图谱动态更新技术和内部驱动的需求图谱动态演化技术[26-30]。

4.4.1　外扩增量下的需求图谱动态更新技术

外扩增量下的需求图谱动态更新由模式层更新与数据层更新组成。需求数据模式层是产品需求图谱体系中最为重要的一个层次，是需求数据的整理与需求关系储存的管理层面。

假设某众包设计平台每天可以访问的需求数量上限为 K，好的更新策略应该尽可能地最大化需求图谱中的需求节点（优化目标函数如下），使需求图谱中的实体与关系进行智能更新。

$$\arg \max_{R,|R| \leqslant K} |\{x \mid x \in R, t_n(x) > t_s(x)\}| \tag{4-3}$$

式中，R 为抓取的实体数量，$t_n(x)$ 为 x 最后一次的更新时间，$t_s(x)$ 为 x 上一次更新时间。当 x 为新实体时，$t_s(x) = -\infty$。

智能更新策略的关键是预测自上次同步以来需求实体是否需要更新。假设存在一个可以预测需求实体是否需要更新的预测函数，最简单的智能更新策略就是对需求图谱中每个需求实体是否需要更新进行预测，如果需要更新则通过重新抓取网页进行需求更新。然而，这存在两个缺陷：

① 需求图谱中实体数量过于庞大，对所有需求实体进行预测非常耗时；

② 此需求智能更新策略只能更新目前需求图谱中已有的需求实体，无法更新需求图谱中不存在的需求实体。

为了解决上述缺陷，通过抽取需要更新的种子需求实体，并进行扩展，然后对这些实体进行更新。由于大部分需求实体都具有稳定的属性，不需要进行更新，因此选择需求图谱中重要的节点作为需要更新的种子需求实体。节点的重要性采用改进的 PageRank 进行评估。

1. 基于改进的 PageRank 的种子抽取

PageRank 是谷歌用来在搜索引擎结果中对网页进行排名的一种算法[31-32]。PageRank 的原理是通过计算指向网页的数量和质量来确定该网页的重要性，基本假设是更重要的网页可能会从其他网站收到更多链接。通常，需求实体对应的需求网页的重要性会受到当前网页内容和查询主题的影响，对 PageRank 算法进行改进。需求实体重要性的计算公式为

$$PR_q(j) = (1-d)p_q'(j) + d\sum_{i \in B_j} PR_q(i)h_q(i,j) \tag{4-4}$$

式中，$h_q(i,j)$ 表示在主题 q 下需求实体 i 跳转到需求实体 j 的可能性，$p_q'(j)$ 表示用户在需求实体没有链出时跳转到需求实体 j 的可能性。对于 $h_q(i,j)$ 和 $p_q'(j)$，采用主题 q 和需

求实体 j 的相关函数 $R_q(i,j)$ 计算得出，公式如下：

$$p_q'(j) = \frac{R_q(j)}{\sum_{k \in W} R_q(k)} \qquad (4\text{-}5)$$

$$h_q(i,j) = \frac{R_q(j)}{\sum_{k \in F_i} R_q(k)} \qquad (4\text{-}6)$$

式中，W 表示需求实体集合，F_i 表示需求实体 i 的链出实体集。

2. 需求抽取并行化

在计算完需求实体重要性后，通过实体扩展获得需求抓取集。针对海量需求大数据全网分布式多策略抓取的采集、存储、检索、分析以及可视化的诸多需求，本节提出需求抽取并行化平台建设方案，如图 4-18 所示。

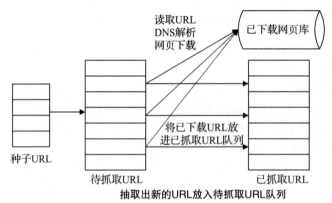

图 4-18　需求抽取并行化平台建设方案

整个架构共有如下几个过程：

① 构建需要抓取的种子 URL 列表，根据提供的 URL 列表和相应的优先级，建立待抓取 URL 队列（先来先抓）；

② 根据待抓取 URL 队列的排序进行网页抓取；

③ 将获取的网页内容和信息下载到本地的网页库，并建立已抓取 URL 列表（用于去重和判断抓取的进程）；

④ 将已抓取的网页放入待抓取的 URL 队列中，进行循环抓取操作。

3. 基于 k- 近邻和 ε- 半径组合的产品需求图谱更新

众包设计平台应用中，很多产品需求图谱中的产品需求总是随着时间动态变化（更新）的，既会有新产品需求的加入，也会有旧产品需求的删除。产品需求图谱更新的过程包括新产品需求的加入和旧产品需求的删除。在实际应用场景中，如果产品需求图谱没有更新机制，就会产生大量的过期产品需求，同时也无法涵盖不断涌现的新产品需求，从而影响产品需求图谱的实际应用效果。采用基于 k- 近邻和 ε- 半径组合的图谱更新方法来进行产品需求图谱的动态更新。

对于新增需求节点 v_i，用 $N(v_i)$ 表示 v_i 的邻域，则

$$N(v_i) = \begin{cases} \varepsilon - \text{radius}(v_i), |\varepsilon - \text{radius}(v_i)| > k \\ k - \text{NN}(v_i), \text{其他} \end{cases} \quad (4\text{-}7)$$

式中，$\varepsilon - \text{radius}(v_i)$ 返回结果为集合 $\{v_j, j \in V : D_{ij} \leqslant \varepsilon\}$，$k - \text{NN}(v_i)$ 返回结果为节点 v_i 的 k 个近邻的集合。$\varepsilon -$ 半径用于密集区域（$|\varepsilon - \text{radius}(v_i)| > k$），而 $k-$ 近邻用于稀疏区域。

4.4.2　内部驱动的需求图谱动态演化技术

1. 产品动态多域需求图谱节点合并演化

更新后的产品动态多域需求图谱中通常存在相似节点，需要将这些节点进行合并，采用 Word2Vec 模型将节点映射为向量，通过计算相似度来进行合并演化[33-36]。Dekang Lin 从信息论的角度给出了一个统一的、与应用领域无关的、非形式化的相似度概念的定义：

$$\text{Sim}(A,B) = f(I(\text{common}(A,B)), I(\text{description}(A,B))) \quad (4\text{-}8)$$

式中，$\text{common}(A,B)$ 表示 A 和 B 间的共性，$\text{description}(A,B)$ 是对 A 和 B 的描述，$I(d)$ 描述 d 包含的信息。在 A 和 B 是相同的情况下其相似度为 1；如果 A 和 B 之间没有共性，则它们的相似度为 0。总之，相似度一般满足下面 3 个条件：

① A 和 B 之间的相似度与它们的共性有关，如果它们之间的共性越大，则它们的相似度就越高；

② A 和 B 之间的相似度与它们的区别有关，如果它们之间的区别越大，则它们的相似度就越低；

③ 如果 A 和 B 是一致的，则它们的相似度达到最大值 1。

传统的文本相似度计算中，衡量两个词语的相似度只考虑了词语字面上的匹配，很少考虑词语的语义层面[37]。而文本语义相似度主要考虑文本语义特征，语义特征越相关，相似度越高；语义特征差别越大，相似度就越低[38]。其相似度与文本间词语的语义距离有很大关系，如词语间的语义距离越大，其相似度越低；词语间的语义距离越小，其相似度越高。这种对应关系满足以下几个条件：

① 两个词语语义距离为 0 时，其相似度为 1；

② 两个词语语义距离为无穷大时，其相似度为 0；

③ 两个词语的语义距离越大，其相似度越低。

语义相似度能更好地描述所表达的主题间的相似程度[39-44]。语义相似度越高，说明两个主题的意思越相近；语义相似度越低，说明两个主题语义相关的可能性越低。因此，在计算语义相似度时，不仅考虑词语的词形是否一致，还要考虑词语的语义含义：即使在词语的词形完全不同的情况下，词语间也可能存在某种语义关系，将语义关系提取出来，可以更好地计算文本的语义相似度。

常用的文档相似度度量方法有向量余弦法和空间距离法。

向量空间模型中，向量余弦法是最常用的向量化文档相似度的计算方法，假设两个文档为 $d_1 = [\omega_{1,1}, \omega_{1,2}, \cdots, \omega_{1,n}]$ 和 $d_2 = [\omega_{2,1}, \omega_{2,2}, \cdots, \omega_{2,n}]$，它们之间的内容相似度 $\mathrm{Sim}(d_1, d_2)$ 可以用向量之间夹角的余弦值表示，公式为

$$\mathrm{Sim}(d_1, d_2) = \cos\theta = \frac{\sum_{k=1}^{n} \omega_{1,k} \cdot \omega_{2,k}}{\sqrt{\sum_{k=1}^{n} (\omega_{1,k})^2} \cdot \sqrt{\sum_{k=1}^{n} (\omega_{2,k})^2}} \tag{4-9}$$

式中，θ 为两个文本向量 d_1、d_2 之间的夹角，$\omega_{1,k}$、$\omega_{2,k}$ 分别表示文本向量 d_1 和 d_2 第 k 个特征的属性值。

计算文档向量空间中两个空间点的相似程度也可以用两点之间的距离来衡量。最常用的为欧式距离，公式为

$$\mathrm{Sim}(d_1, d_2) = \sqrt{\sum_{k=1}^{m} (\omega_{1,k} - \omega_{2,k})^2} \tag{4-10}$$

利用相似度计算将实体节点进行关联映射，通过这种关联映射方法，即可将相似度较高的需求实体节点关联起来。

2. 基于社团分割算法的产品需求图谱聚类演化方法

（1）基于全局需求拓扑属性的社团定义

在产品需求图谱中，社团代表着特定需求的集合，一定程度上反映了真实需求的拓扑关系，这些社团结构常常与需求的类别、性质有很强的对应关系。揭示产品需求图谱中的社团结构，有助于人们更加有效地分析产品需求图谱的拓扑结构，理解产品需求图谱的功能，发现产品需求图谱的规律并预测复杂网络的变化。

社团模块度 Q 由 Newman 等提出。假设产品需求图谱已划分出社团结构，c_i 为节点所属的社团，则产品需求图谱中社团内部连边数所占比例可以表示为

$$\frac{\sum_{ij} A_{ij} \delta(c_i, c_j)}{\sum_{ij} A_{ij}} = \frac{1}{2m} \sum_{ij} A_{ij} \delta(c_i, c_j) \tag{4-11}$$

式中，A_{ij} 为图谱邻接矩阵中的元素，如果节点 i 和节点 j 有边相连，则 $A_{ij} = 1$，否则等于 0；如果节点 i 和节点 j 属于同一社团，则 $\delta(c_i, c_j) = 1$，否则等于 0；$m = \frac{1}{2}\sum_{ij} A_{ij}$，为图谱中边的数目。由于两个需求节点属于同一个社团才对模块度的值有贡献，即 Q 只与每个社团内部的需求节点有关，因此，可以将模块度定义改写为

$$Q = \sum_{C=1}^{n_C} \left[\frac{l_C}{m} - \left(\frac{d_C}{2m} \right)^2 \right] \tag{4-12}$$

式中，n_C 是产品需求图谱中的社团数量，l_C 是社团 C 中的边数之和，d_C 为社团 C 中所有需求节点边权重之和。等号右边的第一项是社团中的边数与整个产品需求图谱的边数

之比，第二项是假设图的每个节点期望度与原图相同随机图的边数之比。由此可以看出，当所有节点都属于同一个社团或者所有节点都属于不同社团时，网络的模块度最差，此时 $Q=0$。Q 越接近 1，模块度越好，即认为社团发现结果越好。

（2）基于蚁群算法的社团分割

基于全局需求拓扑属性对社团进行定义，并通过蚁群优化算法来寻找产品需求图谱中的准派系，将准派系作为节点进行社团划分。其中，产品需求图谱中完全连接的子图谱称作派系，几乎完全连接的子图称为准派系。使用改进版的基于最大派系搜索蚁群优化算法寻找产品需求图谱中所有可能的准派系。完成这些步骤后，重叠派系就更正了。产生的这些派系可以认作变化的节点（称为派系 – 节点），用于将原始产品需求图谱转化为更小的子图谱。

蚁群优化算法的迭代包含方案的建立阶段和信息素的更新阶段。每次迭代中，每只蚂蚁建立一个完整的方案。蚂蚁从一个随机节点开始，每一步通过访问它的邻居节点在图形上移动，如蚂蚁 k 以概率 q_0 访问它的邻居。否则，下一个访问节点需要通过随机局部决定策略决定，即基于当前的信息素水平 τ_{ij} 和当前节点与邻居节点的启发式信息 η_{ij}，以一定概率 p_{ij}^k 来确定：

$$p_{ij}^k = \frac{[\tau_{ij}]^\alpha [\eta_{ij}]^\beta}{\sum_{l \in N_i^k} [\tau_{il}]^\alpha [\eta_{il}]^\beta}, j \in N_i^k \qquad (4\text{-}13)$$

当所有蚂蚁建立一个方案后，信息素路径被修复。首先，所有边上的信息素值以一个常数因子蒸发。其次，在方案的建立期间，蚂蚁访问过的边上的信息素值增加。信息素的蒸发与更新如下：

$$\tau_{ij} \leftarrow (1-\rho)\tau_{ij} \qquad (4\text{-}14)$$

$$\tau_{ij} \leftarrow \tau_{ij} + \sum_{k=1}^{m} \Delta\tau_{ij}^k \qquad (4\text{-}15)$$

式中，$0 \leqslant \rho \leqslant 1$，$\Delta\tau_{ij}^k$ 是蚂蚁 k 存放的信息素量。

基于它们到目前为止发现的派系，采用评分系统评价蚂蚁实现的点数，如下所示，一个蚂蚁收集的点数和等于发现的派系中节点数的平方和：

$$\text{points}(\text{ant}_k) = \sum_i [\text{vertices}(C_i)]^2, i=1, 2, \cdots, \text{nbCliques} \qquad (4\text{-}16)$$

信息素的更新公式如下所示，表达了信息素在目前最好的蚂蚁发现的派系边上的分布情况，基于蚂蚁实现的点数和节点的派系数，表示如下：

$$\Delta\tau(\text{ant}_k) = 1 - [\text{points}(\text{ant}_k)]^{-1} \qquad (4\text{-}17)$$

$$\tau_{ij} \leftarrow \tau_{ij} + \left[\Delta\tau(\text{ant}_k) \cdot \frac{\text{vertices}(C_l)}{\max\_\text{vertices}(\text{ant}_k)} \right], l=1, 2, \cdots, \text{nbCliques} \qquad (4\text{-}18)$$

信息素的初始化依赖主算法迭代开始前"受欢迎邻居"的旅行访问。"受欢迎邻居"是相关节点的连接节点列表，按照度的降序排列。信息素受限于 $\tau_{\min}$ 和 $\tau_{\max}$，所有边上

的信息素水平设置为 $\tau_{\max}$，即

$$\tau_{\max} = \rho \cdot \mathrm{pn\_tour}() \tag{4-19}$$

$$\tau_{\min} = \tau_{\max} \cdot (2n)^{-1} \tag{4-20}$$

式中，函数 pn_tour() 提供的总分数值，是通过侦查蚂蚁在访问计算初始化信息素水平时得到的；ρ 是蒸发率。

对于简化的图谱，基于不同派系节点之间的边和相同派系节点之间的边，新边将在派系节点之间形成。用于计算派系节点之间边权重的公式为

$$e_{kl} = \frac{\sum\limits_{i\in C_k}\sum\limits_{j\in C_l} a_{ij}}{\min\left(\sum\limits_{m\in C_k}\sum\limits_{n\in C_k} b_{mn}, \sum\limits_{p\in C_l}\sum\limits_{r\in C_l} b_{pr}\right)} \tag{4-21}$$

式中，a_{ij} 是派系节点之间边的相关值，b_{mn} 和 b_{pr} 是派系节点内部边的相关值。用两个派系节点之间边的权重和除以每个派系节点之间边的权重和的最小值，得到的结果表示两个派系节点之间新边 e_{kl} 的权重值，权重值越高意味着两个派系节点越可能在同一个社团中。

通过基于蚁群算法的需求图谱聚类演化，可以将需求图谱划分为若干个子图谱，代表不同的产品需求。

4.4.3　产品动态多域需求图谱优化技术

将需求文本转换为产品需求图谱后，经不同需求文本转换得到的产品需求图谱虽然存放在统一的物理位置，但相互之间并未存在连接关系，而在具体领域内或企业中，得到的产品需求图谱间具有很强的相关性。为了增强产品需求图谱的需求发现能力，打通不同需求文本转化得到实体间的"信息孤岛"，需要对得到的产品需求图谱进行优化。产品需求图谱优化将不同产品需求图谱中表示同一实体的实体节点和实体关系进行合并，形成一个统一的产品需求图谱。

1. 基于关系集合的实体对齐

实体对齐（entity alignment）通过计算不同信息来源中实体间的相似度，来确定其是否指向客观物理世界中的同一对象，若满足阈值，则说明这些实体表示为同一对象，即可将实体进行对齐，同时对实体包含的信息进行融合和聚集，其数学定义如下：

$$\mathrm{Align_{entity}}(G_i,G_j) = \{(e_1,e_2,\mathrm{Sim}) \mid \forall e_1 \in G_i \wedge \forall e_2 \in G_i, G_i,G_j \in G_{\mathrm{set}} \wedge i \neq j, \mathrm{Sim} \in [0,1]\} \tag{4-22}$$

式（4-22）即为实体对齐的逻辑表达，将产品需求图谱集合（Gset）中两个子图谱 G_i 与 G_j 进行对比，如果 G_i 中任一实体 e_1 和 G_j 中任一实体 e_2 具有满足阈值的相似度（Sim），那么它们将被视为同一实体，进行合并。

不同类型的产品需求图谱的实体对齐方式也不同，主要分为两类：实体节点相似度计算及考虑结构的相似度计算。

（1）实体节点相似度计算

实体节点相似度计算包括实体字符相似度及实体语义相似度计算，两种类型的相似度整体计算方式如式（4-23）所示。

$$\text{Sim}(e_1, e_2) = \begin{cases} \text{Sim}_{\text{st}}(e_1, e_2), & \text{Sim}_{\text{st}} > \alpha \\ \text{Sim}_{\text{se}}(e_1, e_2), & \text{其他} \end{cases} \qquad (4\text{-}23)$$

式中，$\text{Sim}_{\text{st}}(e_1, e_2)$ 为实体字符相似度，$\text{Sim}_{\text{se}}(e_1, e_2)$ 为实体语义相似度。相似度计算时首先计算实体间字符相似度，若字符相似度满足条件（高于阈值，$\alpha = 0.9$），则两个实体为同一产品需求图谱，即可进行对齐；否则需要再次通过计算语义相似度进行判断。

实体字符相似度采用基于编辑距离（edit-distance）的字符串相似度计算方法，编辑距离相似度计算公式如下：

$$\text{Ed}_{(s_1, s_2)} = \frac{|\{\text{op}_1\}|}{\max(\text{len}(s_1), \text{len}(s_2))} \qquad (4\text{-}24)$$

$$\text{Sim}_{\text{st}}(s_1, s_2) = \frac{1}{1 + \text{Ed}(s_1 + s_2)} \qquad (4\text{-}25)$$

式中，$\{\text{op}_1\}$ 为将字符串 s_1 修改为 s_2 所需增、删、改字符的最少步数，$\text{len}(s_1)$ 为 s_1 的字符数。而语义相似度则需要考虑近义词、同义词等词语关系，可以通过构建领域本体的形式来完成，由于实体对齐时所需阈值较高（取 $\alpha = 0.9$），故只考虑本体中的同义词关系。

（2）考虑结构的相似度计算

考虑结构的相似度计算方法是在元素相似度的基础上，考虑与该实体相连接的特定相邻元素，即在产品需求图谱中，节点的相似度需要考虑相邻节点的相似度，一些实体的对齐必须考虑其相邻节点。相对于互联网环境下的表示知识的数据规模，产品需求图谱中实体对齐准确度要求较高，因此此处将两者分别进行计算，节点相似度满足定义的阈值，且邻居相似度值为 1 才满足对齐条件。

为计算结构相似度，将实体节点与特定的连接关系转化为关系集，计算其相似度，具体步骤如下（以功能模型为例）。

步骤 1：设两个中心实体节点（如 Activity）为 a_i 与 a_j，经节点类型与元素相似度计算满足阈值后，得到其对应关系类型的参数实体集（parameter）（实体数量必须一致）——$P_{a_i} = \{p_{i_1}, p_{i_2}, \cdots, p_{i_n}\}$ 与 $P_{a_j} = \{p_{j_1}, p_{j_2}, \cdots, p_{j_n}\}$，以及第二层类型实体集（block）——$B_{a_i} = \{b_{i_1}, b_{i_2}, \cdots, b_{i_n}\}$ 与 $B_{a_j} = \{b_{j_1}, b_{j_2}, \cdots, b_{j_n}\}$。对于参数实体，一般不考虑其名称，而关心方向，故根据其方向将对应值分别设为 in、out 或 inout，由此得到该集合；对于类型实体，其为定义的标准模型，故只需要计算其名称相似度，如式（4-26）所示。

$$\text{Sim}_{a_i}(s_1, s_2) = \begin{cases} 1, & \text{Sim}_{\text{st}}(s_1, s_2) = 1 \\ 0, & \text{Sim}_{\text{st}}(s_1, s_2) < 1 \end{cases} \qquad (4\text{-}26)$$

步骤 2：对参数实体集 P_{a_i} 与 P_{a_j} 进行笛卡儿乘积 $P_{a_i} \times P_{a_j}$，得到配对集合：

$$P_a(P_{a_i}, P_{a_j}) = \left\{ \langle P_{i_1}, P_{j_1} \rangle \langle P_{i_2}, P_{j_2} \rangle \cdots \langle P_{i_n}, P_{j_n} \rangle \right\} \qquad (4\text{-}27)$$

同理，对类型实体集 B_{a_i} 与 B_{a_j} 进行笛卡儿乘积 $B_{a_i} \times B_{a_j}$，得到配对集合：

$$B_a(B_{a_i}, B_{a_j}) = \left\{ \langle b_{i_1}, b_{j_1} \rangle, \langle b_{i_2}, b_{j_2} \rangle, \cdots, \langle b_{i_n}, b_{j_n} \rangle \right\} \qquad (4\text{-}28)$$

步骤 3：应用步骤 1 中定义的相似度计算方法对每对配对集合进行相似度计算，如式（4-29）所示。

$$\text{Sim}_{st} = \frac{\sum_{m=1}^{n}\sum_{m=1}^{n}\text{Sim}_{a_i}(p_{i_m}, p_{j_m}) + \sum_{m=1}^{n}\sum_{m=1}^{n}\text{Sim}_{a_i}(b_{i_m}, b_{j_m})}{2n} \qquad (4\text{-}29)$$

当且仅当 $\text{Sim}_{st} = 1$，即两个相似度都为 1 时，认为该实体节点为同一指向，完成实体对齐。

2. 基于 Bi-LSTM-CRF 模型的命名实体识别

基于统计模型的方法较依赖人工定义的特征模板，并且在自然语言处理领域中，深度学习方法已得到了广泛的应用，尤其在实体识别技术上取得了比较好的效果，因此本节采用基于 Bi-LSTM-CRF 模型的方法来实现命名实体识别。

（1）Bi-LSTM 模型

双向长短期记忆网络（Bi-directional Long-Short Term Memory，Bi-LSTM）是 LSTM 的一种增强模型，LSTM 无法从后到前推测信息，而 Bi-LSTM 可以双向学习到前后序列之间的依赖关系，因此通过该模型可以更准确地获得实际信息。

在 Bi-LSTM 模型正向传播算法中，X_t 为 t 时刻的输入词，h_t 为隐藏层状态，C_t 为细胞状态，$\tilde{C}_t$ 为临时细胞状态，f_t 为遗忘门，i_t 为输入门，o_t 为输出门。LSTM 模型的原理是在信息传递的过程中，对细胞状态中的信息进行遗忘和记忆，将无用的信息丢弃，遗忘过程由上个时刻的隐藏层状态 h_{t-1} 和遗忘门 f_t 控制，通过激活函数，得到遗忘门的输出 f_t，其中 f_t 表示遗忘前一个隐藏细胞状态的概率，其数学表达式为

$$f_t = \sigma(W_f h_{t-1} + U_f x_t + b_f) \qquad (4\text{-}30)$$

输入过程由 h_{t-1} 和输入门 i_t 控制，首先使用 sigmoid 激活函数，输出结果为 i_t；再使用 tanh 激活函数，输出为 a_t。二者相乘即可更新细胞状态 C_t，数学表达式为

$$i_t = \sigma(W_i h_{t-1} + U_i x_t + b_i) \qquad (4\text{-}31)$$

$$a_t = \tanh(W_a h_{t-1} + U_a x_t + b_a) \qquad (4\text{-}32)$$

$$C_t = C_{t-1} \odot f_t + i_t \odot a_t \qquad (4\text{-}33)$$

式中，W_i、U_i、b_i、W_a、U_a、b_a 为线性系数和偏奇。

输出过程由 h_{t-1} 和输出门 o_t 控制，数学表达式为

$$o_t = \sigma(W_o h_{t-1} + U_o x_t + b_o) \qquad (4\text{-}34)$$

$$h_t = o_t \odot \tanh(C_t) \qquad (4\text{-}35)$$

$$y_t = \sigma(V h_t + c) \qquad (4\text{-}36)$$

反向传播算法与上述 LSTM 前向传播算法思路一致。

（2）CRF 模型

条件随机场（Conditional Random Field，CRF）是一种判别式概率图模型，作为序列化标注的算法，其算法简单概括为输入一个输入序列 $X=(x_1, x_2, \cdots, x_n)$，输出一个目标序列 $Y=(y_1, y_2, \cdots, y_n)$，可以标记出序列发生的概率大小，同时 CRF 可以利用上下文特征信息对某一位置进行较为理想的标注。图 4-19 所示为线性链条件随机场模型，图 4-20 所示为有相同图结构的线性链条件随机场模型。

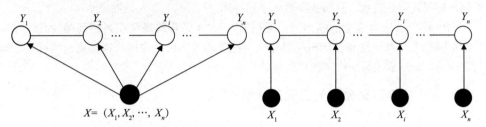

图 4-19　线性链条件随机场模型　图 4-20　有相同图结构的线性链条件随机场模型

（3）Bi-LSTM-CRF 模型

将 Bi-LSTM 与 CRF 结合，通过 Bi-LSTM 获取观测序列特征，再应用 CRF 对该序列标记建模，学习已标记的序列特征，识别出文本中的命名实体，为后续构建复杂知识网络提供数据基础。Bi-LSTM-CRF 模型如图 4-21 所示。

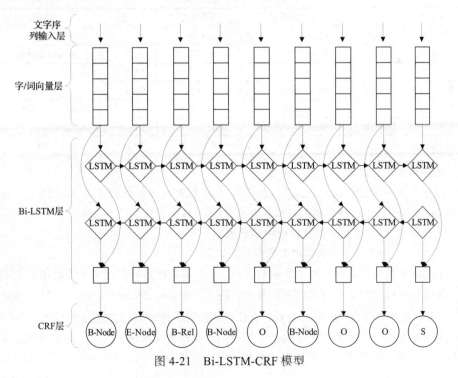

图 4-21　Bi-LSTM-CRF 模型

文字序列输入层。此层为 Bi-LSTM-CRF 模型的输入层，在该层中输入需要识别的文字序列。

字/词向量层。此层为该模型的 embedding 层，分为字向量嵌入层和词向量嵌入层，将分词好的文字序列中的每个字或词语的 one-hot 编码形成一个固定长度的词向量，维度设置为100 维。一字或词语序列的表示应为其词向量和上下文向量（低维连续空间的向量）的结合。

Bi-LSTM 层。该层由两个长短期记忆网络构成，一个为前向 LSTM，另一个为后向LSTM，通过 3 个门结构控制，可以双向学习到前后序列之间的依赖关系，较为准确地识别出序列的前后信息，从而获取观测序列特征。

CRF 层。该层为模型的输出层，通过 Bi-LSTM 层获取观测序列的高维特征，在这些特征基础上增加一层条件随机场模型作为模型的解码层，这样可以提高预测标签之间的合理性，最后输出每一个字或词对应的标签。

3. 基于依存语义模型的三元组抽取

（1）依存句法分析

依存句法分析是在实体识别结果的基础上，通过分析文本中词语之间的相互依存关系来揭示其语法结构，在句子中以核心动词来支配其他成分，可以识别文本中的"主谓宾""定状补"等语法成分，本质上是在实体识别的基础上用来获得词与词之间的关系，为三元组抽取提供依据。常用的依存关系类别见表 4-5。

表 4-5　依存关系类别

关系类型	标签	描述	关系类型	标签	描述
主谓关系	SBV	subject-verb	间宾关系	IOB	indirect-object
核心关系	HED	head	介宾关系	POB	preposition-object
定中关系	ATT	attribute	状中关系	ADV	adverbial
动宾关系	VOB	verb-object	动补关系	CMP	complement
并列关系	COO	coordinate	独立关系	IS	Independent-structure
前置宾语	FOB	fronting-object	兼语	DBL	double
左附加关系	LAD	left-adjunct	右附加关系	RAD	right-adjunct

依存句法定义如下。

给定一个集合 $R = \{r_1, r_2, \cdots, r_R\}$ ，其中每个元素表示一种依存关系（如 SBV、ATT、VOB 等），每个句子的依存树是一棵有向树 $G = (V, A)$ ，并满足以下条件：

① $V = \{0, 1, \cdots, n\}$ ， V 是依存树中顶点的集合；

② $A \in V \times R \times V$ ， A 是依存树中依存弧的集合。

其中， V 是顶点集合，用非负整数表示， V 中每个顶点依次与句子中的单词 w_i 相对应（其中 root 标号为 0）。 A 为依存弧集合，用三元组（ w_i , r , w_j ）表示， w_i 与 w_j 表示顶点， r 表示这两个顶点间的依存关系。在依存句法的结构中词与词之间会产生依存关系，构成多个依存对，每个依存对中有一个核心词，也称为支配词，另一个为修饰词，也称为从属词。依存关系用一个带有方向的圆弧表示，称为依存弧，在本书中规定依存弧的方向由支配词指向从属词。

（2）三元组抽取

由依存句法分析图可知，该文本已经建立好了实体与关系，在此基础上根据依存关系抽取文本中的三元组，应用依存语义范式（Dependency Semantic Normal Form，DSNF）的无监督模型，在该模型中实体和关系之间的距离是没有限制的，可以根据文本情况制定遍历范围，提取介词和名词的关系，同时处理处于平行状态的从句。

修饰关系（MOD）：在修饰关系中，实体作为主词，修饰语作为定语，其中修饰语包括名词、含"的"短语以及数字等。在主语和定语之间的依存关系通常是 ATT 或 RAD。同时，一个主语可以存在多个定语，这时需要考虑定语的遍历范围。

动词关系（VERB）：动词一般可以直接作为三元组中的关系词，由 SBV、VOB 的指向关系可以抽取出三元组。

并列关系（COO）：宾语和并列动作通常作为并列关系，同时顿号、逗号或者连词也是并列关系的一种体现。

由于该模型抽取三元组主要依靠依存关系分析，因此需要制定一些限制规则，具体如下：

① 在对文本处理时，文本需要依据标点符号进行细分，如分号、句号、问号和叹号等。在代码中设置句子长度阈值，若句子长度超过阈值，则需要根据逗号进一步细分；

② 抽取的三元组中的实体对之间的最大实体数量不应超过 10；

③ 若实体词前面是修饰词，则抽取出来的实体为二者合并。

4.5　非完备用户需求精确识别

非完备用户需求精确识别主要包含 3 项技术：模糊用户需求精确表征技术、用户需求反求与补偿技术以及潜在用户需求智能挖掘技术。

4.5.1　模糊用户需求精确表征技术

需求术语集用于表达需求的评估信息，如"性能低""性能高"等。然而，用户描述的需求是不精确的细节，如"有一点低"或"非常高"。本节使用双层需求术语集：第一层需求术语集描述用户简单而基本的需求，第二层需求术语集对每个需求术语进行详细补充。

设 $S = \{s_\alpha \mid \alpha = -\varepsilon, \cdots, -1, 0, 1, \cdots, \varepsilon\}$ 为第一层需求术语集，$O = \{o_\beta \mid \beta = -\delta, \cdots, -1, 0, 1, \cdots, \delta\}$ 为第二层需求术语集，且两者完全独立，则双层需求术语集定义为

$$S_O = \{s_{\alpha(o_\beta)} \mid \alpha = -\varepsilon, \cdots, -1, 0, 1, \cdots, \varepsilon; \beta = -\delta, \cdots, -1, 0, 1, \cdots, \delta\} \tag{4-37}$$

式中，$s_{\alpha(o_\beta)}$ 为双层需求术语，s_a 和 o_β 分别为第一层和第二层需求术语。

设 S_O 为双层需求术语集，Z 为给定的集合，则双层犹豫模糊需求术语集是从 Z 到 S_O 的一个子集的映射函数，其数学表达式为

$$H_{S_O} = \left\{ \langle z_i, h_{S_O}(z_i) \rangle \mid z_i \in Z \right\} \tag{4-38}$$

式中，$h_{S_O}(z_i)$ 表示需求变量 z_i 到 S_O 的可能程度，满足：

$$h_{S_O}(z_i) = \{S_{\mu_m\langle o_{v_m}\rangle}(z_m) \mid S_{\mu_m\langle o_{v_m}\rangle} \in S_O\} \tag{4-39}$$

式中，$m = 1, 2, \cdots, M$，$\mu_m = -\varepsilon, \cdots, -1, 0, 1, \cdots, \varepsilon$，$v_m = -\delta, \cdots, -1, 0, 1, \cdots, \delta$，$S_{\mu_m\langle o_{v_m}\rangle}(z_m)$ 为 S_O 里的连续术语且 M 为双层需求术语的个数，$h_{S_O}(z_i)$ 为双层犹豫模糊需求元素。

利用 DHHFLOWLAD 算子，通过构建推荐算法来解决模糊需求精确辨识问题。假设有 m 个需求精准补充值 $T = \{t_1, t_2, \cdots, t_m\}$ 和 n 个需求指标 $B = \{B_1, B_2, \cdots, B_n\}$。模糊需求辨识包括以下步骤。

步骤 1：将用户的需求描述进行集成，用矩阵 $F = (f_{ij})_{m \times n}$ 来描述用户的模糊需求，其中 f_{ij} 为在可选需求补充值 t_m 下对需求指标的符合程度。

步骤 2：根据用户的需求描述，转换双层犹豫模糊需求术语集矩阵中的信息 $P = (p_{ij})_{m \times n}$，并计算双层犹豫模糊需求元素之间的距离 $d_{\text{DHHFL}}(f_{ij}, p_{ij})$，即

$$d_{\text{DHHFL}}(f_{ij}, p_{ij}) = \left(\frac{1}{M} \sum_{m=1}^{M} \left(\mid F'(s_{\mu(o_{v_m})}^f) - F'(s_{\mu(o_{v_m})}^p) \mid \right)^2 \right)^{\frac{1}{2}} \tag{4-40}$$

步骤 3：计算候选需求补充值之间的距离，并采用 DHHFLOWLAD 测度用户模糊需求描述矩阵 P，即

$$\text{DHHFLOWLAD}(t_i, P) = \exp\left\{ \sum_{i=1}^{n} w_i \ln(d_{\text{DHHFL}}(f_{\sigma(ij)}, p_{\sigma(j)})) \right\} \tag{4-41}$$

式中，w_i 为距离 $d_{\text{DHHFL}}(f_{\sigma(ij)}, p_{\sigma(j)})$ 的权重，该权重采用层次分析法来获得。

步骤 4：确定候选需求精准补充值的排序。

为了确定需求指标 $B = \{B_1, B_2, \cdots, B_n\}$ 对应的权重向量，从上到下逐层采用 $1 \sim 9$ 标度法，通过经验分析，确定因素间两两比较相对重要性的比值，并写成矩阵形式。通过计算矩阵的标准化特征向量并进行一致性检验，即可得到比较令人信服的某一层因素相对于上一层因素的相对重要性权值，即层次单排序权值。在此基础上，再与上一层因素本身的权值进行加权综合，即可计算出该层因素相对于上一层整个层次的相对重要性权值，即层次总排序权值。这样，依次由上至下，即可逐层计算出最低层因素，即具体评价指标相对于最高层目标的相对重要性权值，见表 4-6。

表 4-6 相对重要度标度及含义

标度	含义
1	表示两个因素相比，具有相同重要度
3	表示两个因素相比，前者比后者稍微重要
5	表示两个因素相比，前者比后者明显重要
7	表示两个因素相比，前者比后者强烈重要
9	表示两个因素相比，前者比后者极端重要
2、4、6、8	表示上述相邻判断的中间值
倒数	若因素 i 与因素 j 的重要度之比为 a_{ij}，则因素 j 与因素 i 重要度之比为 $a_{ji} = 1/a_{ij}$

通过专家评议，确定 B_i 指标对于 B_j 指标的相对重要性的比值 b_{ij} 后，就能构成一个两两相比较的判断矩阵，如下：

$$\begin{pmatrix} b_{11} & b_{12} & \cdots & b_{1r} \\ b_{21} & b_{22} & \cdots & b_{2r} \\ \cdots & \cdots & \ddots & \cdots \\ b_{r1} & b_{r2} & \cdots & b_{rr} \end{pmatrix}$$

有了综合判断矩阵后，就可以利用方根法计算其最大特征值 $\lambda_{\max}$ 及相应的标准化特征向量 $\boldsymbol{W}$，其中：

$$\boldsymbol{W} = (b_1, b_2, \cdots, b_r)^{\mathrm{T}} \tag{4-42}$$

方根法的计算步骤如下。

步骤 1：计算判断矩阵中每一行元素的连乘积，即

$$M_i = \prod_{j=1}^{r} b_{ij}, i, j = 1, 2, \cdots, r \tag{4-43}$$

步骤 2：计算 M_i 的 r 次方根，即

$$W_i' = (M_i)^{\frac{1}{r}} \tag{4-44}$$

步骤 3：对向量 $\boldsymbol{W}' = [W_1', W_2', \cdots, W_r']^{\mathrm{T}}$ 正规化，即

$$W_i = \frac{w_i'}{\sum_{i=1}^{r} w_i'} \tag{4-45}$$

则 $\boldsymbol{W} = [W_1, W_2, \cdots, W_r]^{\mathrm{T}}$ 即为所求的特征向量。

步骤 4：计算矩阵的最大特征值，即

$$\lambda_{\max} = \sum_{i=1}^{r} \frac{(\boldsymbol{AW})_i}{rW_i}_{\max} \tag{4-46}$$

式中，$(\boldsymbol{AW})_i$ 表示向量 $\boldsymbol{AW}$ 的第 i 个元素。

矩阵的特征向量也就是与用户需求关联的各个指标相对于用户需求的相对重要性的单权重。

由于专家构造的比较矩阵可能会存在一定的误差，因此专家构造的 r 阶比较判断矩阵的最大特征值 $\lambda_{\max}$ 不一定等于 r。为了限制这种误差，取 $\lambda_{\max}$ 与 r 的相对误差作为比较矩阵的一致性指标，记为

$$\mathrm{CI} = \frac{\lambda_{\max}}{r-1} \tag{4-47}$$

再考虑到专家对问题认识的不同而引起的误差，对上述一致性指标 CI 乘以系数 $\frac{1}{\mathrm{RI}}$。其中，RI 为对于不同阶的比较矩阵的随机一致性指标，见表 4-7。

表 4-7 不同阶的比较矩阵的随机一致性指标

阶数	1	2	3	4	5	6	7	8	9	10
RI	0.00	0.00	0.58	0.90	1.12	1.24	1.32	1.41	1.45	1.49

当判断矩阵满足 $CR = \dfrac{CI}{RI} < 0.1$ 时，认为比较矩阵具有满意的一致性，计算出来的特征向量是可以认可的；否则，说明专家构造的比较矩阵误差较大，超过可以允许的范围，需要调整。

4.5.2 用户需求反求与补偿技术

用户需求反求与补偿技术通常需要多个众包用户需求领域本体来提供先验知识，利用倒排索引的高效搜索特点，对众包用户需求领域本体的索引进行建模。相应地，参照众包用户需求领域本体索引结构[45-49]，对众包用户需求文本进行解析，构建查询结构模型。最终，通过查询结构与索引结构的匹配获得众包用户需求领域本体搜索结果，并进行相似度排序，实现对众包用户需求的反求与补偿[50-54]。

1. 需求资源倒排索引建模

倒排索引技术是指以倒排表为组织结构创建索引文件的技术。倒排表的索引信息保存的是字或词条在文本内的位置，这种数据结构很好地解决了词条集合（Terms）与文本集合（Docs）之间的映射关系。映射关系描述如下：

文本集合 Docs=$\{Doc_1, Doc_2, Doc_3, \cdots, Doc_N\}$

词条集合 Terms=$\{Term_1, Term_2, Term_3, \cdots, Term_N\}$

词条集合与文本集合的映射关系如图 4-22 所示。

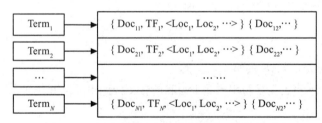

图 4-22 词条集合与文本集合的映射关系

图中左侧为词典中的某个关键词 $Term_i$，右侧为该关键词的倒排表内容，其中 TF_i 为关键词 $Term_i$ 出现在文本的次数，Doc_{ij} 为文本编号，该词在文本内出现的位置序列为 $\langle Loc_1, Loc_2, \cdots \rangle$。在建立索引时，通过中文分词得到 $Term_1$、$Term_2$ 等字或词条，并将其所在文本、位置信息和出现频率等信息封装进倒排表中。在检索时，将查询关键词与 $Term_1$、$Term_2$ 等词条进行匹配，匹配成功获取在倒排表中的文本信息，返回查询结果。

2. 用户需求领域本体预处理

领域本体作为一种静态的知识组织模型，表达了领域概念、属性、实例之间的逻辑关系。领域本体主要以文本或数据库的形式进行表达，描述领域本体的语言目前包括 owl、RDF、RDFs、XML 等。采用三元组（subject，predicate，object）的处理来实现所有模型（model）、资源（resource）、类（class）、属性（property）、实例（individual）等的操作。

领域本体中最核心的要素包括领域概念、属性和关系。其中，关系又分为分类关系和约束关系，分类关系是指领域概念之间的层次关系，即父子 / 兄弟关系；约束关系则通过属性表达某两个领域概念之间存在的特殊关系。领域本体的预处理便是采用 ont/Model API 从 owl 本体文件中获取上述要素。通过 ModelFactory 加载本体模型并临时存储，然后对领域概念、属性和关系进行获取，获取过程所采用的 API 见表 4-8。

表 4-8　获取过程所采用的 API

领域本体要素		ont/Model API
领域概念		OntClass
属性		OntProperty
关系	分类关系	OntClass
	约束关系	Restriction

3. 用户需求领域本体倒排索引结构生成

领域本体倒排索引结构是以领域术语为映射项，以领域本体节点的相关信息为索引项的一种映射表结构。其中，领域本体节点是指领域本体中概念、属性、实例的统称。领域术语是指领域本体节点的名称。由领域术语作为映射项构建的倒排索引结构，能够减小领域本体的搜索范围。倒排索引结构的生成发生在领域本体搜索之前，避免了搜索过程中对领域本体节点进行遍历，大大提高了领域本体搜索的效率。

索引结构由若干索引项构成，每个索引项都表达了领域本体的相关信息。通过对领域本体结构的综合分析，归纳总结了本体标识（URI）、本体节点类型（entity type）、本体节点深度（entity depth）、本体节点语义（entity sematics）和本体节点关系数量（entity RN）等 5 个关键索引项。

综上所述，领域本体的倒排索引结构如图 4-23 所示。

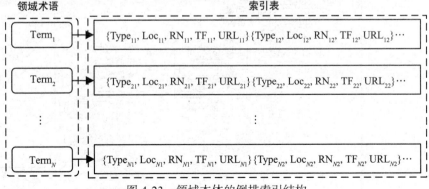

图 4-23　领域本体的倒排索引结构

确定领域本体倒排索引结构后，采用 Jena 中 ont/Model API 对领域本体进行预处理，获得本体标识、本体节点类型等关键信息，逐步完成领域本体倒排索引结构的生成，如图 4-24 所示。

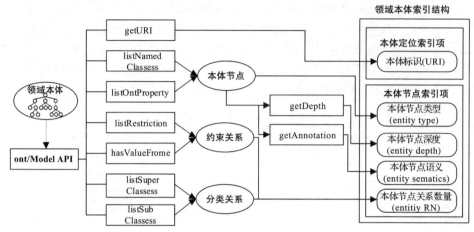

图 4-24　领域本体倒排索引结构的生成

4. 用户需求解析

获得需求描述文本后，首先需要对其进行中文分词，由于众包用户需求领域术语普遍存在衍生性的特点，采用正向最细分词算法对其分词，其工作原理如图 4-25 所示。正向最细分词算法在正向最大匹配算法的基础上提出，正向最大匹配算法是一种较为通用的中文分词算法，应用于许多搜索引擎中，然而该算法存在以下问题：只能获得与最大分词结果相匹配的词汇，却屏蔽了最大分词结果中的子集。

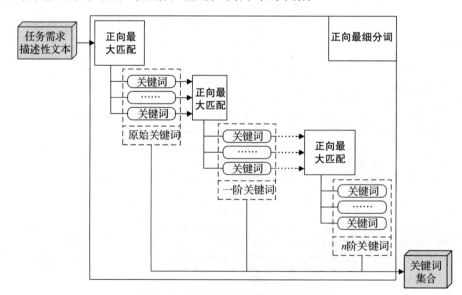

图 4-25　正向最细分词算法工作原理

　　输入需求描述性文本后，采用正向最大匹配算法进行中文分词，获得关键词集合，称为原始关键词。随后对每个原始关键词再次进行正向最大匹配，获得的关键词集合，称为一阶关键词；同理，将一阶关键词进行正向最大匹配，获得二阶关键词；通过迭代，直至获得的 n 阶关键词无法被切分，算法结束。最后，将所有的关键词集成合并形成众包用户需求对应的关键词集合。

　　该方法除了能够有效解决复杂产品领域术语衍生性词条的获取，还能够获得关键词的阶数，由词汇衍生原理可知，关键词的阶数越高，越能体现其一般性，反之则越具体。不同阶数关键词的普适性不同，在搜索过程中对其搜索的方式也不同，相应地，对搜索条件构建的查询结构也不同。

5. 查询结构生成

　　通过正向最细分词算法获得用户需求对应的关键词集合后，需要构建用户需求对应的查询结构，搜索是对索引文件的分析查询最终返回查询结果的过程，由于索引结构中具有不同类型的索引项，因此对其查询的方式也不同。例如，词查询是指关键词精确匹配的查询方式，前缀查询是指搜索包含某个前缀的关键词的查询方式，布尔查询是指对查询结果进行布尔运算的查询方式，模糊查询是指内容匹配相似度的查询方式等。

　　在用户需求领域本体搜索中，对查询方式的选择根据本体搜索的需求，为满足需求而采用合适的查询方式。然而，通常情况下，单一的查询方式无法完全满足搜索需求，因此采用多个查询方式，以一定的逻辑结构进行查询更为适用。如图 4-26 所示，将关键词集合作为输入，关键词集合中包含原始关键词和衍生关键词。对于原始关键词，由于其直接与任务需求相关，因此对应地创建词查询条件，精确匹配；对于衍生关键词，由于其间接与任务需求相关，因此对应地创建前缀查询条件，查询包含衍生关键词的领域概念。

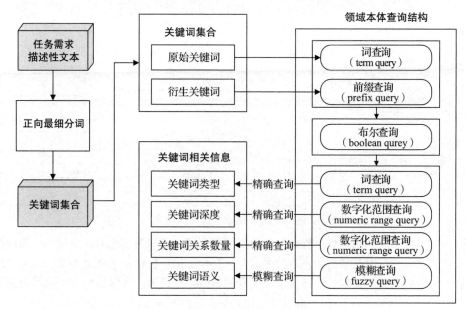

图 4-26　领域本体查询结构

采用布尔查询对关键词集合中每个关键词的查询条件进行计算，获得查询结果，通过查询结构中的词查询、数字化范围查询、模糊查询等方式，获得关键词的相关信息，即关键词类型、关键词深度、关键词关系数量和关键词语义。

6. 众包用户需求领域本体资源搜索

众包用户需求领域本体资源搜索以众包用户提出的任务需求为输入，在领域本体资源中搜索与其相关的领域本体，作为用户需求的反求与补充。搜索的本质是匹配与排序，即先匹配相关的众包用户需求领域本体，再计算众包用户需求领域本体的相关度进行排序，最终通过阈值条件确定最相关的众包用户需求领域本体资源。众包用户需求领域本体资源搜索方法借鉴搜索引擎中文档的搜索方法，其总体流程如图 4-27 所示。

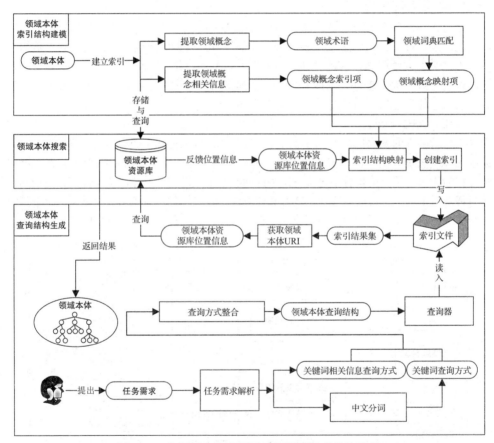

图 4-27　众包用户需求领域本体资源搜索总体流程

领域本体索引结构建模过程是对领域概念及领域概念相关信息的映射过程，领域概念指领域术语，在索引结构中表示为映射项，其相关信息包括领域概念类型、领域概念深度、领域概念关系数量、领域概念语义及领域概念标识等，在索引结构中表示为索引项。映射项的形成借助领域词典，包含在领域词典中的术语被认定为领域术语，添加至映射项中，否则不添加。领域本体索引结构建模发生在搜索之前，定期对众包用户需求领域本体资源库中的领域本体进行索引建模。

领域本体查询结构生成过程是对众包用户需求解析的过程，利用正向最细分词算法获得任务需求对应的原始关键词和衍生关键词，关键词在索引结构中属于映射项。除此之外，索引结构中的索引项还包括关键词对应的相关信息，因此分别对关键词及其相关信息建立对应的查询方式，并进行整合，形成一种混合的查询结构，即领域本体查询结构。通过查询器将查询结构读入已经创建好的索引文件中，即可返回索引结果的相关信息，此处并非直接返回领域本体，而是返回领域本体的相关信息。

领域本体搜索过程是最终获得领域本体结果的过程，在查询结果生成过程中获得领域本体相关信息后，将其中的 URI 位置信息输入领域本体资源库中，可以获得对应的领域本体。由于领域本体 URI 信息可能在本体更新过程中发生变化，因此在搜索的同时，将位置信息进一步反馈至索引结构中，实现索引结构的联动更新。

4.5.3 潜在用户需求智能挖掘技术

在线评论中存在众多的潜在用户需求，如何智能地将需求挖掘出来是目前的研究热点之一。目前的研究大部分集中于使用标注数据来训练模型，进而挖掘潜在的用户需求。但标注数据难以获取且跨领域需要重新标注数据，因此本节使用无监督的产品特征抽取与属性级情感分析方法。

1. 基于句法分析的产品特征抽取

基于句法分析的产品特征抽取方法可以实现产品特征的抽取。基于句法分析的产品特征抽取方法首先需要通过句法分析来分析产品特征词与其他词之间的依存，然后总结抽取规则，最后根据抽取规则抽取产品特征词。其核心思想是基于 bootstrap 策略，只需要输入少量种子情感词，不需要输入任何产品特征词。根据情感词与产品特征词之间的依赖关系，可以从已知的产品特征词中抽取更多的情感词，也可以从已知的情感词中抽取更多的产品特征词。因此，每次迭代抽取的情感词和产品特征词都可以用来抽取新的产品特征词和情感词。当没有新的情感词或产品特征词时，迭代结束。整个抽取过程在情感词和产品特征词之间进行迭代，每次抽取都基于词之间的特定依存关系。假设情感词是形容词，产品特征词是名词（名词短语），OA-rel 是情感词和产品特征词之间的关系，OO-rel 是情感词之间的关系，AA-rel 是产品特征词之间的关系，则 OA-rel、OO-rel 和 AA-rel 中的任何关系都可以表示为三元组 $(POS(w_i), R, POS(w_j))$，其中 $POS(w_i)$ 是单词 w_i 的词性标签，R 是依存关系之一。

基于句法分析的产品特征抽取过程是基于规则的。整个传播过程包括 4 个子任务：① 使用情感词抽取产品特征词；② 从抽取的产品特征词中抽取产品特征词；③ 使用抽取的产品特征词抽取情感词；④ 使用抽取的和给定的情感词抽取情感词。

2. 基于情感词典的属性级情感分析

基于情感词典的属性级情感分析包括两部分，一是情感词典的构建，二是基于情感词汇的情感分析。由于之前的研究工作已经为各种语言构建了大量的情感词典，并且构建的大多数情感词典都可以公开获取，因此基于词典的方法是最好实现的方法。本节以现成的情感词汇为基础，添加特定领域的情感词汇作为补充。

基于情感词典的属性级情感分析包括以下 3 个步骤。

步骤 1：标记情感表达（单词或短语）。这一步的目标是找出句子中的每个情感表达，并判断其情感倾向。每个情感表达可能包含一个或多个产品特征。每个积极情绪表达得分为 +1，消极情绪表达得分为 –1。

步骤 2：处理情感转换词。情感转换词是指改变情感倾向的词或短语，如否定词（"没有""不""不是"等）。

步骤 3：情感分析。这一步使用情感聚合函数获得情感得分，从而确定句子中每个产品特征的关键情感倾向。

通过统计每个用户对产品特征的情感分数，可以得到潜在用户需求。

4.5.4   需求精确辨识工具应用

1. 应用对象

该功能是为了帮助用户方便快捷地分析自己的需求，直观地显示出需求中的关键词及权重，服务用户在供求市场中快速精确地匹配需求。

2. 面向问题

针对用户个体需求描述异构问题，研究模糊需求精确表征技术：基于需求图谱构建不同领域的需求本体，通过原始需求与需求本体间的映射，实现从模糊的、半结构化或非结构化的用户需求到明确的、结构化的需求的转变。

3. 应用效果

把数据库中的需求语料作为训练样本，通过领域术语抽取以及领域知识关联预测，抽象出基于领域视角的领域知识空间，使用改进的 Textrank 算法进行模型训练，对用户输入的需求语句进行需求关键词的抽取和需求关键语句的拆分，并计算相应的重要度权值，按重要度权值从高到低的顺序排列抽取到的关键词实体，从而很好地辨识用户需求。

4. 应用实例

点击"需求精确辨识"功能，用户在文本编辑区输入有关描述需求的文本，如图 4-28 所示。需求精确辨识对用户输入的需求文本进行分析识别，并从关键词和关键句两个维度得到最后的分析结果。

图 4-28　需求精确辨识

4.5.5　需求补偿工具应用

1. 应用对象

该功能是为了帮助用户完善自身需求的描述，更精确地查询到需求类型和相应价格。

2. 面向问题

针对用户个体需求定义不明确、需求不完善等问题，研究众包设计用户需求反求与补偿方法，深入分析用户产品或技术需求性质和特征，建立需求的高效多任务关系学习模型，基于需求相似度计算实现对非完备用户需求的有效补偿和完善。

3. 应用效果

用户需求反求与补偿通常需要多个用户需求领域本体来提供先验知识，利用倒排索引的高效搜索特点，对用户需求领域本体的索引进行建模。相应地，参照用户需求领域本体索引结构，对用户需求文本进行解析，构建查询结构模型。通过查询结构与索引结构的匹配，获得用户需求领域本体搜索结果，并进行相似度排序，最后实现用户需求的反求与补偿。

4. 应用实例

系统将数据库中的需求语料作为训练样本，使用 Word2Vec 进行词向量训练，根据匹配需求模式，使用 3 种相似度方法在数据库中查询与用户输入需求语句最接近的需求，基于领域知识库识别需求中的图谱实体，并与领域需求库对比，返回相似用户需求，进而对用户的需求进行补偿。如图 4-29 所示，可以查询到与用户输入相似的需求、相似需求所属的需求类型和相似需求对应的价格。

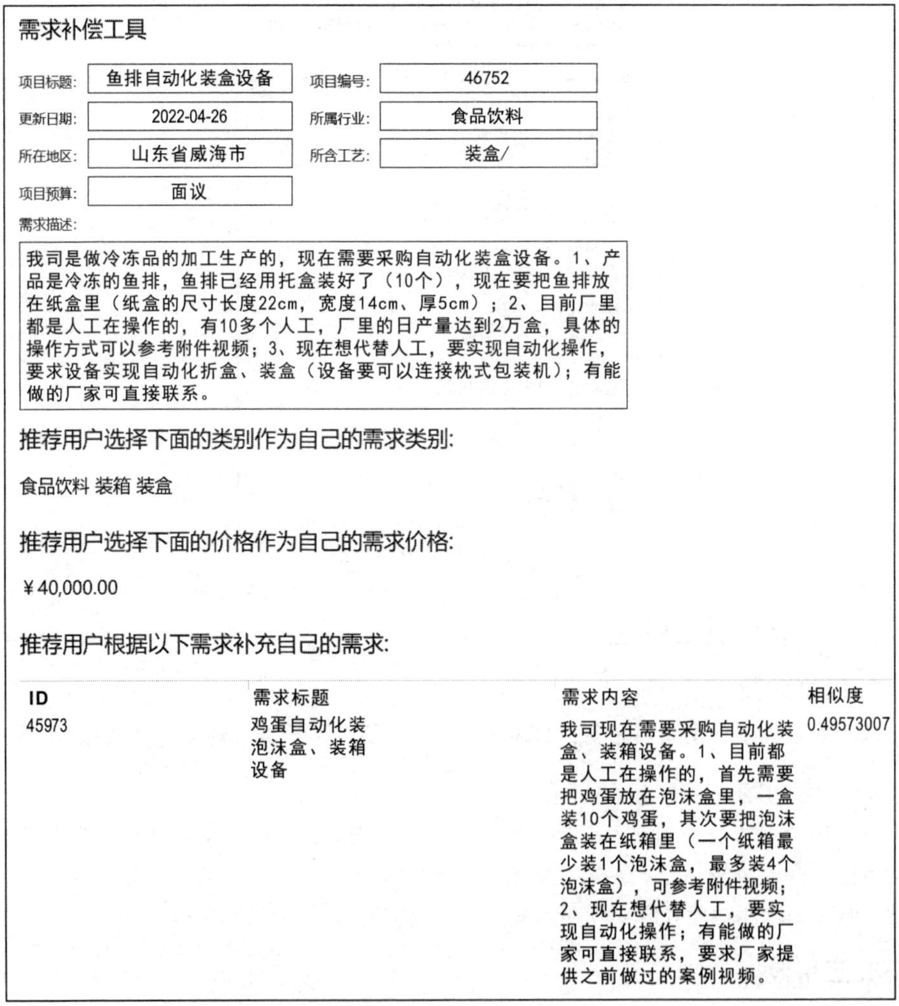

图 4-29　需求补偿工具应用实例

4.5.6　需求挖掘工具应用

1. 应用对象

该功能通过需求挖掘完善用户潜在需求，从而实现用户与设计方的精确匹配。

2. 面向问题

针对用户个体潜在需求不明造成的需求 – 任务匹配困难问题，考虑需求图谱中的实例和技术发展等因素建立需求关联规则，并使用关联规则挖掘算法进行关联规则挖掘，充分挖掘用户潜在需求，为需求 – 服务的精准映射提供基础。

3. 应用效果

通过需求挖掘功能将用户需求输入语句转化为需求子图谱，根据数据库中的需求语料训练出来的需求主题模型，进行需求主题挖掘，并返回相应需求主题模型的可视化界面。

4. 应用实例

通过分析挖掘用户输入的需求描述文本，生成需求图谱挖掘链接和需求主题挖掘链接，点击链接可以看到生成的需求图谱和需求主题图谱，如图 4-30 和图 4-31 所示。

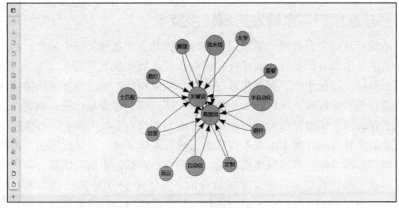

图 4-30　需求图谱

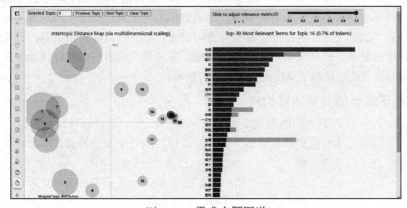

图 4-31　需求主题图谱

4.6 多粒度用户需求精准跨域映射转换

针对众包设计生态中海量用户需求与丰富设计资源之间的匹配问题，通过多粒度用户需求精准跨域映射转换过程，面向设计实施方生成众包设计任务包，实现专业化、结构化的设计需求对众包设计下游过程的精准指导，并进一步提升需求–资源匹配效率。多粒度用户需求精准跨域映射转换流程如图 4-32 所示。

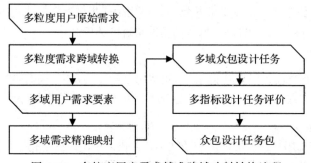

图 4-32　多粒度用户需求精准跨域映射转换流程

4.6.1 多粒度用户需求精准跨域转换技术

在产品设计过程中，对用户需求进行精确分析是非常重要的一个环节，然而实际收集的用户需求文本具有繁杂性、动态性、模糊性以及数据量大等特点，并且这些需求不能直接用于指导产品的生产，需要从外观特性、功能特性、电气特性等功能特征角度对用户需求进行细粒度提取，从而转换为功能域、结构域和过程域内容。但是，目前此方面的研究工作大部分停留在理论探讨和指导方面，并没有形成工程化、自动化的技术工具，因此急需能够自动计算需求文本信息隶属域的提取算法。针对此问题，本节提出基于 GloVe 模型的需求信息隶属域提取算法，实现用户产品需求向功能域、结构域和过程域的精准转换。算法首先对需求文本进行分词，并使用 TF-IDF 算法提取需求文本中的关键词；其次使用 GloVe 模型对关键词进行计算，得到对应的词向量；然后计算各个关键词的词向量与不同域的"种子"的隶属距离，选择距离最小的域为该关键词的隶属域。算法通过将需求信息与隶属域的关系转变为关键词与各个域"种子"的距离关系，来量化信息与各个域的关系，从而确定每个关键词的隶属域。针对高斯距离算法和余弦距离算法计算出的隶属距离结果单位不统一的问题，本节提出将隶属距离转换为隶属概率的方法，同时该方法也增加了隶属关系结果的可解释性。

1. 基于统计的共现矩阵构建

为了对语句的词语之间的共现关系进行统计，模型采用滑动窗口的模式，通过对滑动窗口从语句的起始位置进行滑动，累计计算窗口内每个词语与窗口中心位置的词语（即中心词）之间的共现次数。

如式（4-48）所示，W 表示整个用户的需求文本，w_n 表示用户需求文本中的第 n 个词语。在式（4-49）中，设置算法中滑动窗口大小参数为 5 时，得到 W_t'，即滑动窗口中所包含的词语。将滑动窗口中间的词，即 w_n 视为中心词时，其他词语即为语境词。由于中心词和语境词同时在用户需求文本中共现，因此如式（4-50）所示，将共现次数累计计算，式中 $X_{w_n, w_{n+2}}$ 表示 w_n 和 w_{n+2} 的共现次数。将收集语料库中所有用户需求进行统计后，得到以每个词语为中心的与其他词语的共现次数，最终得到所有词语的共现矩阵。

$$W = w_1 w_2 \cdots w_{n-2} w_{n-1} w_n w_{n+1} w_{n+2} w_{n+3} \cdots \qquad (4\text{-}48)$$

$$W_t' = w_{n-2} w_{n-1} w_n w_{n+1} w_{n+2} \qquad (4\text{-}49)$$

$$\begin{cases} X_{w_n, w_{n-2}} = X_{w_n, w_{n-2}} + 1 \\ X_{w_n, w_{n-1}} = X_{w_n, w_{n-1}} + 1 \\ X_{w_n, w_{n+1}} = X_{w_n, w_{n+1}} + 1 \\ X_{w_n, w_{n+2}} = X_{w_n, w_{n+2}} + 1 \end{cases} \qquad (4\text{-}50)$$

2. 共现矩阵的词语关系表示

在共现矩阵中，每一行的和表示这一行词语和滑动窗口中其他词语在语料库中共现的总次数，如式（4-51）所示，X_i 表示第 i 行词语的出现总次数。式（4-52）中，P_{ij} 表示共现矩阵中第 i 个词语与第 j 行词语的共现概率。式（4-53）中，r_{ijk} 表示共现矩阵中第 i 与 k，以及第 j 与 k 行词语之间的关系。

$$X_i = \sum_k X_{ik} \qquad (4\text{-}51)$$

$$P_{ij} = P(j \mid i) = \frac{X_{ij}}{X_i} \qquad (4\text{-}52)$$

$$r_{ijk} = \frac{P_{ik}}{P_{jk}} \qquad (4\text{-}53)$$

如式（4-54）所示，假设当共现矩阵中第 i 与 k 个词语的相关度比较高，而共现矩阵中第 j 与 k 个词语的相关度比较低时，r_{ijk} 表示的词语关系值会比较大。同理，r_{ijk} 的值随着词语 i、j 与词语之间共现关系的变化而变化，这符合共现统计规律。

$$r_{ijk} = \begin{cases} \dfrac{P_{ik}}{P_{jk}} \approx 1, & \text{如果 } P_{ik} \approx P_{jk} \\[2mm] \dfrac{P_{ik}}{P_{jk}} \gg 1, & \text{如果 } P_{ik} \gg P_{jk} \\[2mm] \dfrac{P_{ik}}{P_{jk}} \ll 1, & \text{如果 } P_{ik} \ll P_{jk} \end{cases} \qquad (4\text{-}54)$$

因此，若是已知模型中 r_{ijk} 的值，则可以从式（4-54）等号右端的结果推算公式左端的值，并推算出共现矩阵中第 i、j、k 行词语之间的关系。

3. GloVe 模型介绍以及优化目标函数

在语句中，每个词语都存在意义，而相邻词语之间也存在意义，并且遵循一定的语法结构或表达结构相互组合起来，从而给予整个语句特定的含义。因此，若能够通过模型对语料库中的文本进行分析，对词语之间的共现关系进行提取，就能够得到不同词语的量化表示方式。GloVe 模型通过对语料库词语共现的统计，得到不同词语的共现矩阵，然后对矩阵进行分解，最后基于模型的优化目标函数进行优化，得到词语的具体量化表达方式，即词语的词向量。

在模型中，假设存在函数 $F = \dfrac{P_{ik}}{P_{jk}}$，即能够对词语 i、j 与词语 k 之间的共现关系值进行量化，那么此时函数 F 能够对用户需求语料库中的词语共现信息进行有效的提取和计算。

$$J = \sum_{i,j=1}^{V} f(X_{ik})(\boldsymbol{w}_i^{\mathrm{T}} \widetilde{\boldsymbol{w}}_k + b_i + b_k - \lg(X_{ik}))^2 \tag{4-55}$$

$$f(x) = \begin{cases} \left(\dfrac{x}{x_{\max}}\right)^a, & \text{如果 } x < x_{\max} \\ 1, & \text{如果 } x \geqslant x_{\max} \end{cases} \tag{4-56}$$

式（4-55）表示的即为 GloVe 模型的优化目标函数，其中 V 表示模型优化使用语料库中词语的总个数，$\widetilde{w}_k$ 表示共现矩阵中第 i 行词语的量化表示值，$\boldsymbol{w}_i^{\mathrm{T}}$ 表示 $\boldsymbol{w}_i$ 的量化值转置，b_i 和 b_k 分别是两项偏差值。函数 f 表示调整词语词频的权重，具体内容如式（4-56）所示，其中 $x_{\max}$ 以及 x 为两个自定义变量值。

4. 用户需求信息隶属域提取算法

用户需求不同域信息的提取，需要分别计算用户需求关键词与功能域、结构域和过程域的紧密程度，因此在本节提出的算法中，首先通过对用户实际需求文本进行分析，提取出功能域、结构域和过程域中的关键词"种子"，然后通过对需要提取的文本中关键词与不同域中"种子"隶属距离的计算，再将结果转为对应的隶属概率，最终确定提取结果，算法流程图如图 4-33 所示。

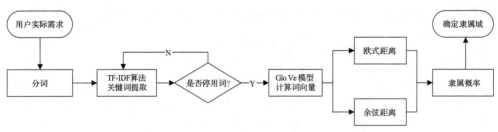

图 4-33　用户需求信息隶属域提取算法流程图

（1）用户需求文本关键词提取

在语料库以及文本中，不同词语出现的次数并不相同，这包含了词语的重要性特征。当需求分词结果去除无意义的停用词后，词语的重要性与词语分别在语料库和文本中出现的次数紧密相关，具体见表 4-9。

表 4-9 词语重要性与在文本、语料库中出现次数的关系

在文本中出现次数	在语料库中出现次数	重要性
多	多	不重要
多	少	重要
少	少	不重要
少	多	不重要

当某个词语在文本中出现的次数较多，而在语料库中出现的次数较少时，词语的重要性最高，可以通过式（4-57）、式（4-58）和式（4-59）对具体的重要性数值进行量化。

$$TF = \frac{X_i}{\sum X_i} \tag{4-57}$$

$$IDF = \lg\left(\frac{\sum S}{\sum Si + 1}\right) \tag{4-58}$$

$$TF - IDF = TF \cdot IDF \tag{4-59}$$

式（4-57）中，TF 表示词语出现在用户需求文本中的频率，即词频；X_i 表示某一个词在文本中的出现次数；$\sum X_i$ 表示文本的总词数。式（4-58）中，对语料库中包含词语的数量与语料库中包含文档总数进行统计计算，用 IDF 进行表示，公式中的 $\sum S$ 表示语料库中包含的文档总数，而 $\sum Si$ 表示语料库中包含词语的文档数量。式（4-59）中，$TF - IDF$ 表示文本中词语的重要性，即其与词语在具体文本中的出现的次数呈正比，而与词语在整个语料库中出现的次数呈反比。因此，可以通过对词语 $TF - IDF$ 值的计算，得到用户文本每个词语的关键度，然后按照逆序排序得到前 n 个关键词。

（2）转换域中"种子"设定

如图 4-34 所示，通过收集用户需求信息，建立需求语料库。对实际用户原始需求使用 $TF - IDF$ 算法进行关键词提取，然后对关键词隶属域进行人工标定，将这些准确的标定结果作为每个域的不同"种子"，再将这些种子基于 GloVe 模型计算，转换为对应的高维度词向量数值。

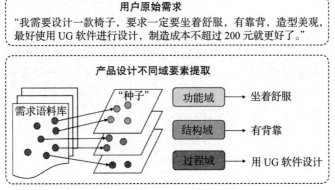

图 4-34 不同域"种子"的确定

5. 不同域间的隶属距离计算

如图 4-35 所示，在得到用户需求的关键词后，按照与不同域"种子"同样的方式，转换为词语对应的向量数值。由于在 GloVe 模型训练过程中，词语的向量数值之间的距离可以反映不同词语之间的关系紧密度，因此通过对词向量的距离计算，得到需求关键词与每个域"种子"的关系紧密度。本节分别使用欧式距离和余弦距离对不同域之间的距离进行计算。

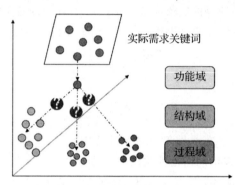

图 4-35　隶属距离计算方式

$$d = \sqrt{\sum_{i=1}^{N} (x_{1i} - x_{2i})^2} \tag{4-60}$$

式中，d 表示两个向量之间的距离长度，x_{1i} 和 x_{2i} 分别表示两个词向量的第 i 个元素，N 表示向量的总维度，i 表示向量的某一具体维度。欧式距离反映了两个点在空间中的距离，由于其能够在高维度空间中计算，因此能够衡量两个词向量之间的距离长度，取值范围为 $(0, +\infty)$。欧式距离计算结果数值越大，表示两个词向量之间的距离越大，两个词之间越缺乏关联性；反之，则表示两个词之间关系越紧密。

$$\cos(\theta) = \frac{\boldsymbol{x}_1 \cdot \boldsymbol{x}_2}{\|\boldsymbol{x}_1\| \cdot \|\boldsymbol{x}_2\|} = \frac{\sum_{i=1}^{N} x_{1i} x_{2i}}{\sqrt{\sum_{i=1}^{N} x_{1i}^2} \sqrt{\sum_{i=1}^{N} x_{2i}^2}} \tag{4-61}$$

$$\cos(\theta)' = 1 + \cos(\theta) \tag{4-62}$$

式（4-61）中，$\cos(\theta)$ 表示两个向量之间的夹角余弦值。由于余弦距离公式取值范围为 $[-1, 1]$，因此需要通过式（4-62），将余弦距离公式的取值范围转换为 $[0, 2]$，防止出现负数。此时，当计算结果越大，则表示两个词向量之间的夹角越小，两个词之间的关系越紧密；反之，则表示两个词之间越缺乏关联性。

（1）隶属距离平均值计算方式

$$d_{\text{avg}} = \frac{d_{i,j_1} + d_{i,j_2} + \cdots + d_{i,j_n}}{\sum_{w=1}^{n} j_w} \tag{4-63}$$

$$\cos(\theta)_{\mathrm{avg}} = \frac{\cos(\theta)_{i,j_1} + \cos(\theta)_{i,j_2} + \cdots + \cos(\theta)_{i,j_n}}{\displaystyle\sum_{w=1}^{n} j_w}$$ （4-64）

用户实际需求提取的关键词对不同域的所有"种子"计算得到距离值后，通过式（4-63）以及式（4-64），以每个域为单位，求出关键词到每个域的平均距离，式中 i 表示用户实际需求关键词，表示某个域的种子，$\displaystyle\sum_{w=1}^{n} j_w$ 表示对域中所有"种子"个数的统计。

向量之间的距离可以衡量相关词之间的距离，而每个域中的"种子"具有域特征的代表性，一定程度上可以对域的信息进行表示，因此，每个关键词与这些"种子"的平均距离可以衡量其与每个域的距离。平均距离越大，则表示关键词与域之间的隶属距离越大，越缺乏关联性；反之，则表示关联性越强。

（2）隶属概率的计算

当得到距离计算结果后，由于欧式距离和余弦距离的计算结果在数值上差异非常大，并且取值范围不同，难以通过一般的归一化方式进行统一。为了解决这个问题并更加准确地量化需求关键词的域隶属情况，本节采用将距离转化为隶属概率的计算方式。

$$P_i' = \frac{d_{i,\mathrm{avg}}^{q}}{d_{i,\mathrm{avg}}^{0} + d_{i,\mathrm{avg}}^{1} + d_{i,\mathrm{avg}}^{2}}$$ （4-65）

$$P_i'' = \frac{\cos(\theta)_{i,\mathrm{avg}}^{q}}{\cos(\theta)_{i,\mathrm{avg}}^{1} + \cos(\theta)_{i,\mathrm{avg}}^{2} + \cos(\theta)_{i,\mathrm{avg}}^{3}}$$ （4-66）

$$P_i = t_1 \cdot P_i' + t_2 \cdot P_i''$$ （4-67）

式 (4-65)、式 (4-66) 分别展示了如何对欧式距离以及余弦距离的结果进行量化。其中，$d_{i,\mathrm{avg}}^{q}$ 表示用户需求中第 i 个关键词与第 q 个域所有"种子"的欧式距离平均值，$q \subset [1,2,3]$，分别表示功能域、结构域和过程域。$\cos(\theta)_{i,\mathrm{avg}}^{q}$ 表示用户需求中第 i 个关键词与第 q 个域所有"种子"的余弦距离平均值。

由于欧式距离的具体数值容易受到向量中某些偏大值的维度所影响，而余弦距离在向量夹角变化时数值不是均匀变化，另外，欧式距离和余弦距离计算公式分别衡量两个向量在距离和方向上的差异，虽然都可以对词向量的距离进行计算，但是侧重点并不相同。因此，通过式（4-67）对两种距离计算公式进行融合，得到最终的需求关键词隶属概率，其中 t_1、t_2 分别是权重值。通过对关键词隶属 3 个不同域的概率进行对比，取隶属概率最大值所对应的域，即可确定关键词隶属的域。

4.6.2　多域用户需求映射与众包设计任务生成技术

结构多样、繁杂、动态、模糊的用户需求并不能够直接用于众包设计过程，需要将多域多粒度的客户需求表征为众包任务，但设计任务往往又较为复杂，针对该众包设计任务内在物理冲突，任务的精准生成与综合评价为众包设计生态中标志性的行为之一：一方面，任务精准生成过程应当基于复杂任务的特征，体现（子）任务与（子）任务之间的依赖关系；另一方面，任务的综合评价也应当基于（子）任务间的制约/促进关系，同时面向需求方与设计方作出可靠的评价。

以往研究表明，众包设计任务的发布过程是面向设计问题的花费、时间与预期质量之间的平衡过程，是一个复杂的多目标优化问题，部分研究从管理层面出发，从花费、时间与预期质量3个方面设定任务评价指标，并考虑任务的工作量、工期紧急度和经济程度等因素。然而，面向后端设计人员众包任务评价的相关研究较少，这一类评价应基于多个设计域，考虑功能类任务的复杂度、结构与技术类任务的矛盾程度以及任务涉及的技术成熟度等方面。类似的研究中，大多数评价方法基于专家打分或传统的计算式理论，不仅存在主观性偏差，而且算法的部分必要参数不得不依靠人工识别，导致难以在众包应用平台或系统中实现自动化集成。基于此，本节提出众包语境下的设计任务映射生成与自动化评价方法。

1. 众包设计任务的表征与映射生成

基于公理设计理论，结合实际用户需求数据，将用户需求分为功能需求、结构需求、技术需求和其他需求4个维度，为需求添加属性类别标签，基于KANO模型理论，将用户需求分为基础型需求、期望型需求、魅力型需求、无差异型需求和反向型需求。一方面，基于公理设计视角下的多域用户需求分类，将众包设计任务划分为任务基本信息（包括任务ID、任务名称、发起方、报酬以及任务起止时间等）、功能设计任务、结构设计任务、技术设计任务以及其他设计任务5个部分；另一方面，在功能、结构、技术和其他设计任务中，基于KANO模型视角下的用户需求属性，标注各个子任务的必要性与重要度。综上，从数学模型角度出发，将众包设计任务表征如下：

$$TASK = \{Ta_B, Ta_F, Ta_S, Ta_T, Ta_O\}$$

$$Ta_B = \{ID_T, NA_T, PU_T, RE_T, ST_T, ET_T\}$$

$$Ta_F = \{FT_1, \cdots, FT_i, \cdots, FT_k\}$$

$$Ta_S = \{ST_1, \cdots, ST_j, \cdots, ST_m\}$$

$$Ta_T = \{TT_1, \cdots, TT_x, \cdots, TT_n\}$$

$$Ta_O = \{OT_1, \cdots, OT_y, \cdots, OT_l\} \tag{4-68}$$

$$FT_i = \{ID_{F_i}, NA_{F_i}, NC_{F_i}, IM_{F_i}, ST_{F_i}, ET_{F_i}\}$$

$$ST_j = \{ID_{S_j}, NA_{S_j}, NC_{S_j}, IM_{S_j}, ST_{S_j}, ET_{S_j}\}$$

$$TT_x = \{ID_{T_x}, NA_{T_x}, NC_{T_x}, IM_{T_x}, ST_{T_x}, ET_{T_x}\}$$

$$OT_y = \{ID_{O_y}, NA_{O_y}, NC_{O_y}, IM_{O_y}, ST_{O_y}, ET_{O_y}\}$$

式中，TASK 指众包设计任务集合，Ta_B 指任务基本信息集合，Ta_F 指功能类任务集合，Ta_S 指结构类任务集合，Ta_T 指技术类任务集合，Ta_O 指其他任务集合，FT、ST、TT 和 OT 分别指功能、结构、技术以及其他类型子任务，ID 指任务或子任务编号，NA 指任务或子任务名称，PU 指众包设计平台任务发布账号，RE 指任务报酬，ST 指任务或子任务开始时间，ET 指任务或子任务截止时间，NC 指子任务必要性，IM 指子任务重要度。

依托多域需求图谱或 4.6.1 节所述技术方案，实现用户原始需求向功能需求、结构需求、技术需求及其他需求的跨域转换，面向本研究提出的众包设计任务表征模型，进一步开发众包设计任务自动化生成工具，并在前端界面实现与用户的交互功能，支持设计任务的迭代调整与补全。

2. 众包设计任务多指标自动化综合评价

下面主要介绍如何实现众包设计任务包自动化评价。首先，针对功能类众包设计任务，设计人员往往较为关注实现完整设计任务所需要实现的功能规模，因此提出基于设计熵的众包设计功能任务评价方法；其次，针对技术类众包设计任务中涉及的技术方法，基于前期构建的领域知识图谱，结合 TRIZ 相关理论，实现众包设计技术任务评价；最后，基于上述评价结果，提出多指标集成的众包设计任务综合评价方法。

（1）基于设计熵的众包设计功能任务评价

众包设计生态中，多主体的角色和能力各不相同，因此众包设计任务的发布需要考虑任务的难度和数量，可以通过评估功能类设计任务的规模来衡量众包设计任务的这两个指标。公理设计中的信息公理认为：在满足独立性公理的前提下，设计活动所包含的信息量越少，则设计结果越优。由此推断，功能类设计任务中的信息量越小，则任务规模越小。

Shanno 提出信息熵的概念来度量随机事件的信息量，其定义为

$$H(X) = -\sum_{i=1}^{n} p(x_i) \lg p(x_i) \tag{4-69}$$

式中，事件 X 有 n 种可能的结果 $x_i (i = 1, 2, \cdots, n)$，每种结果发生的概率为 $p(x_i)$，信息熵的单位为 bit。

对于一个设计对象而言，其功能可以看作功能模块集合，包含确定必要的功能模块以及非必要的功能模块。其中，必要的功能模块设计分为设计成功和设计失败两种结果，非必要的功能模块设计结果仅作为总设计结果的增量。综上，定义功能类设计任务的可能结果数为

$$N = 2^{n_r} + \sum_{i=1}^{n_u} C_{n_u}^i \tag{4-70}$$

式中，n_r 为必要的功能模块数，n_u 为非必要的功能模块数。

在众包设计实施过程中，各个变量出现的概率为 $p(x) = \dfrac{1}{N}$，实际按照必要的功能模块顺序成功实现设计的概率为 $p(x_i(i = 1, 2, \cdots, n)) = \dfrac{1}{N^{n_r}}$。因此，功能类任务总设计规模数可定义为

$$H(F) = -\sum_{i=1}^{N} p(x_i) \lg p(x_i) = n_r \cdot \lg N \tag{4-71}$$

（2）结合领域知识图谱的众包设计技术任务评价

对众包设计任务中技术类任务的评价分为技术复杂度评价与技术成熟度评价两个方面。技术类两个评价指标的实现均需要依托前期构建的基于专利信息的领域知识图谱，图谱包含专利基本信息、功能词、技术词、结构词以及信息节点之间的关系等知识。

1）技术复杂度评价。技术复杂度评价值 CP(T) 定义为技术任务复杂度向量中所有负值元素和的绝对值，技术任务复杂度向量 $\boldsymbol{R}_{T-S}$ 定义为必要的技术任务与必要的结构任务之间的关联复杂度 $\boldsymbol{\omega}_{R(T-S)}$ 和结构任务内部的关联复杂度 $\boldsymbol{R}_S$ 之间的乘积。

首先，根据如上定义构建技术–结构任务质量屋，如图 4-36 所示。

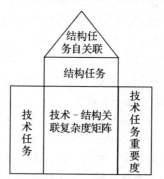

图 4-36   技术–结构任务质量屋

其次，基于领域知识图谱中的共现与包含关系，填写技术–结构关联复杂度矩阵 $\boldsymbol{\omega}_{T-S}$ 以及结构任务自关联复杂度矩阵 $\boldsymbol{\omega}_S$。其中，$\boldsymbol{\omega}_{T-S}$ 的取值分为强相关（5）、弱相关（3）和不相关（1）3 种，$\boldsymbol{\omega}_S$ 的取值分为正相关（1）和负相关（−1）两种。

最后，计算技术任务复杂度向量：

$$\boldsymbol{\omega}_{R(T-S)} = \boldsymbol{\omega}_T \times \boldsymbol{\omega}_{T-S} \tag{4-72}$$

$$\boldsymbol{R}_S = \begin{pmatrix} 0 & \cdots & \boldsymbol{\omega}_S \\ \vdots & 0 & \vdots \\ \boldsymbol{\omega}_S & \cdots & 0 \end{pmatrix} \tag{4-73}$$

$$\boldsymbol{R}_{(T-S)} = \boldsymbol{\omega}_{R(T-S)} \times \boldsymbol{R}_S \tag{4-74}$$

式中，$\boldsymbol{\omega}_T$ 表示技术任务重要度向量。

将所有结果归一化。由技术复杂度定义可知：

$$\mathrm{CP}(T) = \left| \sum_i^{R_{T-S(i)}<0} R_{T-S(i)} \right| \tag{4-75}$$

2）技术成熟度评价。技术成熟度 $C(T)$ 评价基于 TRIZ 理论中提出的技术演化 S 型曲线理论实现。基于领域知识图谱，结合 TRIZ 中的四参数法，分析技术相关专利数量与专利发表时间之间的关系，将技术分为婴儿期、成长期、成熟期与衰退期 4 类，实现对技术成熟度的评价。技术成熟度与技术相关专利数量及专利发表时间的关系如图 4-37 所示。

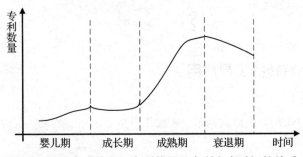

图 4-37　技术成熟度与专利数量及专利发表时间的关系

（3）多指标集成的众包设计任务综合评价

通过对上述 3 个指标评估值进行归一化处理与权值分配，定义众包设计任务的综合规模评价。首先，对 3 个指标值的归一化处理如下。

1）综合考虑功能规模与明确的结构任务之间的数量关系，定义功能规模归一化值为

$$
\mathrm{NOM}(H(F)) = \begin{cases} 1, & \text{当 } \sqrt{\dfrac{H(F)}{\lg 2}} - m \geq 15 \\[2mm] 0.75, & \text{当 } 15 > \sqrt{\dfrac{H(F)}{\lg 2}} - m \geq 10 \\[2mm] 0.5, & \text{当 } 10 > \sqrt{\dfrac{H(F)}{\lg 2}} - m \geq 5 \\[2mm] 0.25, & \text{当 } \sqrt{\dfrac{H(F)}{\lg 2}} - m < 5 \end{cases}
\tag{4-76}
$$

2）若技术复杂度大于复杂任务所占的比重，则认为技术任务极其复杂，其归一化评分为 1，依此类推：

$$
\mathrm{NOM}(\mathrm{CP}(T)) = \begin{cases} 1, & \text{当 } \mathrm{CP}(T) \geq \dfrac{\mathrm{NUM}(i)}{m}, R_{\mathrm{T-S}(i)} < 0 \\[2mm] 0.75, & \text{当 } \dfrac{\mathrm{NUM}(i)}{m} > \mathrm{CP}(T) \geq \dfrac{\mathrm{NUM}(i)}{2m}, R_{\mathrm{T-S}(i)} < 0 \\[2mm] 0.5, & \text{当 } \dfrac{\mathrm{NUM}(i)}{2m} > \mathrm{CP}(T) \geq \dfrac{\mathrm{NUM}(i)}{4m}, R_{\mathrm{T-S}(i)} < 0 \\[2mm] 0.25, & \text{当 } \dfrac{\mathrm{NUM}(i)}{4m} > \mathrm{CP}(T) \geq 0, R_{\mathrm{T-S}(i)} < 0 \end{cases}
\tag{4-77}
$$

3）若技术处于婴儿期，则记为 1，依此类推，将所有技术成熟度评价值平均结果作为技术成熟度评价归一化值。

$$
\mathrm{NOM}(C(T)) = \frac{1}{n}(1 \times \mathrm{NUM}_{\mathrm{infancy}} + 0.75 \times \mathrm{NUM}_{\mathrm{growth}} + 0.4 \times \mathrm{NUM}_{\mathrm{maturity}} + 0.6 \times \mathrm{NUM}_{\mathrm{recession}})
\tag{4-78}
$$

其次，定义众包设计任务综合规模评估值（ET）为

$$
\mathrm{ET} = [\omega_1 \cdot \mathrm{NOM}(H(F)) + \omega_2 \cdot \mathrm{NOM}(\mathrm{CP}(T)) + \omega_3 \cdot \mathrm{NOM}(C(T))] \times 100\%
$$

$$\left(\sum_{i=1}^{3}\omega_i=1, \omega_i \geq 0\right)$$ （4-79）

4.6.3 需求跨域转换工具应用

1. 应用对象

该功能通过分析用户的隐含需求，实现用户域需求向功能域、结构域和过程域的精准跨域转换。

2. 面向问题

由于用户需求并不能直接用于指导产品设计，因此需要将用户需求跨域映射和转换为产品功能需求或质量特性，即将需求信息准确地映射为不同域的内容。

3. 应用效果

需求精准跨域转换能够将用户的需求从用户域转换到具体功能要求的功能域，映射过程指两个域紧密联系在一起，两者的元素要有一定的映射关系。在对用户需求进行分析并形成需求用户域的基础上，将其匹配到不同域中。

4. 应用实例

用户在文本编辑区输入需求，点击"转换"按钮，需求跨域转换工具界面如图 4-38 所示。通过对用户输入的需求描述文本进行分解和转换，生成跨域转换后的结果，其中百分比表示属于该域的置信度。

图 4-38　需求跨域转换工具界面

4.6.4 用户需求精准映射工具应用

1. 应用对象

用户需求精准映射工具的应用对象主要为利用众包设计平台获取具体设计需求的设计任务需求方。

2. 面向问题

用户需求精准映射工具主要面向设计任务发布方难以用结构化、模块化信息表达自己需求及明确设计任务拆解后具体模式等问题。需求方在提出自己的设计需求时，往往使用通俗的文本语言，如一个句子、一段话等。这种非结构化的表达方式难以精准定义相应的设计任务，从而影响后续众包设计平台上的任务布置和发布。同时，产品设计者或众包任务的承包商难以从中快速有效地获取有价值的信息，导致众包设计平台信息流动缓慢。

3. 应用效果

将输入的标注文本按标注索引提取出文本中包含的需求相关内容，同时识别该内容相应的各项属性，并基于此构建包含多种属性的设计任务包，实现用户自然语言向结构化设计任务集合的精准映射。将设计任务包按照功能任务、结构任务、技术任务和其他任务 4 种类型进行分类整理，组成表格形式，方便任务发布方进行设计任务的检查与调整，同时让产品设计者能够直观快速地获取设计任务的相关消息，提高众包设计平台信息流动的效率。

4. 应用实例

用户在文本编辑区输入需求的文本描述以及一些需求相关的附加信息，即可实现从用户文本需求到结构化设计任务包的精准映射，并将任务包按任务类型分类，对分解后的设计任务及其相关属性进行表格化的表征，需求沟通界面和任务包生成界面分别如图 4-39 和图 4-40 所示。

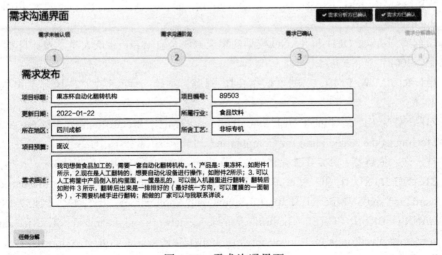

图 4-39 需求沟通界面

1	10-0	变频	O	2	null	null	null	1	(Null)
2	10-1	低压	O	2	null	null	null	2	(Null)
3	10-2	接触	O	2	null	null	null	1	(Null)
4	10-3	许	O	3	null	null	null	4	(Null)
5	10-4	220##v	O	3	null	null	null	2	(Null)
6	10-5	1.5千瓦	O	2	null	null	null	2	(Null)
7	10-6	低速	O	2	null	null	null	2	(Null)
8	10-7	变频	O	2	null	null	null	1	(Null)
9	10-8	转速	O	2	null	null	null	1	(Null)
10	10-9	最低15以内	O	2	null	null	null	2	(Null)
11	10-10	最高250内	O	2	null	null	null	2	(Null)
12	10-11	65-135之间	O	2	null	null	null	4	(Null)
13	10-12	平稳	O	2	null	null	null	2	(Null)
14	10-13	速	O	2	null	null	null	4	(Null)
15	10-14	频	O	3	null	null	null	4	(Null)
16	10-15	率	O	2	null	null	null	4	(Null)
17	10-16	匹配	R	-4	null	null	null	4	(Null)
18	10-17	流	R	-4	null	null	null	4	(Null)
19	10-18	超过5.5a	R	-4	null	null	null	4	(Null)
20	10-19	调速	R	-4	null	null	null	1	(Null)
21	10-20	变频	O	2	null	null	null	1	(Null)
22	10-21	交流	O	2	null	null	null	2	(Null)
23	10-22	接触	O	2	null	null	null	1	(Null)
24	10-23	地区	O	2	null	null	null	4	(Null)

图 4-40　任务包生成界面

参考文献

[1] 刘峤 . 知识图谱构建技术综述 [J]. 计算机研究与发展，2016，53（3）：582-600.

[2] MASLOW A.H. Motivation and personality [M]. New York: Harper and Row Publishers, 1954.

[3] WILLIAM L, KRITINA H, JILL B. Universal principles of design [M].Beverly: Rockport Publishers, 2010.

[4] 段黎明，黄欢 . QFD 和 KANO 模型的集成方法及应用 [J]. 重庆大学学报：自然科学版，2008，31（5）：5.

[5] IAN R, JIM W, EMIL E. 图数据库 [M]. 刘璐，梁越，译 . 北京：人民邮电出版社，2016.

[6] ZHANG Y, JIE Y. Chinese NER using lattice LSTM[C]. Proceedings of the 56th Annual Meeting of the Association for Computational Linguistics, 2018, 1.

[7] 章永来，周耀鉴 . 聚类算法综述 [J]. 计算机应用，2019（7）：1869-1882.

[8] ZHANG D, XU H, SU Z, et al. Chinese comments sentiment classification based on word2vec and SVMperf[J]. Expert Systems with Applications, 2015, 42(4): 1857-1863.

[9] RANK O, BRENNECKE J. The firm's knowledge network and the transfer of advice among corporate inventors:a multilevel network study[J]. Research Policy: A Journal Devoted to Research Policy, Research Management and Planning, 2017, 46(4): 768-783.

[10] 蔡彬清，陈国宏，黄新焕 . 国际知识网络研究综述：现状、热点和趋势——基于 Web of Science 的文献计量 [J]. 西安电子科技大学学报（社会科学版），2017，27（4）：40-51.

[11] AMINE C M. Knowledge management: a personal knowledge network perspective[J]. Journal of Knowledge Management, 2012, 16(5): 829-844.

[12] 李久平，顾新 . 基于知识转化 SECI 模型的企业知识网络 [J]. 情报杂志，2008，27（8）：13-15.

[13] 王君，管国红，刘玲燕 . 基于知识网络系统的企业知识管理过程支持模型 [J]. 计算机集成制造系统，2009，15（1）：37-46.

[14] 王亮，张庆普 . 基于引文网络的知识流动过程与机制研究 [J]. 哈尔滨工业大学学报（社会科学版），2014（1）：110-116.

[15] 李丹，俞竹超，樊治平 . 知识网络的构建过程分析 [J]. 科学学研究，2002，20（6）：620-623.

[16] 谭建荣，冯毅雄 . 设计知识建模：演化与应用 [M]. 北京：国防工业出版社，2007.

[17] MIWA M, BANSAL M. End-to-end relation extraction using LSTMs on sequences and tree structures[J]. Association for Computational Linguistics,2016(1): 1105-1116.

[18] COLLOBERT R, WESTON J, BOTTOU L, et al. Natural language processing (almost) from scratch[J]. Journal of Machine Learning Research, 2011, 12(8): 2493-2537.

[19] JIA S, SHI J E, LI M, et al. Chinese open relation extraction and knowledge base establishment[J]. Acm Transactions on Asian & Low Resource Language Information Processing, 2018, 17(3): 1-22.

[20] MIKOLOV T, CHEN K, CORRADO G, et al. Efficient estimation of word representations in vector space[J]. Computer Science, 2013(2):1-12.

[21] CUI Y, CHE W, LIU T, et al. Pre-training with whole word masking for Chinese BERT[J]. IEEE|ACM Transactions on Audio,Speech, and Language Processing,2021,29(11): 3504-3514.

[22] 侯鑫，张旭堂，金天国，等 . 面向知识与信息管理的领域本体自动构建算法 [J]. 计算机集成制造系统，2011，17（1）：159-170.

[23] EUZENAT J, SHVAIKOUTHOR P. Ontology matching[M]. Heidelberg: Springer, 2013.

[24] BELLAHSENE Z, BONIFATI A, RAHM E. Schema matching and mapping[M]. Heidelberg: Springer, 2011.

[25] DUONG T H, JO G S. Enhancing performance and accuracy of ontology integration by propagating priorly matchable concepts[J]. Neurocomputing, 2012, 88(7): 3-12.

[26] 闫喜强，李彦，李文强，等 . 元模型的复杂产品多学科信息建模方法 [J]. 计算机辅助设计与图形学学报，2013，25（10）：1540-1548.

[27] 王书亭，吴义忠，蒋占四 . 支持动态变型设计的多领域系统知识建模与推理求解 [J]. 计算机辅助设计与图形学学报，2010，22（1）：85-93.

[28] LANGNER T, KRENGEL M. The mere categorization effect for complex products: the moderating role of expertise and affect[J]. Journal of Business Research, 2013, 66(7): 924-932.

[29] WU G, LI J Z, FENG L, et al. Identifying potentially important concepts and relations in an ontology[M]. Heidelberg: Springer, 2008.

[30] FU G H. FCA based ontology development for data integration[J]. Information Processing & Management, 2016, 52(5): 765-782.

[31] 张祥，葛唯益，瞿裕忠 . 语义网站点的发现与排序 [J]. 软件学报，2009，20（10）：2834-2843.

[32] 洪宇，仓玉，姚建民，等 . 话题跟踪中静态和动态话题模型的核捕捉衰减 [J]. 软件学报，2012，23（5）：1100-1119.

[33] UCHIBAYASHI T, APDUHAN B O, SHIRATORI N. A domain specific sub-ontology derivation end-user tool for the semantic grid[J]. Telecommunication Systems, 2014, 55(1): 125-135.

[34] FLAHIVE A, TANIAR D, RAHAYU W. Ontology as a Service (OaaS): extracting and replacing subontologies on the cloud[J]. Cluster Computing, 2013, 16: 947-960.

[35] MARCIN P, NGOC T N. A multi-attribute based framework for ontology aligning[J]. Neurocomputing, 2014, 146(6): 276-290.

[36] MARCIN P, NGOC T N. A method for ontology alignment based on semantics of attributes[J]. Cybernetics and Systems, 2012, 43(4): 319-339.

[37] LORENA O, FRANCISCO J. RODRÍGUEZ M, et al. Ontology matching: a literature review[J]. Expert Systems with applications, 2015, 42(2): 949-971.

[38] WANG J H,LIU H,WANG H Y. An advanced ontology mapping framework based on similarity calculating[J]. Knowledge-Based Systems, 2014, 56: 97-107.

[39] RODRIGO A, XABIER A, ZUHAITZ B, et al. Big data for natural language processing: a streaming approach[J]. Knowledge-Based Systems, 2015, 79(11): 36-42.

[40] TOSHIFUMI T, MASAHITO T, KOSHO S. A lexicon of multiword expressions for linguistically precise, wide-coverage natural language processing[J]. Computer Speech & Language, 2014, 28(6): 1317-1339.

[41] LI G L , DENG D , FENG J H . A partition-based method for string similarity joins with edit-distance constraints[J]. Transactions on Database Systems, 2013, 38(2): 1-32.

[42] JIANG Y , LI G L , FENG J H , et al. String similarity joins: an experimental evaluation[J]. Proceedings of the VLDB Endowment, 2014, 7(8): 625-636.

[43] MARCIN P, NGOC T N. Semantic distance measure between ontology concept's attributes[J]. Lecture Notes in Computer Science, 2011, 6881(1): 210-219.

[44] MAO M,PENG Y F , MICHAEL S. An adaptive ontology mapping approach with neural network based constraint satisfaction[J]. Web Semantics: Science, Services and Agents

on the World Wide Web, 2010, 8(1): 14-25.

[45] PATRICK A, ERHARD R. Enriching ontology mappings with semantic relations[J]. Data & Knowledge Engineering, 2014, 93: 1-18.

[46] LI Z F , GU J F , ZHUANG H Y , et al. Adaptive molecular docking method based on information entropy genetic algorithm[J]. Applied Soft Computing, 2015, 26: 299-302.

[47] GAYO D. An effective method of large scale ontology matching[J]. Journal of Biomedical Semantics, 2014, 5(1): 44-63.

[48] NGO D H, BELLAHSENE Z, TODOROV K. Opening the black box of ontology matching[C]. The Semantic Web: Semantics and Big Data, 2013,7882(5): 16-30.

[49] ZHAO X, XIAO C, LIN X, et al. A partition-based approach to structure similarity search[J]. Proceedings of the Vldb Endowment, 2013, 7(3): 169-180.

[50] MARJIT U. Aggregated similarity optimization in ontology alignment through multiobjective particle swarm optimization[J].International Journal of Advanced Research in Computer and Communication Engineering,2015, 4(4): 258-263.

[51] ARNOLD P, RAHM E. Enriching ontology mappings with semantic relations[J]. Data & Knowledge Engineering, 2014, 93: 1-18.

[52] SEDDIQUI M H, NATH R P D, AONO M. An efficient metric of automatic weight generation for properties in instance matching technique[J]. Computer Science, 2015, 6(1): 43-62.

[53] DIALLO G. An effective method of large scale ontology matching[J]. Journal of Biomedical Semantics, 2014, 5(1): 44-59.

[54] ZHAO L, ICHISE R. Ontology integration for linked data[J]. Journal on Data Semantics, 2014, 3(4): 237-254.

第 5 章

海量设计资源自组织理论方法

5.1 引言

    针对互联网环境下众包设计资源的不确定性所带来的资源管理与评估难、需求资源匹配准确度低等挑战，本章重点解决"需求任务与资源匹配"这一难题，突破设计资源统一建模方法、设计资源关联挖掘与自组织、"任务－资源"耦合匹配与评价修正、设计资源个性化智能推送等关键技术。

    针对当前众包设计平台对设计资源统一组织和关联表达的需求，通过对众包设计平台设计资源特征的分析，本章提出设计资源服务功能语义的多级表示模型，在语义空间中进行层次聚类，实现设计资源的关联挖掘和精细化分类管理。

    在"任务－资源"耦合匹配方面，本章基于资源学习效应建立资源技能水平变化模型，并基于该模型建立考虑主动资源学习效应的"任务－资源"匹配调度模型，通过研究资源服务价值的动态变化与规律，构建基于资源生态演进的服务价值评估模型及其方法体系。

    在设计资源智能推送方面，基于内容推荐算法，本章将构建任务模型、设计方的能力模型和参与意愿模型，并提出一种考虑设计方能力和参与动机的双向推荐方法。该方法基于参与意愿模型将任务推荐给设计方，基于能力模型和熵权法完成能力评价并按量化结果排序向需求方推荐设计方。

5.2 设计资源统一建模方法

5.2.1 设计资源的结构化分析

    众包设计中的设计资源，依据设计行为可以分为主动资源和被动资源。其中，主动资源包括参与设计活动的个人设计师、设计团队、设计公司、企业设计部门以及其他设计主体；被动资源包括各类辅助设计主体进行创新活动的计算类设备、设计软件、仿真软件、分析类设备、设计知识、设计模型等资源。众包设计资源在众包设计平台上大多以文字、数字、图像数据混合表达，而众包设计自组织的特点使得设计资源之间的相关内容存在很大差异，管理好设计资源需要对其所涉及的相关内容进行结构化处理。中文自然语言文本处理的流程首先要对文本进行分词和词性标注。在自然语言处理中，词是最小的具有意义的语言处理单位，中文句子中的词与词之间没有空格间隔，因此，首先需要进行词分隔和词性标注，然后通过短语划分和求解句法依存关系，对众包设计资源的短句描述进行结构化分析。

1. 设计资源描述分词

在汉语中，字是词的基本单位，理解一个短语、一句话的含义要以词为单位进行划分，这就要求计算机在处理文本时首先要对句子以词进行划分，即自动识别出每一个词并在其中加入边界标记符来分隔词汇。在实际工程中，常用的方法是使用规则算法进行分词，再用统计法加以辅助，这样可以高效准确地将文本分词，也可以兼顾新词和未录入词汇的识别，这就是混合分词法。

例如，描述设计资源功能的短句"小程序开发"，jieba 的精确模式分词为 [小，程序开发]。在算法进行词汇切分时，因为"程序开发"的权重高于"程序"，所以没有将"程序"（名词）和"开发"（动词）分隔开，这增加了后续语义处理的难度。要解决这个问题，可以根据众包设计平台的用户特性增加部分词汇在字典中的频率。

经过优化后，"小程序开发"的分类结果为 [小，程序，开发]。"小程序"被分为两个词，"小程序"没有加入词库或者所占权重较小，"小 / 程序 / 开发"和"小程序 / 开发"的单词划分在实际应用中意思相近，虽然二者所需要的编程语言和难易程度不同，但是在大分类上均根据用户需求开发程序。这两种分词形式在对后续的信息抽取和用户匹配上相同。再比如，"各种毛笔字体书写、设计"的分词结果为 [各种，毛笔，字体，书写，、，设计]，"宣传单设计一对一服务"的分词结果为 [宣传单，设计，一对一，服务]。

2. 设计资源内容词性标注

词性标注是给句子中的每个词进行词性判定并加以标注，将每个词标记为名词、动词、形容词、助词等。在中文里，很多词的词性并不唯一，在不同句子中具有不同的词性，如"施工图代画"中的"画"是动词，"一幅画"中的"画"是名词。另外，多数词往往只有一两个词性，且两个（或多个）词性中有一个词性的使用频率远高于其他。在一次任务中，词性标注必须有严格的标注规范。中文词性标注尚无统一的标注标准，两种主流的标注为北大的词性标注集和宾州词性标注集。

以下是标注词性的举例，例子使用了一阶隐马尔可夫模型，在该模型中，隐状态是词性，显状态是单词。

词性标注集的部分词性标注规范见表 5-1。"食品　菜式甜点甜品　饮料饮品汽水拍照

静物产品拍摄拍照"词性划分结果为 [食品 /n，/w，菜式 /n，甜点 /n，甜品 /nf，/w，饮料 /nf，饮品 /n，汽水 /nf，拍照 /vi，/w，静物 /n，产品 /n，拍摄 /v，拍照 /vi]；"App 开发 | 物联网 App| 餐饮 App| 生鲜 App| 聊天 App"为 [App/nx，开发 /vn，|/w，物联网 /nz，App/nx，|/w，餐饮 /n，App/nx，|/w，生鲜 /a，App/nx，|/w，聊天 /vi，App/nx]；"弱电智能化设计与施工"为 [弱电 /nz，智能化 /vn，设计 /vn，与 /cc，施工 /vn]；"游戏、影视角色场景技术总监操刀"为 [游戏 /n，、/w，影视 /b，角色 /n，场景 /n，技术 /n，总监 /nnt，操刀 /nz]。

表 5-1　词性标注集的部分词性标注规范

名词			动词			其他词性		
标记	举例	词性	标记	举例	词性	标记	举例	词性
n	食品、产品	名词	v	承接	动词	w	、，|	标点符号
nx	App	字母专名	vn	设计	名动词	a	生鲜	形容词
ntc	百度	公司名	vl	一对一	动词惯性用语	cc	与	并列连词
nz	弱电、宣传单	其他专名	vg	赞	动语素	b	影视	区别词
nnt	总监	职务名称	vi	聊天、排名	不及物动词	rz	各种	指示代词

分词结果主要以名词、动词和标点符号 3 个大分类为主，这 3 种分类在短句中的含义也最为主要，如图 5-1 所示。众包设计平台的目的是为资源提供方和资源需求方进行资源匹配，通过上述资源提供方的供应短语，可以判断短语中的动词为提供的服务，名词对动词进行补充，丰富了提供资源服务的含义与种类，名词也是资源描述中词性最多的词类，而标点符号（如逗号、空格、反斜杠等）在资源描述中起到的是一种并列关系。

图 5-1　词性占比统计

3. 依存关系分析

在词性标注后，就可以对词与词之间的逻辑进行推导。短语结构常常使用上下文无关法进行推导，所有长度大于一个单词的短语均由一系列不重复的子短语或子单词组成，并接替父短语的位置。

在众包设计平台的服务信息中，标点符号十分常见，例如"我可以设计标志　图纸

产品外形等""红酒、食品、实物拍摄""首页设计 / 专业 PS 抠图 / 去水印 / 广告图设计 /
宝贝描述",而这些标点符号所发挥的功能多为分割短句,通过空格、顿号、逗号、正反
斜杠等可将短句切分为多个独立结构,没有标点符号划分的短句无须划分。

　　1)用斜杠分割的短语:"网站建设 / 平面设计 / 百度排名 / 微博营销 / 用品质说话!",
如图 5-2 所示。

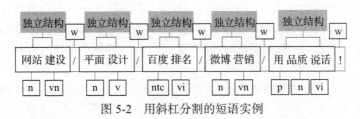

图 5-2　用斜杠分割的短语实例

　　2)用空格分割的短语:"食品 菜式甜点甜品 饮料饮品汽水拍照静物产品拍摄拍照",
如图 5-3 所示。

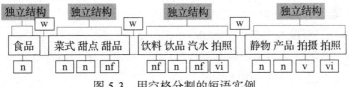

图 5-3　用空格分割的短语实例

　　3)用顿号分割的短语:"承接各种宣传册、菜单排版设计",如图 5-4 所示。

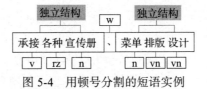

图 5-4　用顿号分割的短语实例

　　对每个独立结构内部进行词与词之间的逻辑推导,然后在每个独立结构之间建立依
存关系。依存关系是词与词之间的关系,即一个中心词与其从属词之间的二元非对称关
系,一个句子的中心词通常是动词(verb),所有其他词依赖于中心词。

　　在众包设计资源中主要使用以下几种句法依存关系:并列关系(COO)、复合名词
(FM)、其他名词(QM)、直接宾语(VOB)、前置宾语(FOB)、间接宾语(IOB)、主谓关
系(SBV)、状中关系(ADV)、其他关系(QT)等。涉及的词语词类标记主要有以下几大
类:名词(n)、动词(v)、标点(w)、形容词(a)、连词(c)、代词(r)、量词(q)、其他
(o)等。名词、公司名、字母专名等全部划分为名词大类 n,动词、及物动词和不及物动
词划分为动词大类 v。各种关系的定义如下。

　　并列关系(COO)表示"和、与、或"连接的词关系,用于其并列名词或动词的下
一步处理。例如,"详情页和首页设计"为 {(详情页 /n→首页 /n, COO),(首页 /n→设
计 /v, FOB)};"ERP 系统销售和开发服务"为 {(ERP/n→系统 /n, QM),(销售 /v→

开发 /v，COO）}；"帮你设计标志或 LOGO"为 {（标志 /n→LOGO/n，COO）}。

复合名词（FM）表示名词修饰名词的关系，用于拆分后做宾语描述动词的作用对象。例如，"菜式甜点甜品"为 {（菜式 /n→甜点 /n，FM），（甜点 /n→甜品 /n，FM）}；"销售服装鞋帽"为 {（销售 /v→服装 /n，VOB），（服装 /n→鞋帽 /n，FM）}。

其他名词（QM）表示除名词外的其他词性修饰名词的关系，描述名词的属性，用于细分类。例如，"小程序开发"为 {（小 /a→程序 /n，QM），（程序 /n→开发 /v，FOB）}。

直接宾语（VOB）表示谓语动词后接的直接宾语，直接宾语和前置宾语都会归类为动宾结构，是众包语料中依赖关系的基本关系。例如，"送她一束花"为 {（送 /v→花 /n，VOB）}。

前置宾语（FOB）表示谓语动词前的宾语。例如，"小程序开发"为 {（程序 /n→开发 /v，FOB），（小 /a→程序 /n，QM）}；"静物产品拍摄拍照"为 {（静物 /n→拍摄 /n，FOB），（拍摄 /v→拍照 /v，COO）}。

间接宾语（IOB）表示谓语动词后的人称词，在众包语料中偶尔出现。例如，"送她一束花"为 {（送 /v→她 /n，IOB）}，但此结构意义不大，不会在最终的依存关系中出现。

主谓关系（SBV）表示句子中的施动者与动作的关系。例如，"我可以帮你"为 {（我 /r→帮 /n，SBV），（可以 /v→帮 /v，ADV）}。

状中关系（ADV）表示动词修饰动词的关系。例如，"我可以帮你"为 {（可以 /v→帮 /v，ADV），（我 /r→帮 /n，SBV）}。

其他关系（QT）表示除上述情况外的左右附加等的其他关系。例如，"设计标志或LOGO"为 {（或 /c→LOGO/n，QT），（标志 /n→LOGO/n，COO）}。

4. 结构化预处理

依存关系连接两个词，分别是核心词和依存词，可以表达主谓、动宾等文法结构。大多数短句类型的服务功能描述都可以转换为以动宾结构为主体的短语集合。定义众包资源的依存关系后，要对短句进行预处理，以此建模并存储为"动宾 + 属性"的形式。预处理的过程为：第一步通过标点符号将句子划分为几个独立结构，第二步在独立结构内部建立依存关系，第三步对独立结构之间的独立词建立依存关系，最后输出以动宾为主体的结构框架。

独立结构内依存关系：根据语法规则，将独立结构内部按照上述 9 种依存关系标记，若一个独立结构中的分词都为一个词性（都为名词或动词），则将其分割为有词性标签的独立名词（dM）或独立动词（dD）。

独立结构间依存关系：即为独立名词和独立动词寻找依存关系，几个独立名词或几个独立动词在没有被带有动宾关系的独立结构分割时为并列关系，称为独立结构组，其动宾搭配遵循就近分配原则。以独立名词为例，将第一个独立名词（dM）优先分配给前面最近的动词，其次是后面最近出现的动词，其他与之并列的独立名词与第一个独立名词共享动宾关系。

输出的短句依存关系：依存关系由 9 类缩减到 3 类，即并列关系（COO）、直接宾语（VOB）和其他名词（QM）；词性也由 8 类缩减为 3 类，即名词（n）、动词（v）和形容词

（a）。直接宾语、间接宾语和前置宾语在存储时保存为直接宾语形式；并列关系指的是名词与名词、动词与动词的并列关系，并列关系可减少数据存储的冗余。其他名词在这一步即为形容词修饰名词，扩展名词的属性。所述的短语语义模型主要针对以词汇短语为主的服务功能描述形式。对于服务功能描述的具体分析如下。

"销售服装鞋包 & 小程序开发"通过字符"&"分割为两个独立结构，这两个独立结构导入依存关系分割器中，首先独立结构内的依存关系为 {（销售，服装，VOB），（服装，鞋包，FM）}、{（开发，程序，VOB），（小，程序，QM）}。由于不存在独立动词或独立名词，因此不需要第二步独立结构间的依存关系分配，将复合名词 FM 拆分为并列的名词结构 COO，与所在独立结构的谓语动词结合，如图 5-5 所示。可以表示的短语语义模型为

{（销售，服装，VOB），（服装，鞋包，COO）}

{（开发，程序，VOB），（小，程序，QM）}

其中，"服装"和"鞋包"为并列名词关系，"销售"也作为"鞋包"的动词，用户在搜索"销售服装"和"销售鞋包"时都会搜索到此项资源服务。

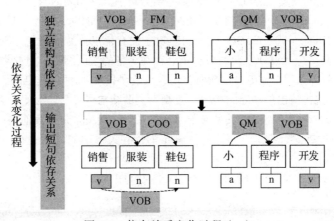

图 5-5　依存关系变化过程（一）

"食品　菜式甜点甜品　饮料饮品汽水拍照　静物产品拍摄拍照"通过空格将短语分隔为 4 个独立结构，经过第一步的独立结构内依存关系后，将"食品"作为独立名词（dM），"菜式甜点甜品"为复合名词，将其拆分为 3 个独立名词，"饮料饮品汽水拍照"和"静物产品拍摄拍照"内存在动词和名词，按照常规依存关系分析标记。第二步将独立名词作为并列结构（COO），与下一个动宾结构产生依存关系。输出短句的依存关系中，虚线的动宾关系表示通过并列关系推演的动宾词组，即没有直接建立动宾关系的词组，如图 5-6 所示。可以表示的短语语义模型为

{（拍照，食品，VOB），（食品，菜式，COO），（菜式，甜点，COO），（甜点，甜品，COO）}

{（拍照，汽水，VOB），（饮料，饮品，COO），（饮品，汽水，COO）}

{（拍摄，产品，VOB），（静物，产品，COO），（拍摄，拍照，COO）}

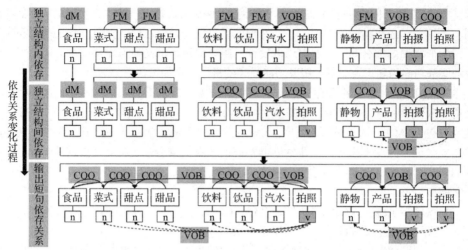

图 5-6　依存关系变化过程（二）

"我可以帮你设计标志或 LOGO"，第一步分析独立结构内的依存关系为｛（我，帮，SBV），（可以，帮，ADV），（帮，你，IOB），（帮，标志，VOB），（设计，标志，VOB），（标志，LOGO，COO），（或，LOGO，QT）｝。对于没有标点符号的语句，不需要进行第二步独立结构分割。众包设计平台的语料中会存在少量的主谓结构，但此类结构对搜索结果并无帮助，原因是用户在编辑语句时主语默认是"我"，而间接宾语默认是搜索服务内容的"你"，因此在输出的动宾结构中，要删除主谓结构"我""可以"以及作用的代词"你"。连词（c）与名词连接的关系属于附加关系，这种关系归为其他关系（QT）一类，对众包资源的分析没有帮助，因此剔除输出的依存关系中的其他关系。删除的关系在图 5-7 中用虚线标出。因此，可以表示的短语语义模型为

｛（设计，标志，VOB），（标志，LOGO，COO）｝

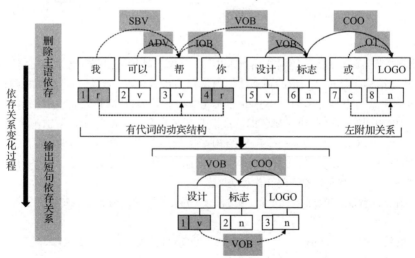

图 5-7　依存关系变化过程（三）

　　由上述示例可见，此算法输入时的 8 个描述词缩减为 3 个特征描述词，增加了程序的运行效率并减少了不必要的词汇检索。

　　依存关系可用依存关系树进行可视化，依存关系树是展示依存关系的一种句法结构。例如，"我可以帮你设计标志或 LOGO"的依存关系树结构简化如图 5-8 所示。

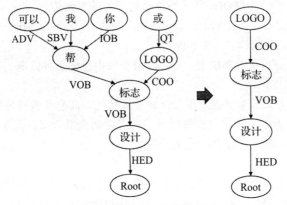

图 5-8　依存关系树结构简化

　　由于结构化关系集合具有明显的层次性，因此下一节要通过结构化建模，形成标准化的语义处理过程。

5.2.2　设计资源多阶语义模型构建

　　设计资源的功能描述可短可长，复杂的描述通常包含多个核心业务功能，也可称之为具有多个独立功能成分，每个成分之间没有任何标点符号分隔。例如"渗透测试漏洞扫描网站安全检测入侵检测安全测试""手机商城网站建设网上购物在线支付购物网站开发"等，需要通过依存关系分析提取。本节基于依存关系分析，提出设计资源功能语义的多阶语义模型，该模型可将非结构化的自然语言短句描述转换为结构化的关系集合，如图 5-9 所示。

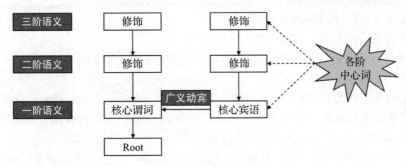

图 5-9　多阶语义模型

　　这种划分虽然是依存关系的某种特定模式，但是能够根据众包设计资源语言的特点提取设计资源的核心业务功能，并将其与修饰成分分开，对于设计资源的组织和后续的检索匹配都有重要意义。

定义 5.1

一阶语义以动词性谓词为核心词，名词性短语为从属词，通过直接宾语（VOB）、间接宾语（IOB）、前置宾语（FOB）等关系表达句子的基本语义。

二阶语义在一阶语义的基础上，通过状中（ADV）、动补（CMP）、介宾（POB）等关系，对各自中心词进行修饰、补充和说明。

三阶语义在二阶语义的基础上，对二阶语义的中心词继续修饰、补充和说明，使语义更加丰富饱满。

与连续函数的各阶导数类似，低阶反映整体特征，高阶反映局部细节特征。通过三阶语义，基本能够表达以自然语言短语描述的资源的全部含义，高于三阶的语法成分，可以通过截断或者补全到三阶中心词进行处理。

规则 5.1

考虑到依存关系分析模型的误差，很多从实际语义来看应该是动宾类的关系被识别为定中（ATT）关系，因此对于一阶语义，如果检测到核心动词性谓词与其支配的名词短语是 ATT 关系，也视作动宾关系。另外，如果核心动词性谓词与其支配的名词短语是主谓（SBV）关系，也视作动宾关系，并称之为广义动宾关系。因为这两种情况下，支配名词都可以被视作受事者角色，与动词性谓词联合可以完整地表示语义，从而获得尽可能一般性的语义表示模型。

下面先从较为简单的单个独立功能成分的描述实例入手，给出多阶语义模型的具体形式及构建算法，进而通过划分合并，解决多个独立功能成分的语义建模问题。

1. 单个独立功能成分的多阶语义模型

单个独立功能成分的资源描述虽然只有一个核心业务功能，但也分为以下三种情况。

（1）一阶存在核心宾语

以"低价出租临时网络空间"为例，其依存关系树如图 5-10a 所示。

依据定义 5.1，其多阶语义模型为

一阶语义：{（出租，网络空间，VOB）}

二阶语义：{（低价，出租，ADV），（临时，网络空间，ATT）}

（2）一阶不存在核心宾语

核心动词谓语的宾语缺失，既可能是因为语言本身的表达，也可能是依存关系分析模型本身的误差导致的。这种情况下，语义主要由核心谓语及其修饰部分表达，根据规则 5.1，以定中（ATT）关系表达的修饰仍视作宾语，位于一阶的位置。

以"网站安全检测"为例，其依存关系树如图 5-10b 所示，其多阶语义模型为

一阶语义：{（检测，安全，ATT）}

二阶语义：{（网站，安全，ATT）}

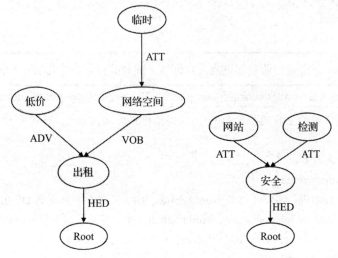

a）"低价出租临时网络空间"依存关系树　　　b）"网站安全检测"依存关系树

图 5-10　依存关系树

下面依据依存关系树，构建单成分多阶语义模型的算法，如算法 5.1 所示。

算法 5.1： extract_semantics_in_single(DPTree, postag, snode)

Input：单资源的依存关系树 DPTree，词性标注列表 postag，开始节点 snode

Output：i 阶语义集合 S_i

Step1： word=snode

Step2： if word.postag 为动词 // 找到名词中心词

Step3： if (VOB‖IOB‖FOB‖ATT‖SBV) ∈ word.relation_list:　　// 当前词关联的
// DP 关系集合 relation_list 包含上述广义动宾关系

word.relation_lis　　// word.relation_list 是终点为该节点 word 的所有关系

CurrentVB= word.relation_list[selected]　　// 获得当前包含的广义动宾关系

Step4： $S_1=S_1 ∪ \{(word, CurrentVB.head, CurrentVB)\}$　　// 找到一阶语义 CurrentVB.
head 是关系弧的起点词，即宾语中心语

Step5： T=find_decorate_semantics(DPTree , postag ,CurrentVB.head, 2)　　// 继续向上
查找宾语的修饰成分

Step6： $S_2=S_2 ∪ T_0$　$S_3=S_3 ∪ T_1$

Step7： end if

Step8： if (ADV‖CMP) ∈ word.relation_list:

Step9： CurrentRe= word.relation_list[selected]　　// 获得当前修饰关系，只有弧
的终点是当前节点 word 的关系

Step10： $S_2=S_2 ∪ \{(CurrentRe.head, word, CurrentRe)\}$

Step11： T=find_decorate_semantics (DPTree , postag , CurrentRe.head, 3)

Step12：$S_3 = S_3 \cup T_0$

Step13：end if

Step14：end if

查找从 sorder 规定的阶数起更高阶修饰语义成分的算法，如算法 5.2 所示。

算法 5.2：find_decorate_semantics (DPTree, postag, snode, sorder)

Input：单资源的依存关系树 DPTree，词性标注列表 postag，开始节点 snode，sorder 起始阶数

Output：语义集合 T

Step1：word=snode

Step2：if (ADV‖CMP‖ATT) ∈ word.relation_list　// 当前词关联的 DP 关系集合包含上述修饰关系　// word.relation_l　// word.relation_list 是终点为该节点 word 的所有关系

CurrentRe = word.relation_list[selected] // 获得当前包含的修饰关系

Step3：if sorder==2：

Step4：$T_0 = T_0 \cup$ {(CurrentRe.head, word, CurrentRe)}

Step5：S=find_decorate_semantics(DPTree , postag , CurrentRe.head, sorder+1) // 递归查找更高一阶修饰

Step6：$T_1 = T_1 \cup S_0$

Step7：end if

Step8：if sorder==3：

Step9：wordwithall=complete_decorate_semantics (DPTree, postag, CurrentRe.head) // 合并三阶及其以上的所有修饰词

Step10：$T_0 = T_0 \cup$ {(wordwithall, word, CurrentRe)}

Step11：end if

Step12：end if

Step13：return T　　//$T = T_0 \cup T_1$

补全所有修饰成分的算法，如算法 5.3 所示。

算法 5.3：complete_decorate_semantics (DPTree, postag, snode)

Input：单资源的依存关系树 DPTree，词性标注列表 postag，开始节点 snode

Output：所有修饰成分词字符串

Step1：word=snode, prefixword=" "

Step2：if (SBV‖ATT‖POB) ∈ word.relation_list　// 当前词关联的 DP 关系集合包含上述修饰关系

Step3：prefixword+= complete_decorate_semantics (DPTree, postag, CurrentRe.head) // 递归获取所有前缀修饰成分

Step4：return prefixword+word　// 如果修饰成分为空，则只返回中心词 word

算法 5.1 给出单个独立功能成分下构建多阶语义模型的主要流程，首先从起点（可以是 Root 节点）开始，找到核心动谓词，当检测到广义动宾关系后，获得一阶语义。然后，沿着弧的方向，通过算法 5.2 对谓词和宾语中心语继续寻找其修饰成分，获得二阶、三阶语义。对于高于三阶的语义成分，通过递归调用算法 5.3，把三阶以上的修饰成分补全到中心词。整个抽取过程按照关系弧的反方向自底向上遍历依存关系树。

（3）以"自制手工护肤品顶级卸妆油"为例，其依存关系树如图 5-11 所示。按照前述算法得到的多阶语义模型为

一阶语义：{（自制，卸妆油，VOB）}

二阶语义：{（顶级，卸妆油，ATT），（护肤品，卸妆油，ATT）}

三阶语义：{（手工，护肤品，ATT）}

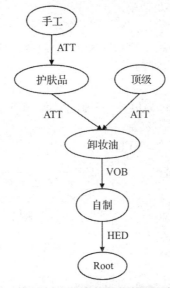

图 5-11　"自制手工护肤品顶级卸妆油"依存关系树

可见，一阶语义反映了该设计资源的主要功能，二阶、三阶语义则是对核心词的修饰。

2. 复合独立功能成分的多阶语义模型

设计资源功能描述通常具有多个独立功能成分，如之前的例子——"渗透测试漏洞扫描网站安全检测入侵检测安全测试""手机商城网站建设网上购物在线支付购物网站开发"等，这种描述显然是多项业务功能的集合，首先要将短句的依存关系树依据并列关系（COO）、独立结构（IS）进行独立功能成分划分，再对每个成分单独调用前述的算法进行分析。COO、IS 等关系所处的位置不同，可能产生不同的语义关系，需要分 3 种情况处理。

（1）COO 位于广义宾语修饰区域

以"微信和系统安全测试"为例，其依存关系树如图 5-12a 所示，根据语义的理解，

应该同等复制两个独立功能成分。

独立功能成分 1：

一阶语义：{（测试，安全，ATT）}

二阶语义：{（微信，安全，ATT）}

独立功能成分 2：

一阶语义：{（测试，安全，ATT）}

二阶语义：{（系统，安全，ATT）}

（2）COO 位于核心动谓词之间

以"渗透测试漏洞扫描网站安全检测入侵安全测试"为例，这种描述冗长且不清晰，但依存关系树能够表达其中的语义逻辑关系，如图 5-12b 所示，其中的测试 1、测试 2 为同名区分，可以分为 3 个独立功能成分。

独立功能成分 1：

一阶语义：{（测试 1，渗透，ATT），（测试 1，扫描，ATT）}

二阶语义：（漏洞，扫描，ATT）

独立功能成分 2：

一阶语义：{（检测，网站，ATT），（检测，入侵，ATT），（检测，安全，ATT）}

独立功能成分 3：

一阶语义：{（测试 2，安全，ATT）}

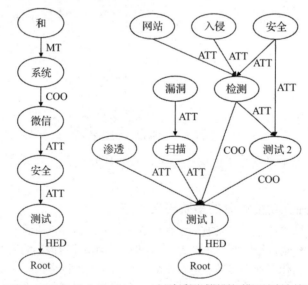

a)"微信和系统安全测试"依存关系树   b)"渗透测试漏洞扫描网站安全检测入侵安全测试"依存关系树

图 5-12 依存关系树

（3）COO、IS 同时存在

以"上海公司企业社保开户专业注册记账报税代理经验丰富超值特惠"为例，其依存关系树如图 5-13 所示，需要划分为 4 个独立功能成分。

独立功能成分 1：

一阶语义：{（社保，开户，SBV）}

二阶语义：{（企业，社保，ATT）}

三阶语义：{（上海公司，企业，ATT）}

独立功能成分 2：

一阶语义：{（注册，∅，∅）}

二阶语义：{（专业，注册，ADV）}

独立功能成分 3：

一阶语义：{（记账，∅，∅）}

独立功能成分 4：

一阶语义：{（代理，∅，∅）}

二阶语义：{（报税，代理，ADV）}

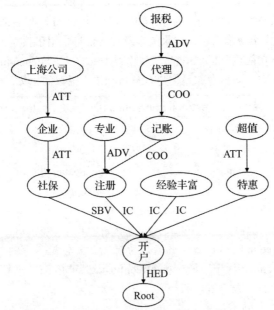

图 5-13　"上海公司企业社保开户专业注册记账报税代理经验丰富超值特惠"依存关系树

由于"经验丰富""特惠"不是动词性谓语，因此无法建立独立功能成分。

根据以上分析，本节提出独立功能成分划分的算法，该算法对依存关系树进行深度优先遍历，得到所有独立功能成分的划分，并进行标记，如算法 5.4 所示。

算法 5.4：mark_partion_tree (DPTree, postag, snode, dependmark)

Input：资源的依存关系树 DPTree，词性标注列表 postag，开始节点 snode，独立功能成分标记 dependmark

Output：需要复制的子树信息集合 S

Step1：word=snode，word.dependmark=dependmark　　　　// 用 dependmark 为每个节点 word 做独立功能成分标记

Step2：for relation in word.relation_list // 遍历终点为该节点的所有关系 // 如果达到树顶端, word.relation_list 为空, 则直接返回

Step3：if relation==“COO”|| relation==“IS”：

Step4：mark_partion_tree (DPTree, postag, word.head, dependmark+1)

Step5：if relation==“COO”&& word. postag 是名词

Step6：S=S∪(relation, dependmark)　　// 用 S 记录需要复制的子树信息

Step7：else：

Step8：mark_partion_tree (DPTree, postag, word.head, dependmark)　　// 继续向上遍历

Step9：end if

Step10：return S, DPTree

由于并列关系 COO 的两端一定是相同的词性，因此对于两端都是名词的情况，判定为 COO 位于广义宾语修饰区域，记录关系及连接信息，用于独立子树的复制和节点修正。每个节点的独立功能成分标记信息记录在 DPTree 节点的 dependmark 字段中。

最终，本节提出对一般依存关系树进行分析和语义提取的算法，如算法 5.5 所示。

算法 5.5：extract_semantics (DPTree, postag)

Input：资源的依存关系树 DPTree，词性标注列表 postag

Output：所有独立功能成分的语义集合 S

Step1：dupS, DPTree=mark_partion_tree (DPTree, postag, "Root", 0) // 标记树

Step2：利用 DPTree 中的标记信息划分独立功能成分子树，

利用 dupS 信息复制独立功能成分子树，

得到全部子树的集合 Subtrees 和每棵树的起始节点 snode

Step3：for subtree in Subtrees：　　// 遍历所有独立功能成分子树

S=S∪extract_semantics_in_single(subtree, postag, subtree.snode)　　// 对每棵子树调用单树的语义抽取算法，得到其各级语义

Step4：return S

通过上述算法，构建多阶语义模型，能够将自然语言描述的复杂非结构化功能描述结构化，并能从粗到细地了解功能描述的语义。同时，能够从复杂的资源描述语言中提取多个业务功能（独立功能成分）。

再以"手机商城网站建设网上购物在线支付购物网站开发"为例，其依存关系树如图 5-14 所示，其中的网站 1、网站 2 为同名区分。算法输出分为 2 个独立功能成分。

独立功能成分 1：

一阶语义：{（建设，网站 1，ATT）}

二阶语义：{（商城，网站 1，ATT）}

三阶语义：{（手机，商城，ATT）}

独立功能成分 2：

一阶语义：{（开发，网站 2，ATT）}

二阶语义：{（网上购物，网站 2，ATT），（购物，网站 2，ATT）}

三阶语义：{（在线支付，购物，ADV）}

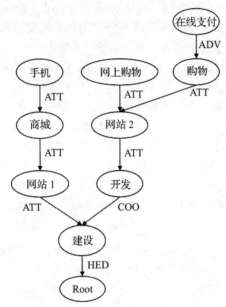

图 5-14　"手机商城网站建设网上购物在线支付购物网站开发"依存关系树

5.2.3　设计资源的向量空间映射方法

　　为了进行关联挖掘和自组织分类，首先将所有资源的功能描述信息去分割符、分词，然后进行词性标注和依存关系分析，再利用前述的算法得到其多阶语义模型。分离每个模型的所有语义链，最终提取出一条服务信息对应的所有的功能语义。此时的功能语义为结构化的文本，需要将其映射到向量空间，得到其向量形式的语义表征，以便于度量语义距离。语义表征一般有 4 种方法，分为传统语义表征、基于浅层嵌入技术的语义表征、基于深度神经网络的语义表征及注意力机制增强语义表征。

　　传统语义表征使用独热向量和 BOW 模型，在独热向量中的值只有 0 和 1，一个单词在维度向量中仅对应单词的位置为 1，其他位置为 0。然而，这种稀疏编码不适用于众包设计平台，因为平台的词量巨大，相应的特征空间也非常大。浅层嵌入技术也称为分布式表征，其广泛的代表模型有 CBOW 和连续 Skip-gram 模型，但这些模型忽略了序列问题。基于深度神经网络的语义表征可以处理序列结构，但是处理输入信息较大的文本时会出现梯度消失的问题。注意力机制增强语义表征除了能更准确地处理序列，还能在输入及产生的输出之间关注重要的信息。

基于 Transformer 的 BERT 模型在 NLP 最新研究中广泛应用且被证明是有效的，并在许多基于英文语料的下游任务中取得了较好的性能表现。最新的中文 BERT 采用全词掩蔽（Whole Word Masking，WWM）的策略[1]，有效减轻了预训练模型在掩蔽词条时的标注问题，能够显著提升模型的性能。

本节基于中文 BERT 实现资源语义映射，由多个深层的双向 Transformer 组件构建而成，构成了能够融合左右上下文信息的深层双向语言表征。Transformer 是一种基于注意力机制的序列建模架构，与传统的基于循环神经网络的模型相比，可以以并行的方式处理文本序列中的全局依赖信息，因此具有更高的计算速度。

资源语义映射的整体结构由嵌入层、基于全词遮蔽的中文 BERT 模型层和平均池化层构成。

1）嵌入层。该层主要是结构化的功能语义文本进行向量化的映射，转换成相应的词向量矩阵。在转换之前会对所有功能语义文本数据进行统计，得到相应的词典。随后，采用预训练好的词向量权重作为模型的嵌入层词向量进行初始化操作。嵌入层除了通过词嵌入集合将输入文档向量化，还需要对文本进行词向量和位置向量嵌入操作，包含两种形式的嵌入，通过相加得到复合形式的嵌入矩阵，并送入中文 BERT 模型层。通过嵌入层得到的输入到中文 BERT 模型层中的输入矩阵最终可以表示为

$$S = [[CLS], s_1, s_2, s_3, \cdots, s_7, [SEP]] , \ S \in \mathbf{R}^{T \times d} \tag{5-1}$$

2）中文 BERT 模型层。该层完全采用基于全词掩蔽的预训练方法。由于该模型参数较多，使用 Cui 等[1]的训练参数及相应权重来填充该模型层，并对这些参数进行冻结，不再参与训练优化过程，这样，相应的训练学习成本会大幅度下降。基于中文 BERT 模型的资源向量输出为

$$O = [[CLS], o_1, o_2, o_3, \cdots, o_7, [SEP]] , \ O \in \mathbf{R}^{T \times d} \tag{5-2}$$

3）平均池化层。在上一步中，模型输出大小为 $T \times d$ 的矩阵，本层采用简单而有效的平均池化策略，对所有输出向量进行处理，所得到的资源语义映射表征向量可以计算为

$$H = \frac{1}{T} \sum_{i=1}^{T} o_i , \ H \in \mathbf{R}^{T \times d} \tag{5-3}$$

式中，o_i 表示基于中文 BERT 模型的资源向量输出。这样，对于任何长度的输入，总得到 d 维的语义向量输出。

5.3 设计资源关联挖掘与自组织

5.3.1 资源关联挖掘与自组织分类

目前，众包设计资源分类大部分采用用户自主选择结合人工打标签的方法，需要预先指定分类名称，粒度较粗，且一般只能做到一阶分类。本节利用多阶语义模型，通过

对资源进行关联挖掘和合理聚类，提出一套众包设计资源自组织分类的方法，可以对资源进行更细致的分类组织。

本节首先分析现有资源分类体系的现状和不足，然后构建多阶语义模型，提取语义链，使用预训练的 BERT 模型将其映射到语义空间，并在语义空间中进行层次聚类，实现关联挖掘和资源的精细化分类管理。

1. 现有资源分类体系

现有资源分类模型根据资源的功能描述将具有某种特征或属性的资源进行聚合，并按照特征或属性区分不同类别的资源。

（1）树状结构的资源分类模型

该模型采用数字或字母的形式，按照分类编码的一般原则与方法，对资源进行统一的分类和编码，具有层次性和系统性的特点，可以确定任一资源在体系中的位置与相互关系。

（2）关键词结构的资源分类模型

该模型采用关键词或标签（tag）等方式进行资源属性或特征的表征和描述。这里的关键词或者标签往往是各资源提供方独立编制的，不宜在互联网中分享。

以某大型众包设计平台所采用的部分分类命名为例，从表 5-2 中可见，该网站采用一阶分类命名，命名采用主谓 / 谓宾的动名词组合短语。不难发现，命名采用的常见称谓没有特殊规范，各分类之间也没有有序的关系。

表 5-2 现有的资源分类表

分类名称	类目 ID
公众号开发	1413
H5 开发	1244
三维扫描	1286
包装设计	1410
微信公众号图文编辑发布	1404
软件开发	1422
LOGO 设计	161
网站测试	120
产品规划	1448
菜单设计	1241
App 定制开发	1335
修片	1372
App 开发	1337
网站开发	1606
微信小程序通用开发	1460
人力资源管理思维导图线售	1330
品牌策划	1345

(续)

分类名称	类目 ID
地推执行	1448
微信漫画	1372
家装效果制作	120
开发类	1371
微信小程序	1244
电商视频	1331
O2O 进销存系统开发	1441
商业插画	1262
苏宁易购网店设计制作	161
企业画册	1277
行业咨询	1448
影视拍摄	1290
网站建设	1440
连锁店 SI 设计	1438
微信开发定制	1286

对于复杂的服务功能描述信息，直接归属在一阶分类下，不易体现其功能特性，而且如果一个服务具有多种功能类别，则很难界定属于哪一种类别，而这样的服务有很多，见表 5-3。

表 5-3　现有的资源归类

服务信息	类目 ID
软件开发 / 企业资源计划系统	1333
VI 设计	2866
成都线下活动策划执行	2129
服装鞋包饰品公众号 ｜ 小程序定制开发 ｜H5 开发 ｜ 微分销微商城	1349
餐饮店铺设计中西餐厅料理店特色主题酒吧	1690
最新电玩城买断与合作运营，代＋理，牛牛，麻将，捕鱼，斗地主	5752
最新电玩城买断与合作运营，代＋理，牛牛，21 点，捕鱼	5752
乐视集团会员部架构师主入架构设计	1586
长春网店装修外包	1592
手机网站 ｜ 手机商城 ｜ 微网站 ｜html5｜雨木科技	1651
文案策划	1583
【米瑞折页设计】企业金融 / 酒店餐饮 /IT 互联网高端型折页设计	177
微信开发微信小程序开发公众号微信商城微商城	1349
微信公众号，微博推广，维护，运营	1741
各种游戏类的开发服务	3381

2. 资源语义坐标与自组织分类

将服务功能描述通过预训练的 BERT 模型映射到向量空间后，服务功能就具有了唯一的坐标，利用坐标可以研究服务功能在向量空间嵌入的分布，并进行聚类、分类及关联挖掘。下面给出服务坐标的形式化定义。

定义 5.2 设某资源功能描述 F 具有 n 条语义链，每条语义链 N_i^k 均可以表示成多阶语义模型：

$$N_i^k = \{(W_{ip}^k, W_{iq}^k, R_i^k)\}, k = 1, 2, 3 \tag{5-4}$$

则语义链 N_i^k 在 k 阶语义空间嵌入的坐标映射为

$$\bigcup\{(W_{ip}^k, W_{iq}^k)\} \rightarrow (x_{i1}^k, x_{i2}^k, x_{i3}^k, \cdots, x_{id_k}^k) \tag{5-5}$$

式中，d_k 为 k 阶语义空间的维度，$\bigcup$ 为连接运算。资源功能描述 F 在多阶语义空间的坐标映射为

$$\bigcup_{i=1}^{n} \bigcup_{k=1}^{3} (x_{i1}^k, x_{i2}^k, x_{i3}^k, \cdots, x_{id_k}^k) \tag{5-6}$$

将资源功能描述的复合功能语义进行分解，并分阶嵌入语义空间，这有益于形成层次化的语义分类体系，如图 5-15 所示。

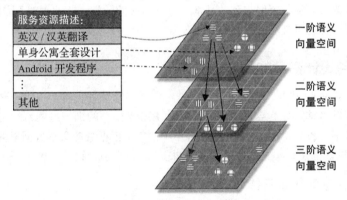

图 5-15 资源描述的三阶嵌入语义向量空间示意图

在嵌入语义空间后，就可以度量语义的距离，即语义的相似度。计算向量相似度有两种方式：一是比较二者的欧式距离，距离越小表示越相似；二是比较二者夹角的余弦值，值越小表示越相似。本节采用欧式距离计算语义的相似度。

由于人工标记的资源只有一级分类体系，为了得到更为细致的分类，需要对所有的语义嵌入进行分级聚类。将语义相似的功能描述自发聚合，由语义特性自发组织其在向量空间的分布结构，形成层次化的分类体系，不需要人工设定分类标记，为此，需要选用合适的聚类算法。

K-means 又称 K 均值，是一种无监督的聚类算法，通过多次求均值实现聚类，简单、高效，能够快速迭代收敛，但是初始 K 值及类中心不易获得，而其对最终的聚类效果有显著影响。

依据向量空间中点的相互之间的距离，层次聚类可以自底向上层次化地对向量空间中的点进行凝聚式聚类，且不需要估计初始的聚类数及类别中心。为了提高效率，选用改进的 BIRCH 层次化聚类算法，该算法适合样本量及类别数较大的情况。BIRCH 算法

（见算法 5.6）构建类似 B+ 树的 CF Tree，在该树上记录相关信息并进行结构调整。

算法 5.6：BIRCH 算法

Input：向量数据集 $\{x_1, x_2, x_3, \cdots, x_n\}$

Output：m 个聚类簇

Step1：for $i=1$ to n :

Step2：将 x_i 插入与其最近的叶子节点中

Step3：if 插入后的簇小于或等于阈值

Step4：将 x_i 插入该叶子节点，并且重新调整从根到此叶子路径上的所有三元组

Step5：else if 插入后节点中有剩余空间

Step6：把 x_i 作为一个单独的簇插入并且重新调整从根到此叶子路径上的所有三元组

Step7：else 分裂该节点并调整从根到此叶子节点路径上的三元组

聚类后可以得到语义的簇标号，每个标号代表一个语义接近的更细致的分类。本例采用的是一阶语义向量，所以得到的是基于一阶语义的子类，这种类别不需要事先指定，而是抽取资源本身的语义经过聚类得到。

5.3.2 众包设计资源的深度语义表征

依据 Cui 等[1] 的工作，结合众包设计平台资源的特殊性，本节提出一种专用于资源文本的语义表征方法。它包含两种策略来优化 BERT 模型的训练过程：一是对输入的资源文本序列采用"[STOP]"标记进行掩码操作；二是依据资源文本数据集的特点，设计基于服务类别字段"Class_ID"的分类任务来进行模型的训练。

1. 资源文本的停止符掩码操作

众包设计平台的资源文本是由多个词语、短句组成的资源文本集合，通常表示多项能力且彼此之间的关联性较弱，因此并不能直接经过向量化操作输入 BERT 模型。为此，通过设计一种独特的停止符"[STOP]"对资源文本序列进行掩码操作，从而保证输入BERT 模型的不是一个连续的长句。

设一条长度为 n 的资源文本序列 $D = [w_1, w_2, \cdots, w_n]$，其中 $w_i (i = 1, 2, \cdots, n)$ 是第 i 个词的独热表示。经过停止符掩码操作，它会被分割成由短语、短句构成的资源文本集合：

$$D_{set} = \{[[UNK], w_1, w_2, \cdots, [STOP]], \cdots, [\cdots, w_{n-1}, w_n, [CLS]]\} \tag{5-7}$$

式中，[UNK] 和 [CLS] 分别是资源文本的起始符和结束符。图 5-16 展示了停止符掩码操作的处理过程。随后，在执行词向量化和位置编码操作时，资源文本嵌入矩阵也会被停止符掩码操作所影响，即

$$X_{set} = \{[[UNK], x_1, x_2, \cdots, [STOP]], \cdots, [\cdots, x_{n-1}, x_n, [CLS]]\} \tag{5-8}$$

$$E_{set} = \{[[UNK], e_1, e_2, \cdots, [STOP]], \cdots, [\cdots, e_{n-1}, e_n, [CLS]]\} \tag{5-9}$$

最终，输入 BERT 模型的资源文本集合嵌入矩阵为 $\hat{X} = X_{set} + E_{set}$。

1. 智能机器人打磨工作站，机器人力控系统，柔性控制，运动控制器，打磨抛光，装配检测
2. 工业设计，结构设计，产品开发，包装设计，手板制作，机加钣金，模具注塑
3. 智能物流分拣，自动化改造升级，产线自动化集成，非标装备定制，智能仓储立库

停止符掩码操作

1.[UNK] 智能机器人打磨工作站 [STOP] 机器人力控系统 [STOP] 柔性控制 [STOP] 运动控制器 [STOP] 打磨抛光 [STOP] 装配检测 [CLS]
2.[UNK] 工业设计 [STOP] 结构设计 [STOP] 产品开发 [STOP] 包装设计 [STOP] 手板制作 [STOP] 机加钣金 [STOP] 模具注塑 [CLS]
3.[UNK] 智能物流分拣 [STOP] 自动化改造升级 [STOP] 产线自动化集成 [STOP] 非标装备定制 [STOP] 智能仓储立库 [CLS]

图 5-16　停止符掩码操作的处理过程

　　另外，由于在原始的资源文本中插入了停止符，BERT 模型内部的掩码矩阵也要做出相应的改变。尽管处理后的资源集合内部各个子集从属于同一资源，但在语义特征上往往具有一定的独立性。因此，需要对 BERT 模型中的掩码矩阵进行分割操作。图 5-17 所示为对掩码矩阵分割前后的对比图。

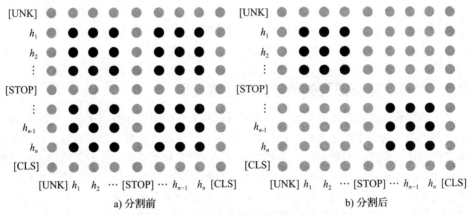

a) 分割前　　　　　　　　　　　　　　　　b) 分割后

图 5-17　掩码矩阵的分割前后对比

　　可以看出，分割后的掩码矩阵中资源文本子集的权重计算方式只与自身相关，而与其他子集无关，这有效地避免了资源内部语义关联混乱的问题。

2. 基于分类任务的学习策略

　　经典的 BERT 模型采用带有掩码操作的"下一句预测任务"来实现预训练模型的学习。然而，众包设计平台中的资源文本数据集并不符合这一特点。本节对此进行了深入的分析，采用文本分类任务能够实现 BERT 模型的训练。具体而言，通过数据集中每个样本所对应的服务类别字段"Class_ID"，以 Cui 等[1] 基于维基百科语料所训练的 BERT 模型为基础，继续进行文本分类任务的训练。在 BERT 模型中，除了执行优化策略外，还在 BERT 模型的输出层添加了注意力层和 Softmax 层，以满足分类任务的需要。BERT 模型的整体架构如图 5-18 所示。

　　最终，经过训练学习之后得到资源描述的语义表征向量，并应用到后续的资源语义匹配任务的嵌入层中。

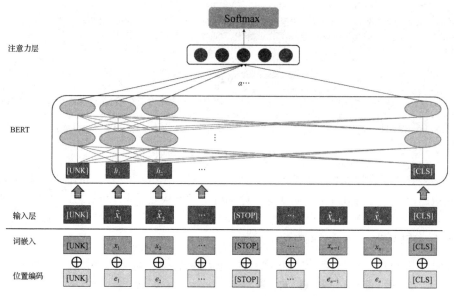

图 5-18　BERT 模型的整体架构

5.3.3　多粒度特征交互的资源匹配检索模型

为了构建资源文本匹配数据集，首先根据资源文本中的服务类别字段" Class_ID"，将同一类别内部的多个样本进行两两配对。随后，经过深入分析，发现数据集内部各个文本之间的语义粒度差异比较大，为此本节设计一种多粒度特征交互的资源语义匹配模型（MFIM），主要由语义提取模块、特征交互模块和匹配预测模块构成。语义提取模块负责对输入的文本序列进行多粒度的语义提取，它是由多个不同扩张率的卷积结构堆叠而成的。特征交互模块则是计算跨粒度匹配文本对的关联矩阵，将所有的关联矩阵合并成一个三维张量体。匹配预测模块通过类似于基于 3D 卷积的图像层次来识别较高阶的语义信息，进而预测匹配文本对。

对于给定的一对匹配文本，文本匹配任务的目的是通过学习训练神经网络模型，来预测其是否为同一类别。假设要预测的匹配文本对分别为 P 和 Q，则模型的预测结果为

$$\Pr(\hat{y} \mid P, Q) \tag{5-10}$$

式中，$\hat{y}$ 是模型给出的预测结果。

图 5-19 给出了 MFIM 模型的整体架构。两个匹配文本序列在匹配预测模块之前都被执行类似的处理，所有参数在两个序列之间共享。为了简洁起见，图中省略了展示相同步骤的处理流程。

1. 语义提取模块

为了更加丰富地构建匹配文本之间的交互，模型设计了多层次的扩张卷积结构

（HDC）来提取匹配文本序列中多粒度的语义信息。

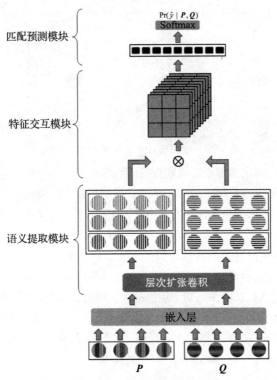

图 5-19　MFIM 模型的整体架构

对于给定长度为 n 的匹配文本序列 $\boldsymbol{P}$，模型首先通过训练好的词嵌入权重将其映射为词向量矩阵，即 $\boldsymbol{P} = [\boldsymbol{p}_1, \boldsymbol{p}_2, \cdots, \boldsymbol{p}_n]$，其中 $\boldsymbol{p}_i \in \mathbf{R}^d (i=1,2,\cdots,n)$ 是该文本中的第 i 个单词的词嵌入表示，d 是词向量的维度大小。HDC 以该词向量矩阵为输入，捕获文本中的多粒度语义特征。

不同于标准卷积在每一步对输入的连续子序列进行卷积，扩张卷积[2]通过每次跳过 δ 个输入元素，而拥有更为广泛的接受域，其中 δ 是扩张率。对于上下文中心单词 $\boldsymbol{p}_i$ 和大小为 $2w+1$ 的卷积核 $\boldsymbol{W}$，扩张卷积操作的数学公式为

$$F(p_i) = \mathrm{ReLU}\left(\boldsymbol{W} \underset{k=0}{\overset{w}{\oplus}} \boldsymbol{p}_{i \pm k\delta} + \boldsymbol{b} \right) \tag{5-11}$$

式中，$\oplus$ 是向量拼接，$\boldsymbol{b}$ 是偏置项，ReLU 是非线性激活函数。每个卷积层的输出是前一层输入的加权组合。本模块以 $\delta=1$ 开始（等同于标准卷积），以确保不遗漏原始输入序列中的任何元素，如图 5-20 所示。之后，以更大的扩张率层次叠加扩张之后的卷积，卷积文本的长度以指数形式扩展，只需要使用少量的层和适量的参数就可以覆盖不同接受域的语义特征。

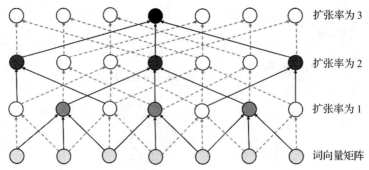

图 5-20　多层次的扩张卷积结构（HDC）

　　为了防止梯度的消失或爆炸，模块在每个卷积层最后的应用层进行归一化。由于可能会有不相关的信息引入长距离的语义单元，模型根据实际验证中的性能设计多层次的扩张率。每个堆叠层 l 的输出都保存为文本在特定粒度水平上的特征图，公式为

$$\boldsymbol{s}^l = [\boldsymbol{p}^l, \boldsymbol{p}^l, \cdots, \boldsymbol{p}^l]_{i=1}^n, \boldsymbol{p}^l \in \mathbf{R}^{n \times f} \tag{5-12}$$

式中，f 是每一层卷积滤波器的数量。假设有 L 层堆叠的扩张卷积，多粒度表示可以定义为 $[\boldsymbol{s}^1, \boldsymbol{s}^2, \cdots, \boldsymbol{s}^L]$。通过这种方式，HDC 以较小的扩张率从单词和短语层次逐步收获词义和语义特征，并以较大的扩张率从句子层次捕获长期的依赖关系。模型的语义编码模块不仅在并行能力上优于循环神经网络，而且比全部基于注意力的方法更能减少内存的消耗。

　　经过 HDC 模块编码，两个匹配文本序列的多粒度表示可以分别表述为

$$\boldsymbol{S}_P = [\boldsymbol{s}_p^1, \boldsymbol{s}_p^2, \cdots, \boldsymbol{s}_p^L] \in \mathbf{R}^{L \times n \times f} \tag{5-13}$$

$$\boldsymbol{S}_Q = [\boldsymbol{s}_q^1, \boldsymbol{s}_q^2, \cdots, \boldsymbol{s}_q^L] \in \mathbf{R}^{L \times n \times f} \tag{5-14}$$

2. 特征交互模块

　　给定两个匹配文本序列的多粒度表示 $\boldsymbol{S}_P$ 和 $\boldsymbol{S}_Q$，模型通过构建关联矩阵实现匹配文本之间的特征交互。关联矩阵的个数为匹配文本序列层次的平方，即 L^2。每个关联矩阵的表示通过不同粒度下匹配文本多粒度表示的点乘运算实现，即

$$\boldsymbol{M}^l = \frac{\boldsymbol{s}_p^l \cdot (\boldsymbol{s}_q^l)^{\mathrm{T}}}{\sqrt{f}}, \boldsymbol{M}^l \in \mathbf{R}^{n \times n} \tag{5-15}$$

式中，$\boldsymbol{M}^l$ 是第 l 个交互矩阵，$l = 1, 2, \cdots, L^2$。

　　为了总结各个粒度下的资源交互特征，将所有交互得到的关联矩阵融合成一个三维张量体：

$$\boldsymbol{D} = \{D_{k,i,j}\}_{l \times n \times n} \tag{5-16}$$

式中，每一个通道都代表一个粒度下的关联矩阵：

$$\boldsymbol{D} = \{\boldsymbol{M}^l\}_{l=1}^{L^2} \tag{5-17}$$

　　随后，利用 3D 卷积神经网络和最大池化操作，从整个张量体中识别出突出的匹配信号。形式上，第 t 层的第 z 个特征图上的高阶特征在 (k, i, j) 处的计算方法为

$$D_{k,i,j}^{(t,z)} = \text{ELU}\left(\sum_{z'}\sum_{w=0}^{W_t-1}\sum_{h=0}^{H_t-1}\sum_{r=0}^{R_t-1} K_{w,h,r}^{(t,z)} \cdot D_{k+w,i+h,j+r}^{(t-1,z')} + b^{(t)}\right) \tag{5-18}$$

式中，ELU[3] 是非线性激活函数，z' 代表上一层的特征图，$K_{w,h,r}^{(t,z)} \in \mathbf{R}^{W_t \times H_t \times R_t}$ 和 $b^{(t)}$ 分别是 3D 卷积核和偏置项，大小为 $W_t \times H_t \times R_t$。随后，通过最大池化操作提取出显著的信息：

$$\hat{D}_{k,i,j}^{(t,z)} = \max\left(D_{[k:k+T_w^{(t,z)}-1],[i:i+T_h^{(t,z)}-1],[j:j+T_r^{(t,z)}-1]}^{(t,z)}\right) \tag{5-19}$$

式中，$T_w^{(t,z)}$、$T_h^{(t,z)}$ 和 $T_r^{(t,z)}$ 是 3D 池化操作的大小。最后一层的输出是匹配文本对综合交互的拼接向量，表示为 $\hat{v} \in \mathbf{R}^e$。

3. 匹配预测模块

在本节中，模型将上述特征交互模块产生的匹配预测向量 $\hat{v}$ 输入带有 Softmax 的全连接神经层来实现最终的预测：

$$\hat{y} = \text{Softmax}(\hat{v}W_0 + b_0) \tag{5-20}$$

式中，$W_0 \in \mathbf{R}^{1 \times e}$ 和 $b_0 \in \mathbf{R}^1$ 分别是全连接网络的权重参数和偏置项。

在训练时，模块采用交叉熵损失函数进行优化：

$$\text{Loss}(y, \hat{y}) = -\frac{1}{N}\sum_x [y\log_2 \hat{y} + (1-y)\log_2(1-\hat{y})] \tag{5-21}$$

式中，x 表示样本，y 表示实际的匹配类别，$\hat{y}$ 表示预测的输出，N 表示样本的数量。

5.3.4 设计资源关联挖掘工具应用

1. 应用对象

该功能是为了帮助用户方便快捷地检索到自己想要的设计资源信息，并将相关的信息通过可视化界面直观地展示出来。

2. 面向问题

由于众包设计资源分类大部分采用用户自主选择结合人工打标签的方法，需要预先指定分类名称，粒度较粗，一般只能做到一级分类。通过对资源进行关联挖掘和合理聚类，才能对其进行更细致的分类组织。

3. 应用效果

通过设计资源关联挖掘工具，根据用户输入的设计资源需求，对众包设计平台上的指定文本进行读取，并进行分词、去除停用词等基本数据预处理操作；通过模型训练、文本向量化和语义关联聚类，对数据进行深加工，得到预期结果；最后，将聚类的结果进行可视化展示，方便商户和平台用户的查看和管理。

4. 应用实例

单击"关联挖掘"功能，用户在文本编辑区输入设计资源，设计资源分词预处理结果和设计资源语义映射结果分别如图 5-21 和图 5-22 所示。

数据集选择	已发布的资源 ▾	字段选择	服务信息 ▾	分词处理

全选	服务信息	服务信息分词结果
0	天生乐观派的猪八戒为人民服务	天生 乐观 派 猪八戒 服务
1	软件开发/ 企业资源计划系统	软件开发 企业 资源 计划 系统
2	VI设计	VI 设计
3	成都 线下活动策划执行	成都 线下 活动 策划 执行
4	服装鞋包饰品公众号|小程序定制开发|H5开发|微分销微商城	服装 鞋包 饰品 公众 程序 定制 开发 H5 开发 微 分销 微 商城
5	餐饮店铺设计中西餐厅料理店特色主题酒吧	餐饮 店铺 设计 中 西餐厅 料理店 特色 主题 酒吧
6	最新电玩城买断与合作运营，代+理，牛牛，麻将，捕鱼，斗地主	最新 电玩 城 买断 合作 运营 代 理 牛牛 麻将 捕鱼 斗地主
7	最新电玩城买断与合作运营，代+理，牛牛，21点，捕鱼	最新 电玩 城 买断 合作 运营 代 理 牛牛 21 点 捕鱼
8	乐视集团会员部架构师主入架构设计	乐视 集团 会员 部 架构师 主入 架构设计
9	php	php
10	长春 网店装修外包	长春 网店 装修 外 包
11	logo设计商标	logo 设计 商标
12	手机网站|手机商城|微网站|html5|雨木科技	手机 网站 手机 商城 微 网站 html5 雨木 科技
13	文案策划	文案 策划
14	【米瑞折页设计】企业金融/酒店餐饮/IT互联网高端型折页设计	米瑞 折页 设计 企业 金融 酒店 餐饮 IT 互联网 高端 型 折页 设计
15	【米瑞折页设计】企业金融/地产建材/IT互联网优选型折页设计	米瑞 折页 设计 企业 金融 地产 建材 IT 互联网 优选 型 折页 设计
16	微信开发微信小程序开发公众号微信商城微商城	微信 开发 微信 程序开发 公众 微信 商城 微 商城 h5 微 驾校
17	微信公众号，微博推广、维护、运营	微信 公众 微博 推广 维护 运营
18	各种游戏类的开发服务	游戏类 开发 服务
19	济南最大互联网综合服务公司"里手网"网站定制开发	济南 互联网 综合 服务公司 里 手网 网站 定制 开发

图 5-21　设计资源分词预处理结果

数据集选择	已发布的资源 ▾	字段选择	服务信息 ▾	模型训练	语义映射

全选	服务信息分词结果	服务信息向量
0	天生 乐观 派 猪八戒 服务	[-0.061305828392505646, 0.09442358464002609, 0.026200039613604546, -0.04849033057689667, -0.01255352422595
1	软件开发 企业 资源 计划 系统	[0.06785572322022855, -0.04735127091407776, 0.05199518412527695, 0.04636520892381668, 0.12425404787063599
2	VI 设计	[0.001985432812944856, 0.07562843710184097, -0.028885006998343468, 0.05336727946995689, 0.0689907490551471
3	成都 线下 活动 策划 执行	[-0.08467159420251846, -0.1105303540825843, -0.171380256814003, -0.07536383718252182, -0.0157743915915489
4	服装 鞋包 饰品 公众 程序 定制 开发 H5 开发 微 分销 微 商城	[-0.00045904814032837, -0.02549181785667642, 0.06286396086215973, 0.05035378783941269, -0.0417820625007
5	餐饮 店铺 设计 中 西餐厅 料理店 特色 主题 酒吧	[-0.1836823147296906, -0.010510309693801379, 0.1950797140598297, -0.233669862270552, -0.0294467806811610
6	最新 电玩 城 买断 合作 运营 代 理 牛牛 麻将 捕鱼 斗地主	[-0.19661304354667664, 0.0620997212827205, 0.33432796597480774, -0.190783485770022552, 0.3036851584911346
7	最新 电玩 城 买断 合作 运营 代 理 牛牛 21 点 捕鱼	[-0.21422205865383148, 0.0603124164044857, 0.3946399688720703, -0.21260523796001543, 0.3595822751522064,
8	乐视 集团 会员 部 架构师 主入 架构设计	[0.0020843464881181717, 0.07319290100935135, 0.07302332669496536, -0.03199214668500137, -0.0110096735877977
9	php	[0.00097845176607337704, 0.03275055810080913544, 0.0965830013559372, 0.0277323685586452, 0.0594199039041996,
10	长春 网店 装修 外 包	[-0.17272037267684937, 0.1082518249750133, -0.1407006426286094, -0.0317380391061368, -0.01267247873331155
11	logo 设计 商标	[-0.00925058225673437, 0.12191169700967209, 0.0000043990164952, 0.05336508815765538, 0.01276020798832178
12	手机 网站 手机 商城 微 网站 html5 雨木 科技	[0.03990906104445575, -0.0730067342519768, 0.0530527745425701, -0.01522053039205067, 0.0221802126616
13	文案 策划	[0.0065956213511526585, 0.0338139943778514, -0.1416258066892624, 0.0536544564840472, -0.02513247542083
14	米瑞 折页 设计 企业 金融 酒店 餐饮 IT 互联网 高端 型 折页 设计	[0.02137095100528273, 0.24794170260429382, 0.3259843587875366, 0.05779584069742935, 0.4511187076568607,
15	米瑞 折页 设计 企业 金融 地产 建材 IT 互联网 优选 型 折页 设计	[0.06436715275049521, 0.2260134670495987, 0.29992514848709106, 0.0915642976760643, 0.4587279260156539, -0.
16	微信 开发 微信 程序开发 公众 商城 微 商城	[-0.0171062201261520, -0.0085702156648039882, 0.0257383845746517718, 0.0427204068561649, -0.031094897533842
17	微信 公众 微博 推广 维护 运营	[0.03658178076148033, -0.0698209702968597, 0.0025415273848921, -0.05331889721512131, 0.0201426353309
18	游戏类 开发 服务	[-0.01401607225458038014, 0.0027566575796765029, 0.0664305098497300075, 0.0119076156988873997, 0.021736526486
19	济南 互联网 综合 服务公司 里 手网 网站 定制 开发	[0.0247913729399444267, 0.00526031032204628, 0.1442789584390826907, 0.0281051285566499944, 0.110968470573425

图 5-22　设计资源语义映射结果

5.4 "任务－资源"耦合匹配与评价修正技术

复杂产品设计的众包项目往往由大量子任务组成，需要具有不同领域、不同专业技能的人员参与。参与者在专业领域方面各有所长，所掌握的专业技能水平高低不一，服务态度、服务质量参差不齐，服务成本有高有低。随着产品的功能和结构越来越复杂，任务数量大幅提升，产品设计任务之间的关系也变得更加复杂。同时，参与者的技能水平、服务能力及成本也在动态变化。针对众包过程中人力资源参与者的不确定性（动态性）和众包任务的复杂性所带来的资源管理与评估、组合爆炸等问题，迫切需要一种资源/任务描述模型和动态演进匹配调度系统及方法，以提升众包过程中资源任务匹配的精准度。

考虑资源动态演进的任务－资源优化匹配方法，具备 3 个方面的能力：首先，能实现基于资源多维评价值的众包任务－资源优化匹配调度；其次，能对任务完成绩效进行评估，并根据任务完成绩效的评估结果；再次，评估并更新参与者的多维评价值，以供下一次众包任务－资源匹配调度时使用。

5.4.1 "任务－资源"耦合匹配与评价修正框架

针对众包过程中的资源任务匹配规划问题，本节提供一种面向设计众包的任务－资源耦合匹配与评价修正框架。

面向设计众包的任务－资源动态演进匹配调度框架包括待分配任务集、可用资源集、资源任务匹配规划器和资源任务绩效评价器，如图 5-23 所示。

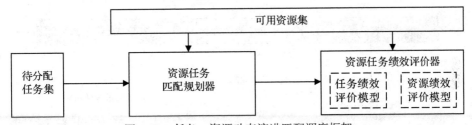

图 5-23　任务－资源动态演进匹配调度框架

待分配任务集包含所有需要分配资源的任务，并描述任务的特征属性及对资源的需求约束。所述任务特征属性信息包括但不限于任务所需技能领域及技能等级、任务计划完成时间、任务预算工作量、任务预算费用等。

可用资源集包括所有可用资源，特别是人力资源，并描述资源的多维度特征。所述资源特征属性信息包括但不限于资源费率（工时单价）、资源服务态度指数、技能领域及等级、学习能力指数、完工及时率等。

资源任务匹配规划器使用启发式优化算法实现资源与任务的匹配调度，并可采用遗传算法及强化学习算法进行匹配规划。

资源任务绩效评价器基于任务绩效评价模型和资源绩效评价模型，根据资源完成任务的实际情况，对资源进行绩效评价。其中，任务绩效评价模型的评价指标包括服务态度、及时率、完成质量、工时费率、技能水平等，资源绩效评价模型的评价指标包括资源费率（工时单价）、资源服务态度指数、技能领域及等级、学习能力指数、完工及时率等。

任务 – 资源动态演进匹配规划作业流程如图 5-24 所示。

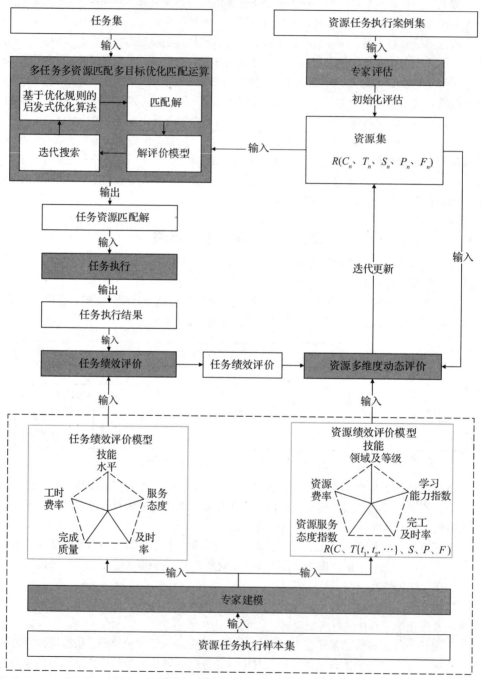

图 5-24　任务 – 资源动态演进匹配规划作业流程

步骤 1：输入待分配任务集和可用资源集。其中任务和资源的特征描述信息必须完备。

步骤 2：通过资源任务匹配规划器，基于优先规则的启发式算法进行资源任务匹配，生成资源任务匹配方案。

步骤 3：等待项目任务执行后，项目任务委托人对项目任务的完成情况依据任务绩效评估模型进行评价，生成任务评价指标的评价值。

步骤 4：根据资源完成的任务评价值，基于资源绩效评价模型对资源特征值进行重新计算，得到资源最新特征属性值。

步骤 4 中所述资源绩效评价模型的产生步骤为

① 收集资源任务案例集；

② 由专家组对案例集中的任务、资源进行评价，并给出特征值；

③ 从任务案例集中抽样生成样本案例集；

④ 通过最小二乘法计算资源绩效评价模型的系统参数，生成评价模型。

步骤 5：利用资源最新特征属性值更新资源库中的资源特征值，以便下次匹配任务时使用。

5.4.2　"任务 – 资源" 耦合匹配算法

众包设计任务可按照项目管理的理念进行管控，因此可以借鉴企业产品设计项目的资源匹配与调度思想对众包设计平台的主动资源进行匹配与调度。

产品研发项目资源调度是项目管理的重要方面，根据任务的紧前约束关系，结合项目有限的资源，合理安排任务进度，给任务安排合适的资源。在充分了解产品研发实际情况的基础上，建立项目调度模型及调度计划，防止调度执行与调度计划产生偏差。

1. 考虑主动资源学习效应的项目调度模型

产品研发中的主动资源项目调度问题属于一类组合优化问题，其目的是制订调度计划，确定每个任务的开始执行时间，同时给其分配合适的资源，确保产品研发有序快速进行并节省研发成本。软件产品研发通常包含一系列流程，如产品需求调研分析、原型设计、界面设计、整体架构设计、服务端研发、前端研发、功能及性能测试等，每个流程包含着大量的细分任务，每个任务都需要某项技能完成。项目包含具有多技能的技术资源，并且由于资源对技能掌握程度不同，资源具有不同的技能水平，任务对执行资源的技能水平具有要求。在产品研发中，资源在任务执行过程中进行相关的技能学习，技能水平得到提升，对项目调度执行和调度分配都会产生影响。本节对考虑主动资源学习效应的项目调度问题进行描述，基于资源学习效应建立资源技能水平变化模型，并基于技能水平变化模型建立考虑主动资源学习效应的项目调度模型。

（1）主动资源项目调度问题描述

主动资源项目调度问题是主动资源受限于项目调度问题（MSRCPSP）[4] 的一类应

用，主动资源是资源的一种具体化，本节在 MSRCPSP 模型的基础上进行阐述。本节 MSRCPSP 的目标是安排研发任务的调度计划（确定任务开始执行时间）并为任务合理安排主动资源，同时优化项目工期和项目研发成本目标。

产品研发中的主动资源项目调度问题描述为：一个研发项目根据业务功能及需求调研分析、功能设计、架构设计、系统开发、测试等流程，拆分为大量细分任务，汇总项目任务数为 n，参与该项目的主动资源数为 m，项目拆分任务粒度细，每个任务需要由具有某种技能（产品原型设计、Java 开发、C++ 开发等）的主动资源（产品经理、体验设计师、研发工程师、架构师、算法专家等）完成，任务对资源的技能水平有要求，任务的执行工期与分配资源的技能水平有关，任务与资源是一一配置关系，某些任务间具有紧前关系约束。所有资源的技能集满足项目的需要，资源可以拥有多种技能（如研发工程师可掌握多种开发语言），资源技能水平由技术专家进行评估，如图 5-25 所示。同时在产品研发过程中，随着任务执行，主动资源进行工作相关的技能学习，技能水平逐渐提升（如某 C++ 工程师持续进行 C++ 研发工作，积累 C++ 技能经验，技能水平提升，从初始水平升级到中级），学习的快慢与该资源本身的学习能力和技能类型相关。技能提升快慢与学习快慢及所处的技能水平层级相关，学习能力越强，其技能提升越快；当所处技能层级越高，其技能提升越慢。随着主动资源执行任务积累经验，资源技能水平提升，在后续任务调度中将其分配给对应技能水平要求的任务。此外，本节的主动资源项目调度问题还具有以下假设：

1）分配给任务的主动资源需要拥有任务需求的技能类型，同时主动资源技能水平必须不低于任务要求的技能水平；

2）任务的执行工期与分配的主动资源技能水平有关，高水平技能的主动资源执行工期比低技能的主动资源执行工期短；

3）任务一旦开始执行后不允许中断；

4）每个主动资源在某一时刻至多执行一项任务；

5）任务的调度必须满足任务间的紧前关系约束；

6）每个主动资源都有固定的成本，且项目研发成本主要是人力成本；

7）在产品研发期间，主动资源的学习能力不变；

8）在产品研发期间，不考虑主动资源的流动。

（2）考虑资源学习效应的技能水平变化模型

在实际产品研发中，需要对主动资源的技能进行量化，对于资源的每项技能（产品设计、UI 设计、Java 开发、C++ 开发等）都具有相应的技能水平评级，如 Java 开发有 1 级（初级水平）、2 级（中级水平）等。在主动资源执行研发任务过程中，技能提升一定程度后，其技能水平评级也相应升级，如研发工程师长时间进行 C++ 开发工作，其 C++ 开发技能提升，从 C++ 中级开发水平提升为高级开发水平。对于同一任务，高技能水平资源的执行工期比低技能水平资源的执行工期短。通过对主动资源学习情况和相关学习模型的分析，本节基于 De Jong 学习模型建立资源技能水平变化模型。

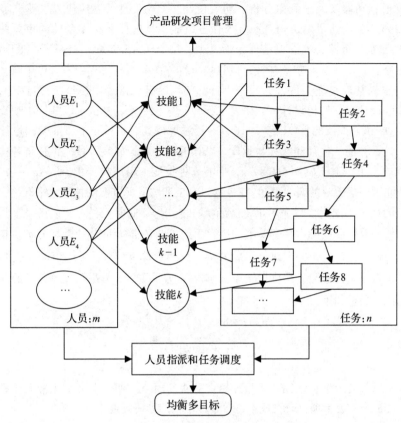

图 5-25　主动资源项目调度问题

　　学习曲线最早由 Wright[5] 提出，描述制造生产过程中资源的生产效率逐渐提高。继之，De Jong[6] 提出新的学习能力模型，该模型描述当重复进行周期性的工作或者生产相同产品时，每个周期所需的时间在很长一段时间内会逐渐下降，这解释了经验观察的现象。在 De Jong 模型中，随着资源重复执行任务，资源技能在逐渐提升，每个轮次所需要的执行时间会逐渐下降，同时 De Jong 模型限制了任务执行时间减少的程度，并且执行时间随着经验积累而衰减的速度在减缓，且无论累计多少经验，执行时间都永远不会为零[7]，这与软件产品研发项目中资源参与研发任务的情况是相符的。式 (5-22) 展示了资源对任务的执行时间与执行次数的关系。

$$T_s = T_1\left(M + \frac{1-M}{s^{\mu}} \right) \tag{5-22}$$

式中，T_1 代表资源在第一个轮次所需的时间；T_s 代表第 s 轮次所消耗的时间；M 代表不可压缩因子或临界因子，与工作类型相关，$0 \leqslant M \leqslant 1$，第无穷个连续工作周期 $T_\infty = MT_1$；μ 代表下降指数 $(0 \leqslant \mu \leqslant 1)$，表示资源的学习能力。

　　考虑主动资源学习效应的项目调度问题建模。主动资源项目调度问题的描述如下：

产品研发根据功能及需求调研分析、功能设计、架构设计、系统研发、测试等流程拆分为一系列任务，项目由 $J=1,2,\cdots,n$ 个任务组成，某些任务存在紧前约束关系，任务 $j(j\in J)$ 的紧前任务集为 P_j，紧前任务集 P_j 中的每个任务完成之后任务 j 才能开始执行；如果任务没有紧前任务，则该任务可以直接执行，任务执行过程中不可以中断，每个任务需要特定的某项技能完成，如原型设计、架构设计、Java 研发等。项目中包含产品经理、体验设计师、架构设计师、研发工程师、算法专家、测试工程师等主动资源集合 $K=1,2,\cdots,m$ 和 Z 种技能 $(Q_1,\cdots,Q_z,\cdots,Q_z)$，资源可以具有多种技能，如架构设计师除了具有架构设计技能，往往还掌握数据库表结构设计、Java 研发等技能，且每种技能都有相应的技能水平。对于资源 $k(k\in K)$，拥有 h 种技能，组成技能集 $Q^k=\{q_1,\cdots,q_r,\cdots,q_h\}$ 和对应技能水平集 $\{l_1^k,\cdots,l_r^k,\cdots,l_h^k\}$。任务的执行工期与分配资源的技能水平有关，高技能水平资源的执行工期比低技能水平资源的执行工期短。同时，任务完成质量也与技能水平有关，任务对资源技能水平有要求，执行任务 $j(j\in J)$ 需要的技能类型为 q_j，技能水平需要达到 l_j，在技能水平 l_j 下执行工期为 d_j。仅当资源 k 具有任务需求的技能类型 q_j 及技能水平不低于 l_j，才能分配执行任务 j。同时，假设资源 k 分配给任一任务的薪资 c_k 固定。问题优化目标如下：

$$\min\tau=\max\{F_j\mid j\in J\} \tag{5-23}$$

$$\min c=\sum_{j=1}^{n}\sum_{k=1}^{m}Y_{jk}\cdot c_k\cdot d_{jk}^{\text{real}} \tag{5-24}$$

式（5-23）表示项目工期，尽量缩短产品研发项目工期，即最小化最大任务的完成时间；式（5-24）表示项目研发成本，尽量最小化产品研发成本。

2. 基于 Q-learning 的双种群协同进化算法

强化学习类似于超启发式算法的思想，超启发式算法能够自动选择、组合多个简单的低水平启发式算法来处理复杂的组合优化问题[8-9]，而强化学习能够感知环境的状态从而选择合适的动作（搜索策略）执行。借鉴于此，将元启发式算法看作强化学习中的动作，本节将强化学习运用于问题的求解。

不同于元启发式算法，强化学习将问题求解搜索看作从环境状态到动作的函数，强化学习中的智能体能够感知环境，从而在当前状态下选择合适动作并执行，然后环境会给予奖赏或者惩罚作为采取动作的反馈，它的目标是获得最大化长期奖赏[10]。本节采用强化学习中的 Q-learning 方法[11]，在种群进化过程中有效地选择最优的元启发式搜索策略进行迭代，充分利用不同元启发式搜索策略的特色，以提升问题求解的效率和性能。

（1）表征

个体的表征是任何基于种群方法的关键[12]。问题的解包含了任务排序和资源分配两个问题。个体表征定义了一个基因组代表问题的任务资源分配。本节对基因组基因值使用小数编码，基因组基因值为一个 0 到 1 的小数 ϑ，基因组表示见式（5-25）。其中，TL 代表任务索引链表，在这里任务顺序排列，任务的具体排序在之后的调度生成器中完成；RL 代表 TL 链表对应的基因值链表，在调度生成器中解码，获得任务具体的分配资源。

$$\begin{bmatrix} \text{TL} \\ \text{RL} \end{bmatrix} = \begin{bmatrix} 1,2,\cdots,n \\ \vartheta_1, \vartheta_2, \cdots, \vartheta_n \end{bmatrix} \qquad （5\text{-}25）$$

不是每一种资源都能执行任务，当分配给不可执行任务的资源时，解变得无效，所以分配过程需要考虑分配的可行性，每一个任务都有可以执行它的资源集，任务分配资源时，资源集基因限定在这个资源集中，基因值与基因对应的任务的可执行资源集大小的乘积向下取整，表示分配的资源在任务可执行资源集中的索引（索引从 0 开始）。同时，需要考虑资源技能水平提升的特性，对于每一个任务，可能在调度起始时某个资源不在这个任务的资源集中，但是拥有执行该任务的技能类型，只是达不到要求的技能水平；但在调度该任务时刻前，该资源的该技能水平得到了提升，而可以执行该任务，即调度过程中资源可能被动态地添加到任务的可执行资源集中，通过这种编码可以实现任务调度过程资源技能水平提升后在新技能水平下的任务分配。

（2）调度生成器

在一个个体的基因组中定义了每个任务分配的资源基因值，在调度生成器中，对任务的执行顺序及执行时刻进行安排，同时将任务对应的资源基因值解码为对应的资源。本节设计了基于简单有无后继任务的调度生成器，对于拥有紧后集的任务，更可能成为关键路径上的一部分，因此先确定任务的执行时刻，剩下的任务与之前的任务没有关联，可以放置在时间轴上均匀分配，缩短调度的总时间。调度生成器的伪代码如算法 5.7 所示。

算法 5.7：基于简单有无后继任务的调度生成器 SGS (TL, RL)

1：for 任务 t in TL do

2：if 任务 t 有紧后任务 then

3：资源 r ← 根据任务 t 的基因从任务的可执行资源集获得任务 t 分配的资源

4：predEnd ← 任务 t 的紧前任务集的最早完成时间

5：resEnd ← 资源 r 上一个分配任务的完成时间

6：任务 t 的开始时间 t.start ← max(predEnd.resEnd)

7：updateResource(r, t)　　// 更新资源 r 的信息

8：updateCapableResource(r)　　　// 更新后续任务的可执行资源集

9：end if

10：end for

11：for 任务 t in TL do

12：if 任务 t 没有紧后任务 then

13：资源 r ← 根据任务 t 的基因从任务的可执行资源集获得任务 t 分配的资源

14：predEnd ← 任务 t 的紧前任务集的最早完成时间

15：resEnd ← 资源 r 上一个分配任务的完成时间

16：任务 t 的开始时间 t.start ← max(predEnd.resEnd)

17：updateResource(r, t)　　// 更新资源 r 的信息

18：updateCapableResource(r)　　// 更新后续任务的可执行资源集

19：end if

20：end for

（3）强化学习与 Q-learning

强化学习用于学习在不同的情形、状态下执行最佳搜索策略（动作），以最大化长期数值奖赏。强化学习的智能体一开始并不知道采取哪些动作，而必须通过尝试发现哪些动作能产生最多的奖赏。图 5-26 展示了强化学习的简单图示，强化学习任务通常用马尔科夫决策过程来描述：智能体（agent）处于环境 E 中，智能体能够感知到的所处环境的描述称作状态，所有状态 x 组成状态空间 X，动作空间为 A，其中每个动作 $a \in A$ 为智能体能够采取的动作；若智能体感知的环境描述为状态 x，并在当前状态下执行某个动作 $a \in A$，则潜在的转移函数 P 使得环境从当前状态按照某种概率转移到另外一个状态；在转移到另外一个状态的同时，环境会根据潜在的"奖赏"函数 R 反馈给智能体奖赏[13]。智能体要做的是通过在环境中不断尝试从而学得"策略" π，并根据这个策略，在状态 x 下得知要执行的动作 $a = \pi(x)$，以最大化长期累计奖赏。算法 5.8 给出了 Q-learning 学习算法的一般实现过程。

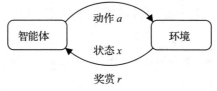

图 5-26　强化学习的简单图示

算法 5.8：Q-learning 学习算法的一般实现过程

输入：环境 E；
　　　动作空间 A；
　　　起始状态 x_0；
　　　更新步长 α；

过程：

1：$Q(x,a) = 0$，$\pi(x,a) = \dfrac{1}{|A(x)|}$；　　// 默认以均匀概率选取动作

2：$x = x_0$；

3：for $t = 1,2,\cdots$ do

4：r 和 x' 是在 E 中执行动作 $a = \pi^{\varepsilon}(x)$ 产生的奖赏与转移的状态；　// 单步执行策略

5：$a' = \pi(x')$；　// 原始策略

6：$Q(x,a) = Q(x,a) + \alpha(r + \gamma \cdot Q(x'+a') - Q(x,a))$；　　// 算法评估

7：$\pi(x) = \arg\max\limits_{a'} Q(x,a'')$；

8：$x = x'$；

9：end for

输出：策略 π

　　强化学习 Q-learning 应用于本节问题求解的原理示意图如图 5-27 所示。Q-learning 中的智能体能够感知每一代种群帕累托（Pareto）解集的特征（如多样性、收敛性）（在多目标优化问题中，对于两个解 S_1 和 S_2，如果 S_1 的每个目标都不差于 S_2 且至少一个目标优于 S_2，则 S_1 支配 S_2；如果 S_1 没有被种群其他解支配，则称 S_1 为种群非支配解，一个种群所有的非支配解组成种群的 Pareto 解集），识别当前状态，然后根据预定义的策略选择最佳的动作（搜索策略）执行搜索并生成新的种群。动作执行完成后，Q-learning 的智能体对策略（在之前的状态执行该动作）进行评估，应用动作执行的奖赏对状态动作值函数进行 Q 值更新，将状态动作值函数和转移后的新状态作为智能体感知的新环境，重复上述过程，进行高效的搜索。

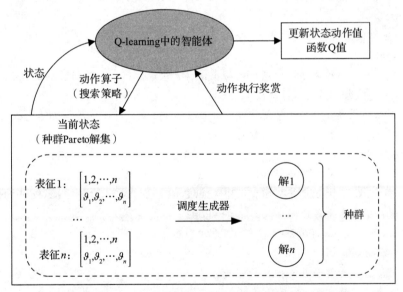

图 5-27　Q-learning 应用于本节问题求解的原理示意图

3. 基于 Q-learning 的双种群协同进化算法框架

　　基于以上的强化学习各个组成元素的介绍，基于 Q-learning 的双种群协同进化算法框架的伪代码如算法 5.9 所示。该算法首先采用种群初始化策略生成一定大小的 2 个种群（第 1 行）；之后对这 2 个种群的状态动作表中的 Q 值分别初始化，这时每个状态下对各个动作的选择概率都是相等的（第 2 行）。在第 4 行，应用前文状态定义的方法，

Q-learning 智能体分别感知 2 个种群所处的状态；由于最开始种群解质量相对较低，搜索过程种群状态变化很大，不能正确反应动作策略的好坏，因此根据状态定义设置临界点（设置为定义状态指标值的一定比例），在此之前在各动作间随机选择（第 8 行）。第 5 行判断是否达到临界点，如果到达临界点，则根据之前动作选择策略为 2 个种群分别选择最佳的执行动作（第 6 行）。执行动作生成新的种群（第 10 行），然后对策略（在之前的状态执行该动作）进行评估，并根据动作执行的奖赏更新状态动作值函数的 Q 值（第 12、13 行）。将 2 个种群的 Pareto 解分别加入对方种群以加快种群进化（第 15～17 行），然后重复上述操作，直到满足终止条件（第 3 行）。

算法 5.9：基于 Q-learning 的双种群协同进化算法框架的伪代码

1：生成 2 个种群大小为 NS 的初始化种群；

2：初始化种群 1 和种群 2 的状态动作对表中 Q 值，即 Q1 和 Q2；

3：while (未满足终止条件) do

4：智能体探测 2 个种群的环境状态 s_1、s_2；

5：if (进入强化学习阶段) then

6：根据前文的动作选择策略选择出种群 1 和种群 2 的执行动作 a_1、a_2；

7：else

8：应用随机策略选择出动作 a_1、a_2；

9：end if

10：在种群 1 和种群 2 中分别执行动作 a_1、a_2 生成后代 newPop1、newPop2；

11：if (先前进入强化学习阶段) then

12：根据动作奖赏公式计算动作 a_1、a_2 的奖赏 r_1、r_2，以评价动作的性能；

13：根据公式更新动作状态函数 Q 值 Q1(s_1, a_1) 和 Q2(s_2, a_2)；

14：end if

15：分别计算后代种群 newPop1、newPop2 的非支配帕累托前沿解集 pareto1、pareto2；

16：将 pareto1、pareto2 分别添加到种群 newPop1、newPop2，对种群 newPop1、newPop2 使用非支配排序得到新种群 newPop1'、newPop2'；

17：newPop1'、newPop2' 分别作为迭代的种群 1 和种群 2；

18：end while

19：计算 2 个种群合并的帕累托前沿解

20：输出帕累托解集

5.4.3 主动资源任务修正评价模型及方法

资源任务绩效指标评价器的作用是基于任务绩效评价模型和资源绩效评价模型，根据资源完成任务的实际情况，对资源进行绩效评价。

资源的评价依据来源于其所承担项目的绩效，因此对资源进行评价前，需要对其承担的项目绩效进行评价。

1. 任务绩效评价模型

任务绩效评价模型的评价指标包括任务难度系数、任务费用、任务所需技能等级、任务工期、任务服务态度、任务综合评价等。

任务难度系数 h：任务对应技能等级平均难度的乘子，取值为 0.5~1.5。

任务费用 c、c'：c 为任务的预算费用，c' 为任务的实际费用。

任务所需技能等级 g：完成任务所需要的最低技能等级。

任务工期 d、d'：d 为任务的预估工期，d' 为任务的实际工期。

任务服务态度 p：任务完成后，任务委托人对任务执行过程中服务态度的评价值。值域范围为 0.5～1.5，值为 1 表示服务态度中等，值大于 1 表示服务态度高于预期，值小于 1 表示服务态度低于预期。值越大表示服务态度越好，值越低表示服务态度越差。

任务综合评价 v：任务完成后任务委托人对任务绩效的综合评价值，参考完成质量、服务态度、及时率等给出综合评价。

2. 资源绩效评价模型

通过专家模式建立以任务 – 资源精准匹配为目标的资源多维度指标模型。本节建立了资源的技能水平、学习能力、单位时间成本、服务态度、及时完成率等 5 个维度指标的评价模型。

（1）资源技能水平评价模型

资源可能包含多个技能，每种技能具有一个水平度量。资源所拥有的技能水平是否满足任务的技能需求，是任务 – 资源匹配的最根本约束。

$$T_n = T_{n-1} \cdot q + t_n \cdot (1-q) \tag{5-26}$$

$$t_n = g_n \cdot h_n \cdot v_n \cdot \frac{d_n}{d_n{}'} \frac{c_n}{c_n{}'} \tag{5-27}$$

式中，T_n、T_{n-1} 分别为第 n 次、第 $n-1$ 次任务后的资源技能评价值，无量纲；q 为 [0, 1] 之间的系数，根据样本集数据进行最小二乘法计算得到；t_n 为第 n 次任务体现的技能评估值；g_n 为第 n 次任务所需的最低技能等级；h_n 为第 n 次任务难度系数；v_n 为第 n 次任务完成后的综合评价值，无量纲；d_n 为第 n 个任务的计划工期时长，$d_n{}'$ 为第 n 个任务的实际工期时长，量纲为人天；c_n 为第 n 个任务的预算费用，$c_n{}'$ 为第 n 个任务的实际费用，量纲为元。

（2）资源学习能力评价模型

资源具有学习能力，能在任务执行过程中积累经验，提升技能水平。资源学习能力的高低反映了资源通过执行任务提升技能的效率。

$$S_n = S_{n-1} \cdot w + \left(\frac{T_n - T_{n-1}}{d_n{}' \cdot \beta} \right) \cdot (1-w) \tag{5-28}$$

式中，S_n、S_{n-1} 分别为第 n 次、第 $n-1$ 次任务后的资源学习能力评估值，无量纲；w 为 [0, 1] 之间的系数，根据样本集数据进行最小二乘法计算得到；β 为标准能力提升系数，量纲为 1/ 人天，该值通过样本数据集进行机器学习得到，也可以直接取 $\beta=0.01$。

（3）资源单位时间成本评价模型

资源具有单位时间成本。资源的使用成本是任务匹配时考虑的重要因素之一。

$$C_n = C_{n-1} \cdot m + \left(\frac{c_n'}{d_n \cdot \alpha}\right) \cdot (1-m) \qquad (5\text{-}29)$$

式中，C_n、C_{n-1} 分别为第 n 次、第 $n-1$ 次任务后的资源单位时间成本评估值，无量纲；m 为 $[0, 1]$ 之间的系数，根据样本集数据进行最小二乘法计算得到；α 为标准成本系数，是行业平均单位时间成本，量纲为元/人天，该值由样本数据集统计得到。

（4）资源服务态度评价模型

服务态度是资源使用方对资源的主观评价，服务态度的好坏是影响任务–资源匹配的因素之一。

$$P_n = P_{n-1} \cdot k + p_n \cdot (1-k) \qquad (5\text{-}30)$$

式中，P_n、P_{n-1} 分别为第 n 次、第 $n-1$ 次任务后的服务态度评价指数，无量纲；p_n 为第 n 次任务的服务态度评价值；k 为 $[0, 1]$ 之间的系数，根据样本集数据进行最小二乘法计算得到。

（5）资源及时完成率评价模型

及时完成率是资源工作效率及履约质量的重要评价指标，也是影响任务–资源匹配的关键因素之一。

$$F_n = F_{n-1} \cdot \frac{D_{n-1}}{D_n} + \left(\frac{d_n'}{d_n}\right) \cdot \frac{d_n}{D_n} \qquad (5\text{-}31)$$

$$D_n = D_{n-1} + d_n \qquad (5\text{-}32)$$

式中，F_n、F_{n-1} 分别为第 n 次、第 $n-1$ 次任务后的及时完成率指数；D_n、D_{n-1} 分别为第 n 次、第 $n-1$ 次任务后的累计计划工期时长，量纲为人天。

（6）资源综合评价模型

任务–资源匹配时，在技能水平、学习能力、单位时间成本、服务态度、及时完成率均满足任务单项要求的情况下，如果还存在多个资源可以选择，则需要通过资源的综合评价值从高到低选择：

$$Z_n = \frac{T_n}{\overline{T}} \cdot \delta_1 + \frac{S_n}{\overline{S}} \cdot \delta_2 + \frac{P_n}{\overline{P}} \cdot \delta_3 + \frac{F_n}{\overline{F}} \cdot \delta_4 + \frac{\overline{C}}{C_n} \cdot \delta_5 \qquad (5\text{-}33)$$

式中，Z_n 为综合评价值，该值在任务–资源匹配过程中动态计算，是相对于其他竞争资源的综合评分。每次计算的结果会因为竞争资源的差异而不同。T_n、S_n、P_n、F_n、C_n 分别为第 n 次完成任务后资源最新的技能水平评估值、学习能力评估值、服务态度评估值、及时完成率评估值、单位时间成本值，均无量纲；$\overline{T}$、$\overline{S}$、$\overline{P}$、$\overline{F}$、$\overline{C}$ 分别为在该次任务匹配过程中所有可选资源的技能水平评估值平均值、学习能力评估值平均值、服务态度评估值平均值、及时完成率评估值平均值、单位时间成本值平均值，均无量纲；

δ_1、δ_2、δ_3、δ_4、δ_5 分别为权重系数，均无量纲，其取值由样本集机器学习得到。

5.4.4 "任务 – 资源"匹配与修正工具应用

1. 应用对象

"任务 – 资源"匹配与修正工具（MOES）能提供基于资源能力特征的任务 – 资源匹配功能以及根据任务执行绩效对资源能力指标进行动态评估功能。

2. 面向问题

针对众包设计过程中动态成长的主动资源与复杂性众包任务之间的精准匹配问题，本节提出一套完整的资源任务动态演进及匹配方法，通过智能规划匹配算法进行资源与任务的匹配，然后根据任务执行绩效动态修正资源的能力特征，以便在下一次任务匹配过程中使用。

3. 应用效果

以往的方法是将匹配规划方法和资源评估独立操作，缺少动态演进过程，已有的匹配规划算法只考虑静态的资源特性，在任务分派过程中忽略了资源的成长性，不利于激发众包设计平台资源积极向上的动力。本工具充分考虑了资源能力成长对获取任务的影响，相对于其他算法，在匹配解的收敛性和多样性上有明显改善，有利于构造良好的众包生态。

4. 应用实例

修正工具与众包设计平台实现数据集成，主要从平台获取资源集数据和待分配任务集数据。平台调用本工具的匹配算法函数，实现对待执行任务的资源分配。若平台监测到任务执行完毕，则收集任务完成绩效数据，调用本工具的资源评估算法函数，完成资源能力指标数据的重评估，如图 5-28 所示。

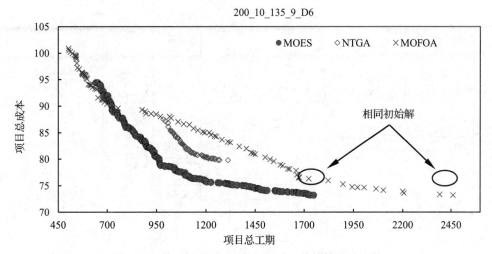

图 5-28　修正工具（MOES）相对于其他算法的比较

5.5 个性化设计资源智能推送技术

众包设计平台任务流量过大会使设计方（Problem Solver，PS，即问题解决者）需要花费更多的时间和精力才能选择到合适的任务，这不仅影响最终任务的完成时间和质量，也会严重影响 PS 的参与度。平台 PS 流量过大会使需求方（Questioner，QR，即问题提出者）需要花费更多的时间和精力来比较筛选合适的 PS，大量的时间成本降低了 QR 的参与热情，若得到的任务解决方案不能满足其要求，不仅影响 QR 下一次的参与，还会使 QR 不再将众包设计平台作为解决问题的方式。个性化推荐作为解决该问题的方法被提出 [14]。然而，目前大多数众包设计平台没有采用个性化推荐 [15]。因此，众包设计平台迫切需要采用个性化推送方式来满足广大平台用户的需求。

5.5.1 众包模式下产品设计流程建模分析

相关研究将产品众包设计分为大众参与投票和直接由大众参与设计两种形式 [16]。直接由大众参与设计是目前国内众包设计平台使用最多的方式，因此以这种方式为基础建立如图 5-29 所示的众包流程。QR 提出设计任务并设置奖金提交给众包设计平台，平台会根据任务所需要的技能将设计任务分解为若干个设计需求形成任务，再将任务发布供大众选择。众包设计平台会根据 PS 所具备的技能对其进行分类，通过匹配将设计资源和任务进行结合，匹配成功的 PS 提交设计方案给平台，平台整合设计方案并反馈给 QR，由 QR 对方案进行选择再反馈给平台，平台再给予 PS 奖励。本节所设计的产品设计众包流程体现了众包的两种方式：协作式众包和竞争式众包。将大任务分解为小任务由多个 PS 协作完成的过程是协作式众包的体现，而将小任务发包给大众选择完成则是竞争式众包的体现。

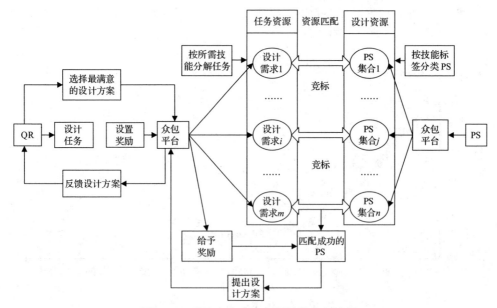

图 5-29　直接由大众参与设计的众包流程

5.5.2 众包设计个性化推荐技术总体框架

1. 需求分析

平台要想得到高效率的任务和设计资源的匹配与推荐，就需要从 PS 和 QR 的角度出发分析其需求，并利用其需求。在上节所述众包流程中，个性化推送主要表现在：对 PS 而言，他希望向他推荐的任务能够满足他的参与动机；对于 QR 来说，他希望他的需求能被有能力的且有意愿参加的 PS 来满足。众包设计平台采用一定的规则将设计资源和任务进行匹配，需要体现众包设计平台中 PS 和 QR 的个性化需求，才能提高匹配的效率和效果。为了提高个性化推荐效率，本节将利用技能标签和任务类别一一对应的关系建立 PS 和 QR 的联系，以满足 PS 和 QR 对推荐内容的个性化需求，建立衡量 PS 能力大小和参与动机的模型，借鉴基于内容的推荐方法，完成 QR 和 PS 的双向推荐。

2. 推荐方法搭建

基于内容的推荐算法建模流程以及 PS 和众包任务按技能标签匹配的原则，本节从 PS 和 QR 的需求出发建立如图 5-30 所示的推荐方法，该方法同时包含了向 PS 和 QR 两条推荐路线，以及能力模型、众包任务模型和 PS 参与动机模型 3 个模型。

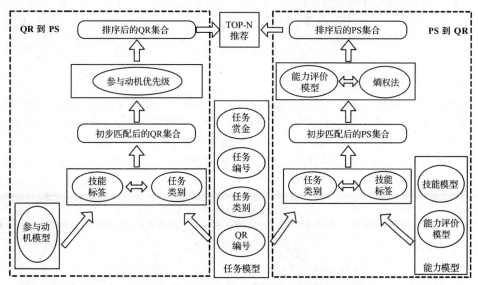

图 5-30 向 PS 和 QR 个性化推荐的推荐方法

首先建立众包任务模型。众包任务模型建立的关键就是对众包任务进行分类，利用朴素贝叶斯文本分类算法，以任务的描述性文本为基础对众包任务进行分类，分类的标准是完成该任务所需要的技能标签。其次，将该技能标签作为该任务的一个属性，建立包括编号、赏金、类别、所属 QR 编号等信息在内的任务模型。然后，建立 PS 的能力模型。建立能力模型的理论基础是 KASO 胜任力模型，关键是在众包设计平台上找到与 K、A、S、O 相匹配的表征值。参考建立模型的相关原则以及目前在这方面的研究现状，建立适合的 PS 能力模型。最后，建立 PS 的参与动机模型。参与动机模型描述 PS 对众包任务的偏爱程度，在参考动机理论的基础上利用问卷调查的方式，得出相应关键动机，建立 PS 参与动机模型。

根据众包任务模型中的类别和能力模型中的技能标签一一对应的关系，分别匹配到适合彼此的 QR 集合和 PS 集合。在 QR 到 PS 中，将初步匹配到的 QR 集合按参与动机的优先级排序然后推荐给 PS。在 PS 到 QR 中，对初步匹配到的 PS 集合中的 PS 进行能力大小的排序，最终将排序后的 PS 推送给 QR。

5.5.3 众包设计双向推荐过程建模与分析

1. 众包任务模型

PS 拥有完成任务所需要的技能是推送的关键[17]。在众包设计平台中，QR 在发布任务时需要选择任务类型，该任务类型与 PS 的技能标签是一一对应的。对于那些不提供任务类型选择的平台，机器学习则是一种很好的解决方法。任务的描述性文本是众包任务分类的信息来源，对于文本的分类方法已经做了许多的研究，如利用贝叶斯文本分类算法[18]。另外，在分类效果不理想时，还可以利用人工在线标注的方式提高分类的准确率，提取出任务 m 所属的类别 i、赏金 Mr_m、QR 编号 $\mathrm{ID}_{\mathrm{QR}}$ 以及任务编号 ID_m，如式（5-34）所示，T_m 表示任务 m 的模型，T 表示所有任务的集合。

$$T_m = (i, \mathrm{Mr}_m, \mathrm{ID}_{\mathrm{QR}}, \mathrm{ID}_m) \tag{5-34}$$

$$T = \{T_1, T_2, \cdots, T_m, \cdots\} \tag{5-35}$$

2. PS 参与动机模型

PS 对任务的整体偏好是因为任务符合其参与动机[19]。相关研究[20]表明，PS 的兴趣爱好、任务的奖金刺激和其认为该任务是否对个人能力有锻炼是主要动机，即任务是否为其所喜欢的类型，任务的赏金是否满足其对赏金的预期，任务是否对其能力有锻炼。可以采用显式方法或隐式方法获取信息来构建模型[21]。利用各个类型任务的投标次数表示 PS 对不同类型任务渴望得到能力锻炼的程度，X_{ji} 表示 PS_j 在 i 类型任务下的投标次数，i 类型任务见猪八戒网的二级标签分类（以公装服务与家庭装修为例），见表 5-4。再统计出 PS_j 在各种类型任务下不同赏金的投标次数，用期望表示在各个类型任务下 PS 对任务赏金的预期。Avg_{ji} 表示 PS_j 对 i 类型任务赏金的预期，如式（5-36）所示。

$$\mathrm{Avg}_{ji} = \sum_1^n \left(\frac{t_i}{\sum_a^n t_i} \times r_i \right) \tag{5-36}$$

$$\mathrm{Pw}_{ji} = (X_{ji}, \mathrm{Avg}_{ji}, c_i) \tag{5-37}$$

$$\mathrm{Pw}_j = (\mathrm{Pw}_{j1}, \mathrm{Pw}_{j2}, \cdots, \mathrm{Pw}_{ji}, \cdots) \tag{5-38}$$

式中，t_i 表示在 i 类型任务下任务赏金为 r_i 的投标次数，共有 n 种赏金额度；c_i 表示 PS_j 喜欢的任务类型；Pw_{ji} 表示 PS_j 对 i 类型任务的整体偏好；Pw_j 表示 PS_j 对任务的整体偏好。

表 5-4　猪八戒网公装服务及家庭装修标签分类

序号	一级标签	二级标签	三级标签
1	公装服务	公装设计	购物空间设计、餐饮空间设计、办公空间设计、公装效果图、SI 连锁品牌设计、其他装修设计、教育空间设计、酒店空间设计、娱乐空间设计、休闲健身空间设计、门头效果图设计、医疗空间设计、售楼处样板间设计、软装设计、商业美陈、厂房设计、公园广场设计
		展会展厅	展厅设计、展台搭建、展架定制
		公装施工	施工造价、设备安装、施工监理、消防申报、劳务输出、图纸审核
		选址服务	办公室选址、店铺选址
		整装服务	整装服务、软装服务
2	家庭装修	新房装修	家装设计、整体装修、软装搭配、量房
		家装服务	装修报价、测 / 除甲醛、家装装修监理、维修服务、其他家装服务
		全屋订制	整体订制、家具订制

3. PS 能力模型

仲秋雁等 [22] 将胜任力 KSAO 模型引入众包,把 PS 对任务的胜任力按知识、技能、能力以及其他特征 4 个方面来建模;刘景方等 [23] 将众包人才交流过程中产生的信息进行文本聚类,经过分析得到了众包人才的 5 种能力特征,并最终通过实验验证了方法的有效性;吕英杰等 [24] 通过对前人胜任力模型的总结和分析,形成了众包知识型人才指标评价体系,并在此基础上采用基于 TOPSIS 的多指标决策算法对人才进行优劣评价并排序。参考上述文献,考虑到评价指标的科学性、系统性以及可操作性的原则 [25],本节从技能和能力评价两个方面构建 PS 能力模型,如图 5-31 所示。

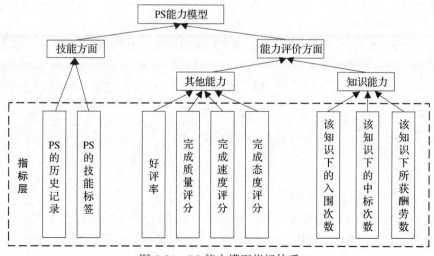

图 5-31　PS 能力模型指标体系

技能方面是从 PS 的知识面广度和知识深度两个方面建模。对 PS_j 的技能进行标签化，表示 PS_j 知识的覆盖面。在知识建模中，所有的技能标签都来自 PS_j 的个人信息。建立一个维度等于所有技能标签数的向量 $\boldsymbol{K}_j$，如式（5-39）所示，表示 PS_j 的知识广度，h_i 表示 i 技能标签名称。

$$K_j = (h_1, h_2, \cdots, h_i) \tag{5-39}$$

能力评价方面是从信誉和知识能力两个方面综合衡量 PS_j 在 i 技能标签下的能力大小。Yang 等 [26] 认为在历史任务中胜出率较高的人才在后续参与的任务中仍然有较高的胜出率。分别提取出 PS_j 在各个技能标签下的入围次数、中标次数和所获酬劳数，用此来表示在各个技能标签下 PS_j 的知识能力。任务赏金总数的向量 $\boldsymbol{S}_{mj}$ 如式（5-40）所示，m_i 表示 PS_j 在 i 技能下所获任务的赏金总数。入围次数的向量 $\boldsymbol{S}_j$ 如式（5-41）所示，s_i 表示 PS_j 在 i 技能下的入围次数。中标次数的向量 $\boldsymbol{B}_j$ 如式（5-42）所示，w_i 表示 PS_j 在 i 技能下的中标次数。综上所述，知识能力 Ka_j 如式（5-43）所示。

$$S_{mj} = (m_1, m_2, \cdots, m_i) \tag{5-40}$$

$$S_j = (s_1, s_2, \cdots, s_i) \tag{5-41}$$

$$B_j = (w_1, w_2, \cdots, w_i) \tag{5-42}$$

$$Ka_j = (S_{mj}, S_j, B_j) \tag{5-43}$$

在众包中，信誉尤为重要。QR 将任务托付给 PS，并规定了完成任务的截止时间，QR 希望 PS 在规定的时间内交出满意的解决方案。如果 PS 的信誉较差，未在规定的时间内完成任务或者完成的任务质量未达到 QR 的预期，那么这不仅会影响 PS 的收益，还会影响 QR 继续参与的兴趣，甚至导致 QR 对众包设计平台的不信任。对于 PS 的信誉，可以通过好评率、完成态度评分、完成速度评分、完成质量评分等显式指标反映。完成速度评分、完成质量评分及完成态度评分是 PS_j 在完成任务后，QR 对其完成任务情况的综合评分，代表了 QR 对 PS 的满意程度。好评率 Pr 为百分数，完成质量评分为 Qs，完成速度评分为 Ss，完成态度评分为 As，表达如式（5-44）所示。综上所述，Cs_j 表示 PS_j 的能力模型，如式（5-45）所示，其中 ID_j 表示 PS 的编号。式（5-46）表示所有 PS 的能力模型。

$$C_j = (Pr, Ss, Qs, As) \tag{5-44}$$

$$Cs_j = (ID_j, K_j, Ka_j, C_j) \tag{5-45}$$

$$Cs = (Cs_1, Cs_2, \cdots, Cs_j, \cdots) \tag{5-46}$$

4. 设计方到需求方的推荐

首先，以式（5-34）为基准，将式（5-46）中各个 PS 所拥有的技能标签与式（5-34）中的任务类型进行对比。例如，如果 PS_j 拥有完成任务 m 的技能标签，就将 PS_j 加入 P 中，P 表示具有完成任务 m 能力的 PS 集合。然后，再对 PS 集合 P 的能力进行排序。

　　熵权法[27]认为某项评价指标的评价值的变化率越趋于 0，则它的熵就越大，即该指标提供的信息量越小，其在评价整体中所占权重也就越小。相反，如果变化率越趋于 1，则它的权重就越大。在集合 P 中，如果各个 PS 的好评率的变化率趋于 0，则表示在该指标下各个 PS 的差别不大，即该指标不能很好地区分出各个 PS 的能力大小，所以该指标在评价整体中所占权重就小。

　　为了更清楚地展示在能力评价中如何应用熵权法，现列出利用熵权法评价 PS 能力的步骤。x_{ji} 表示 PS_j 在第 i 项评价指标下的值，共 m 个 PS，7 个评价指标。

　　1）将原始数据进行归一化处理。因为在本评价体系下，其评价值越大，最终评价影响越好，所以在此采用归一化处理，p_{ji} 表示 PS_j 在第 i 项评价指标下归一化后的值。

$$p_{ji} = \frac{x_{ji} - \min\{x_{j1}, x_{j2}, x_{j3}, \cdots, x_{jn}\}}{\max\{x_{j1}, x_{j2}, x_{j3}, \cdots, x_{jn}\} - \min\{x_{j1}, x_{j2}, x_{j3}, \cdots, x_{jn}\}} \tag{5-47}$$

　　2）计算第 i 项评价指标的熵值 e_i。

$$e_i = -k \sum_{j=1}^{m} f_{ji} \ln f_{ji} \tag{5-48}$$

式中，$k = \dfrac{1}{\ln m}$，$f_{ji} = \dfrac{p_{ji}}{\sum\limits_{j=1}^{m} p_{ji}}$。并且规定如果 $f_{ji} = 0$，则 $e_i = 0$，ln 为自然对数，$0 \leqslant e_i \leqslant 1$。

　　3）计算第 i 项指标的差异性系数 g_i。对于给定的 i，x_{ji} 的差异性越小，则 e_i 越大；当 x_{ji} 全部相等时，$e_i = e_{\max} = 1$，此时对于方案的比较，指标 e_i 毫无作用；当各方案的指标值相差越大时，e_i 越小，该项指标对于方案比较所起的作用越大。定义差异性系数 g_i 为

$$g_i = 1 - e_i \tag{5-49}$$

当 g_i 越大时，指标越重要。

　　4）定义权数。

$$a_i = \frac{g_i}{\sum\limits_{i=1}^{n} g_i} \tag{5-50}$$

　　5）计算综合经济效益系数 v_j。

$$v_j = \sum_{i=1}^{7} a_i p_{ji} \tag{5-51}$$

v_j 为 PS_j 在技能标签 i 下的综合评价值。

　　能力评价的对象是具有同一类技能标签的 PS 集合，当 PS 具有多种技能标签时，就需要重复以上的能力评价步骤，然后得到相关的能力大小并排序。另外，能力评价的运算是可以线下进行的，因此可以节约大量的算法运行时间，增强了推荐的实效性。在完成权值的计算后，将综合评价值 v_j 以降序排列，向 QR 推荐前 TOP-N 的 PS。

5. 需求方到设计方的推荐

　　以式（5-45）为基准，将式（5-35）中各个任务的任务类型与式（5-45）中 PS_j 的技

能标签进行对比。例如，如果 PS_j 拥有完成任务 m 的技能标签，就将任务 m 加入 T 中，T 表示 PS_j 有兴趣的任务集合。

情况 1：历史数据稀疏。PS 在注册时填写的技能标签就是推荐的依据，直接将集合 T 中的任务随机推送给 PS。

情况 2：历史数据不稀疏。根据 PS 的参与意愿模型来推送任务。金钱的回报是一个非常重要的影响因素 [28]。首先，从任务集合 T 中，筛选出任务的赏金大于或等于 Avg_{ji} 的任务，形成任务集合 T'。然后以投标次数作为排序规则，降序排列任务，最后按 TOP-N 的方式将排序后的任务推荐给 PS_j。当筛选出来的任务集合 T' 为空集或者集合内的元素太少时，就回到了情况 1。

5.5.4 设计资源的智能推送工具应用

1. 应用对象

该功能的设计是为了获得精确的任务推荐和设计方推荐。

2. 面向问题

针对众包设计中任务 – 资源匹配难的问题，考虑需求方对设计方能力的需求以及设计方对任务是否符合其参与动机的需求，提出一种考虑各方需求的双向推荐方法。

3. 应用效果

首先构建任务模型、设计方的能力模型和参与意愿模型；然后通过任务类别和设计方的技能标签匹配到对应的任务原始集和设计方原始集。在此基础上，对于匹配到的任务原始集，基于参与意愿模型将任务推荐给设计方；而对于设计方原始集，则会基于能力模型和熵权法完成能力评价，按量化结果排序向需求方推荐，从而完成设计任务与资源的精准匹配与双向推荐。

4. 应用实例

进入需求方登录主界面，登录后其操作界面如图 5-32 所示，显示需求方的历史需求。

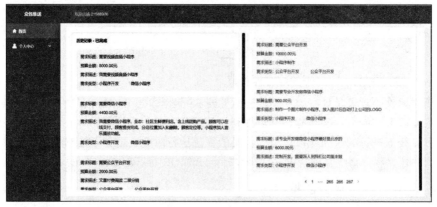

图 5-32　需求方界面

　　进入设计方登录主界面，如图 5-33 所示，该界面用来显示该设计方的历史完成任务、历史投标记录及系统推荐的任务。

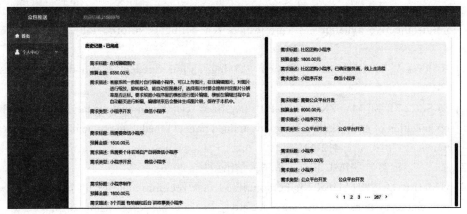

图 5-33　设计方登录主界面

参考文献

[1] CUI Y, CHE W, LIU T, et al. Pre-training with whole word masking for Chinese BERT[J]. IEEE/ACM Transactions on Audio, Speech, and Language Processing, 2021, 29(11): 3504 - 3514.

[2] YU F, KOLTUN V. Multi-scale context aggregation by dilated convolutions[J]. Computer Science, 2016(3).

[3] CLEVERT D A, UNTERTHINER T, HOCHREITER S. Fast and accurate deep network learning by exponential linear units (ELUs)[J]. Computer Science, 2015(11).

[4] SKOWRONSKI M, MYSZKOWSKI P B, ADAMSKI M, et al. Tabu search approach for multi-skill resource-constrained project scheduling problem[C]. 2013 Federated Conference on Computer Science and Information Systems, 2013.

[5] WRIGHT T P. Factors affecting the cost of airplanes[J]. Journal of the Aeronautical Sciences, 1936, 3(6): 122-128.

[6] DE JONG J R. The effects of increasing skill on cycle time and its consequences for time standards[J]. Ergonomics, 1957, 1(1): 51-60.

[7] CHEN X, THOMAS B W, HEWITT M. The technician routing problem with experience-based service times[J]. Omega, 2016, 61: 49-61.

[8] LIN J, ZHU L, GAO K. A genetic programming hyper-heuristic approach for the multi-skill resource constrained project scheduling problem[J]. Expert Systems with Applications, 2020, 140(2) : 112915.

[9] LIN J, LUO D, LI X, et al. Differential evolution based hyper-heuristic for the flexible

job-shop scheduling problem with fuzzy processing time[C]. Asia-Pacific Conference on Simulated Evolution and Learning, 2017, 10593(10) : 75-86.

[10] SHEN X, MINKU L L, MARTURI N, et al. A Q-learning-based memetic algorithm for multi-objective dynamic software project scheduling[J]. Information Sciences, 2018, 428: 1-29.

[11] BARTO A, Sutton R. Reinforcement learning: an introduction[M]. London: MIT press, 2012.

[12] LASZCZYK M, MYSZKOWSKI P B. Improved selection in evolutionary multi-objective optimization of multi-skill resource-constrained project scheduling problem[J]. Information Sciences, 2019, 481: 412-431.

[13] 周志华 . 机器学习 [M]. 北京：清华大学出版社，2016.

[14] GEIGER D, SCHADER M. Personalized task recommendation in crowdsourcing information systems: current state of the art[J]. Decision Support Systems, 2014, 65: 3-16.

[15] 邱丹逸 . 众包模式下产品设计任务推荐 [J]. 机械设计，2017，34（12）：48-52.

[16] 罗仕鉴 . 群智设计新思维 [J]. 机械设计，2020，37（3）：121-127.

[17] ALSAYASNEH M, AMER Y S, GAUSSIER E, et al. Personalized and diverse task composition in crowdsourcing[J]. IEEE Transactions on Knowledge & Data Engineering, 2018, 30(1): 128-141.

[18] ZHOU Y J, DENG D P, CHI J H. A short text classification algorithm based on semantic extension[J]. Chinese Journal of Electronics, 2021, 30(1): 153-159.

[19] ZHAO Y, ZHU Q. Evaluation on crowdsourcing research: current status and future direction[J]. Information Systems Frontiers, 2014, 16(3): 417-434.

[20] 冯小亮，黄敏学 . 众包模式中问题解决者参与动机机制研究 [J]. 商业经济与管理，2013，258（4）：25-35.

[21] JIN S H, SONG B W, LEI H. Recommendation of online tasks based on Witkey mode website[J]. International Forum on Information Technology and Applications, 2009(5): 268-270.

[22] 仲秋雁，张媛，李晨，等 . 考虑用户兴趣和能力的众包任务推荐方法 [J]. 系统工程理论与实践，2017，37（12）：3270-3280.

[23] 刘景方，张朋柱，吕英杰，等，基于文本挖掘的众包人才能力分析 [J]. 系统管理学报，2015（3）：365-371.

[24] 吕英杰，张朋柱，刘景方 . 众包模式中面向创新任务的知识型人才选择 [J]. 系统管理学报，2013，22（1）：60-66.

[25] 扬杰，方俐洛，凌文辁，对绩效评价的若干基本问题的思考 [J]. 中国管理科学，2000，8（4）：74-80.

[26] YANG J, ADAMIC L A, ACKERMAN M S. Competing to share expertise: the taskcn knowledge sharing community[C]. Proceedings of the Second International Conference

on Weblogs and Social Media, 2008.

[27] 郭显光. 改进的熵值法及其在经济效益评价中的应用 [J]. 系统工程与实践，1998，18（12）: 98-102.

[28] YE H, KANKANHALLI A. Leveraging crowdsourcing for organizational value co-creation[J]. Communications of the Association for Information Systems, 2013, 33(1): 225-244.

面向设计成果稳健收敛的
众包设计过程管控方法

6.1 引言

    本章主要面向"众包产品个性化设计稳定性与优化收敛规律",从多主体在线交互众包设计流程建模与可视化技术、众包设计任务的主－从融合在线分包规划技术、量化感知驱动的众包设计递阶优化决策技术和众包设计成果多阶段交付－支付融合管控技术 4 个方面论述精确需求驱动的多主体众包设计过程管控方法。

    在多主体在线交互众包设计流程建模与可视化研究方面,本章在深入研究众包设计过程建模方法及设计过程交互性的基础上,提出一种基于面向对象 Petri 网的复杂产品众包设计过程建模方法,从组织和任务角度,分别对复杂产品众包设计任务的对象及对象间交互关系、任务流程与子任务之间的关系进行建模,构建由组织层和任务层组成的层次过程集成模型;同时,分析探讨众包设计过程可视化技术。

    在众包设计任务的主－从融合在线分包规划研究方面,本章考虑众包设计平台积累的海量历史业务数据(包含大量的任务分包规划经验知识)缺乏利用的实际情况,主要关注众包设计任务的主－从融合分解方法,研究知识重用支持的众包设计任务智能分解机制,定义设计分包知识网络模型,结合网络分析知识,提出一种分层的知识检索与推荐算法框架,支持众包设计平台建立知识重用反馈优化业务效率的良性循环模式。

    在量化感知驱动的众包设计递阶优化决策研究方面,本章研究关联设计任务包集协作配置优化技术,考虑众包设计复杂设计情景带来的多源不确定性,提出众包设计协作配置的鲁棒性优化方法;定义众包设计过程状态评价指标,提出基于量化感知的众包设计过程状态评估机制。

在众包设计成果多阶段交付 – 支付融合管控研究方面，本章针对产品的复杂性给众包设计过程中的成果交付节点设置和支付协同机制带来的挑战，提出众包设计成果多阶段交付 – 支付融合管控技术，研究众包设计成果多阶段交付里程碑分解方法、面向多主体的设计成果综合评价方法及面向动态契约的众包设计成果支付计算方法。

6.2　多主体在线交互众包设计流程建模与可视化技术

6.2.1　多主体在线交互设计交互信息建模

1. 多主体在线交互设计过程描述

要对多主体在线交互设计中的交互信息进行建模，首先需要对这一具体过程进行详细的描述，现采用流程图形式分别对复杂家电产品和复杂家装产品的个性化众包设计过程进行描述。

（1）面向复杂家电产品的个性化众包设计过程描述

传统复杂家电产品采用阶梯式开发流程阶段性开发，综合考虑了产品开发及企业发展，主要活动包括需求显示、需求匹配、方案筛选、设计实施 4 个阶段，将设计实施阶段分为实物设计和技术研发两种，使设计流程更加灵活。复杂家电产品的个性化众包设计过程如图 6-1 所示。

对上述复杂家电产品设计过程进行分析，以家电产品新增功能、技术难题的解决及外观设计为例，建立 3 种典型家电产品众包设计流程模板。

1）家电产品新功能开发众包设计流程模板。以电饭煲无线通信功能设计为例的新功能开发流程模型，前期准备流程与冰箱除霜相似，具体设计时对新的功能进行需求分析、原型设计、软件设计和电路设计，同时由于产品体积小，可能涉及样品生产或组装。电饭煲无线通信新功能开发众包设计流程如图 6-2 所示。

2）家电产品技术难题众包设计流程模板。以冰箱除霜为例，冰箱除霜能够减少冰箱蒸发器的表面热阻，疏通散热片之间的通道，增加系统的蒸发温度。图 6-3 所示为冰箱除霜技术难题解决众包设计流程。主要流程包括前期准备和具体实施两个流程，前期准备主要包括需求发布、资源匹配、方案提交等；具体实施过程主要是对冰箱除霜技术的具体研究，即原型设计、实验测试、结构尺寸设计等。设计流程中，审核检验环节由多方参与，其中供应商主要参与产品零件或器械的购买环节。

3）家电产品外观（创意）众包设计流程模板。外观创意设计作为复杂家电设计中较为重要的模块设计，设计流程与上面两个流程不同。外观创意设计主要根据设计家电的大小选择招标或比稿两种模式，同时根据需求方的设计需要，决定是否提交设计样品模型，其中模型的生产可以直接由平台或设计方进行。

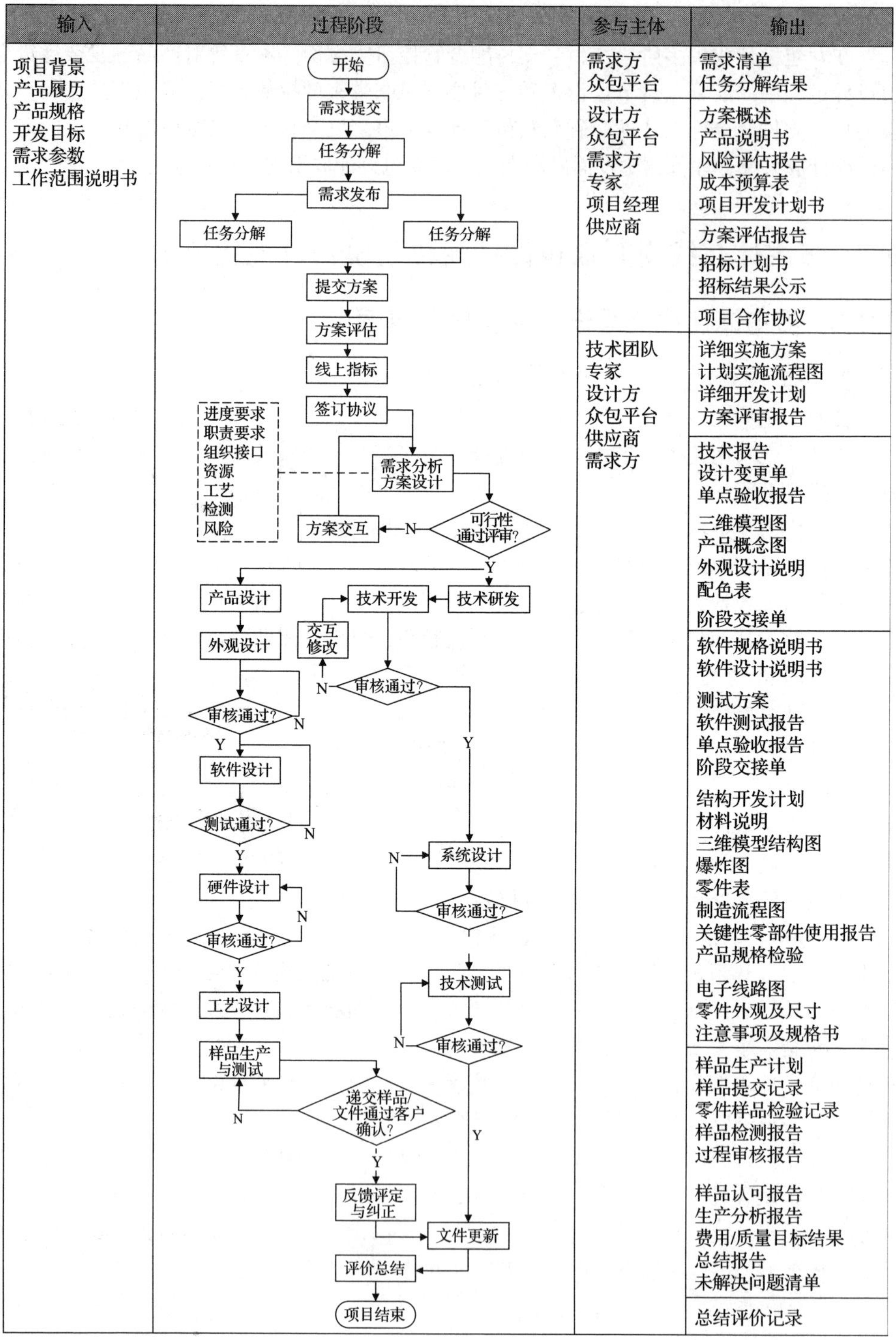

输入	过程阶段	参与主体	输出
项目背景 产品履历 产品规格 开发目标 需求参数 工作范围说明书	开始 → 需求提交 → 任务分解 → 需求发布 → 任务分解 / 任务分解 → 提交方案 → 方案评估 → 线上指标 → 签订协议	需求方 众包平台	需求清单 任务分解结果
		设计方 众包平台 需求方 专家 项目经理 供应商	方案概述 产品说明书 风险评估报告 成本预算表 项目开发计划书
			方案评估报告
			招标计划书 招标结果公示
			项目合作协议
进度要求 职责要求 组织接口 资源 工艺 检测 风险	需求分析 方案设计 → 可行性通过评审? → 方案交互 (N)	技术团队 专家 设计方 众包平台 供应商 需求方	详细实施方案 计划实施流程图 详细开发计划 方案评审报告
	产品设计 → 技术开发 → 技术研发 外观设计 交互修改 审核通过?(N)		技术报告 设计变更单 单点验收报告
	审核通过?(N/Y)		三维模型图 产品概念图 外观设计说明 配色表
			阶段交接单
	软件设计 → 测试通过?(N/Y)		软件规格说明书 软件设计说明书
	硬件设计 → 审核通过?(N/Y)		测试方案 软件测试报告 单点验收报告 阶段交接单
	系统设计 → 审核通过?(N)		结构开发计划 材料说明 三维模型结构图 爆炸图 零件表 制造流程图 关键性零部件使用报告 产品规格检验
	工艺设计 → 技术测试 → 审核通过?(N)		电子线路图 零件外观及尺寸 注意事项及规格书
	样品生产与测试 → 递交样品/文件通过客户确认?(N/Y)		样品生产计划 样品提交记录 零件样品检验记录 样品检测报告 过程审核报告
	反馈评定与纠正 → 文件更新 → 评价总结 → 项目结束		样品认可报告 生产分析报告 费用/质量目标结果 总结报告 未解决问题清单
			总结评价记录

图 6-1　复杂家电产品的个性化众包设计过程

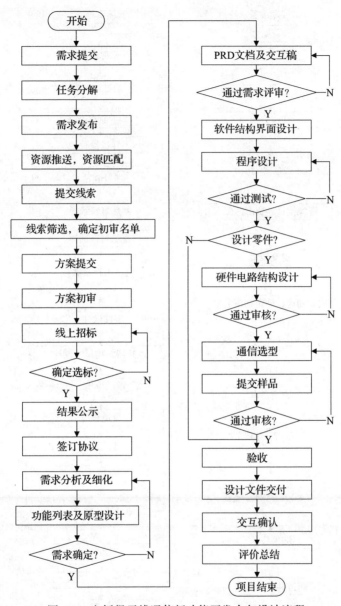

图 6-2　电饭煲无线通信新功能开发众包设计流程

（2）面向复杂家装产品的个性化众包设计过程描述

复杂家装产品的个性化众包设计主要分为设计需求发布、需求匹配、方案设计、施工 4 个方面，其中方案设计包括上门量房、初步方案设计、详细方案设计等。在设计过程中，设计方、需求方、平台工程师、预算员共同参与设计过程，并在具体实施阶段工程中，由平台派遣施工监理对施工过程进行管控。整个过程可以分为家装设计和家装施工两个阶段，各阶段的具体实施流程如图 6-4 和图 6-5 所示。

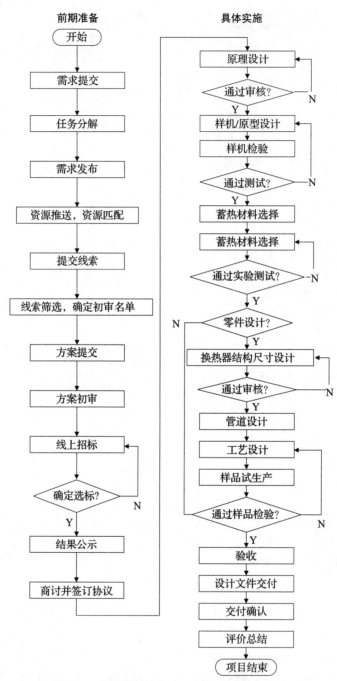

图 6-3 冰箱除霜技术难题解决众包设计流程

输入	家装设计过程阶段	参与主体	输出
需求描述	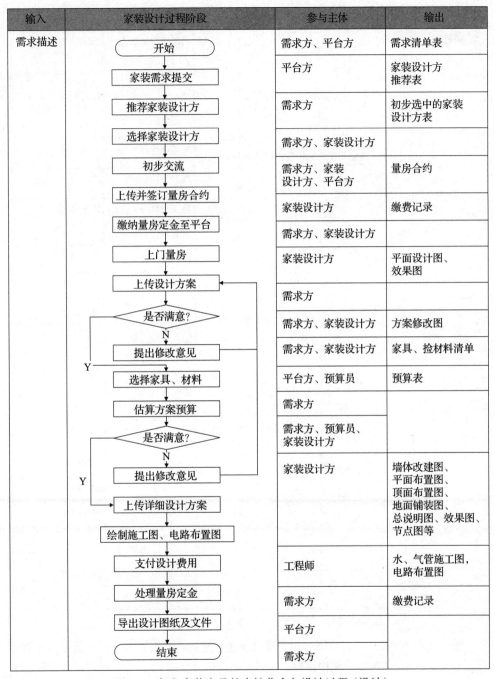	需求方、平台方	需求清单表
		平台方	家装设计方推荐表
		需求方	初步选中的家装设计方表
		需求方、家装设计方	
		需求方、家装设计方、平台方	量房合约
		家装设计方	缴费记录
		需求方、家装设计方	
		家装设计方	平面设计图、效果图
		需求方	
		需求方、家装设计方	方案修改图
		需求方、家装设计方	家具、捡材料清单
		平台方、预算员	预算表
		需求方	
		需求方、预算员、家装设计方	
		家装设计方	墙体改建图、平面布置图、顶面布置图、地面铺装图、总说明图、效果图、节点图等
		工程师	水、气管施工图，电路布置图
		需求方	缴费记录
		平台方	
		需求方	

图 6-4　复杂家装产品的个性化众包设计过程（设计）

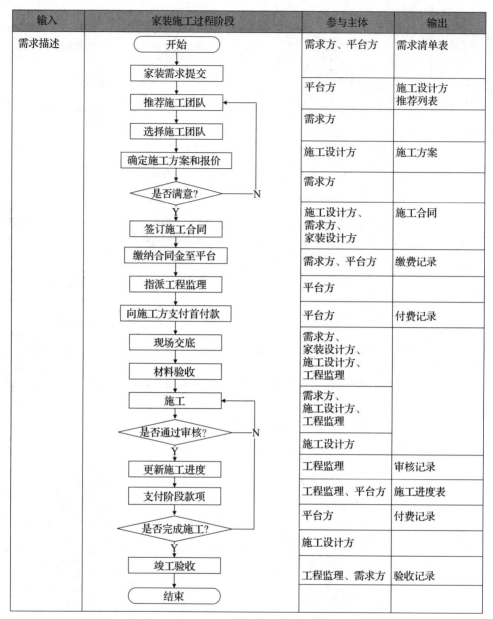

输入	家装施工过程阶段	参与主体	输出
需求描述	开始	需求方、平台方	需求清单表
	家装需求提交		
	推荐施工团队	平台方	施工设计方推荐列表
	选择施工团队	需求方	
	确定施工方案和报价	施工设计方	施工方案
	是否满意? N	需求方	
	签订施工合同	施工设计方、需求方、家装设计方	施工合同
	缴纳合同金至平台	需求方、平台方	缴费记录
	指派工程监理	平台方	
	向施工方支付首付款	平台方	付费记录
	现场交底	需求方、家装设计方、施工设计方、工程监理	
	材料验收	需求方、施工设计方、工程监理	
	施工	施工设计方	
	是否通过审核? N	工程监理	审核记录
	更新施工进度	工程监理、平台方	施工进度表
	支付阶段款项	平台方	付费记录
	是否完成施工?	施工设计方	
	竣工验收	工程监理、需求方	验收记录
	结束		

图 6-5 复杂家装产品的个性化众包设计过程（施工）

　　每一个具体家装产品设计不一定会涉及上述过程图的所有过程，对上述复杂家装产品设计过程可具体化出 2 个流程模板。

　　1）家装软装众包设计流程模板。在商业空间与居住空间中，所有可移动的元素统称软装，包括家具、窗帘布艺、灯饰、其他装饰摆件等，其众包设计流程模板如图 6-6 所示。

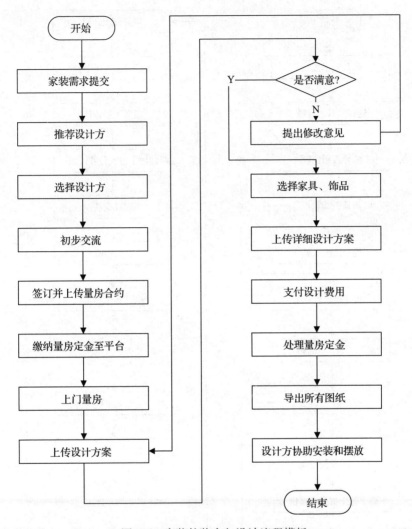

图 6-6 家装软装众包设计流程模板

2）家装施工众包设计流程模板。有时需求方已经有了家装设计方案，还需要对应的水气管道和电路布置的施工图，以及确定具体的建材。在家装设计阶段可以将设计好的图纸上传至平台，由平台上的工程师完成施工图纸，并由预算员帮助需求方确定符合其预算的建材，其众包设计流程模板如图 6-7 所示。

2. 众包在线交互设计交互信息分析

（1）面向复杂家电产品的个性化众包设计交互信息分析

针对上述交互设计流程，对需求发布、需求匹配、方案筛选、设计实施 4 个方面的信息进行整理分析，流程中涉及的交互形式主要为文档、视频、图片和专业设计文件，涉及的主要交互信息见表 6-1。

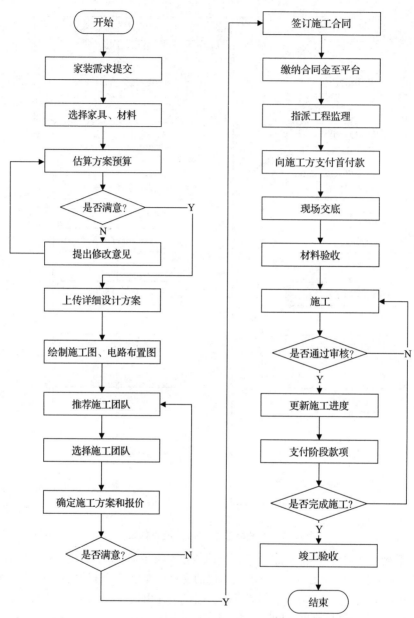

图 6-7　家装施工众包设计流程模板

表 6-1　复杂家电产品的个性化众包设计的主要交互信息

交互信息分类	交互信息	格式
文档	方案设计、项目计划书、交接单、材料清单、需求清单、评价评估报告、测试报告	PDF、DOC、DOCX、HTML、HTL、XLSX、TXT

（续）

交互信息分类	交互信息	格式
视频	项目演示、招标答辩、会议讨论	MPEG、AVI、nAVI、ASF、MOV、WMV、3GP、RM、RMVB、FLV、F4V
图片	流程图、零件图、产品图等	JPEG（.jpg）、PNG、GIF、PSD、PIFF（.tif）、RAW（.dng、.cr2、.nef）
专业设计文件	三维实体设计文件、CAD 零件设计图、电子线路图、产品模型、3D 打印文件	DWG、DWT、DXF OBJ、AMF、3MF、STL（ASCII、BINARY）

（2）面向复杂家装产品的个性化众包设计交互信息分析

针对复杂家装产品的交互设计流程，对需求发布、需求匹配、方案设计、施工 4 个方面的信息进行整理分析，流程中涉及的交互形式主要有图纸、表单、图片、文档等，见表 6-2。

表 6-2　复杂家装产品的个性化众包设计的主要交互信息

交互信息分类	交互信息	格式
图纸	平面布置图、效果图、3D 效果图、详细设计图、水气管施工图、电路布置图	DWG、JPEG（.jpg）、PNG、GIF、PSD
表单	需求描述表、家具建材清单、预算表、施工进度表	HTML、XLSX
图片	流程图、零件图、产品图等	JPEG（.jpg）、PNG、GIF、PSD、PIFF
文档	量房合约、施工合约、设计方案说明书、施工方案	PDF、DOC、DOCX

6.2.2　在线交互设计信息交互支撑技术

1. 在线交互设计技术

（1）交互概念

交互一般是指两个或多个活动的参与者间的信息交流，参与交互活动的对象包括具有感知和反馈能力的系统以及与系统进行交互的用户。交互具有多层面、多维度的属性。交互设计（interaction design）起源于人机交互，交互性产品的设计通过界面、交互行为等的设计，在产品和它的使用者之间建立一种有机关系，以此来服务人们每日的生活和工作[1]。Benyon 认为交互设计应该以系统论的基本观点来贯穿整个设计[2]。各个环节应该紧密相连，针对以用户为中心的目标，采用合适的技术支持用户在不同场景下所采取的行为。

在线交互是一个基于网络的多主体参与的信息传输、共享和交换的过程，通过梳理主体交互流程和协议，实现信息传输的目的，其最终表现在用户界面。

（2）交互模型

已有的交互设计主要研究人机交互理论和协同设计交互。李世国等提出了交互设计的典型方法：迭代方法、原形方法、场景方法等[3]。交互设计的研究主要讨论用户、网络和内容三者之间的技术。Jan Borchers 将软件设计中的设计模式引入交互设计，提出了交互设计模式[4]。

（3）交互设计技术

HTML 总线交互方式通过 CGI 程序生成动态 HTML 页面内容来实现 Web 元素间的交互；操作系统总线交互方式利用操作系统的 Java Applet 和 ActiveX 控件的会话实现 Web 页面元素间的交互；分布式通信总线交互方式指 Web 页面中的程序和控件通过分布式网络环境实现相互通信。叶冬冬等[5] 基于需求层次理论，提出了交互设计中满足用户需求的设计策略。覃京燕[6] 对交互设计在战略层、范围层、结构层、框架层及表现层的作用进行说明，提出了运用信息思维等方式的交互设计方法。王希[7] 从用户体验层面对 AI 技术驱动下的语音设计框架进行推导，得出语音交互设计的迭代流程。

2. 在线交互设计支撑技术

交互信息技术是交互设计的技术基础，用于实现底层业务逻辑。随着信息技术的不断发展，交互信息技术也不断成熟并形成了自己的体系，在单机系统的基础上，产生了以 C/S 为代表的信息系统。C/S 系统属于开发框架的一个部分，是具有较完整用户界面的类库。随后出现的 B/S 结构利用互联网实现了更为广泛和便利的信息发布模式。同时，在开发框架上出现了表现层、交互层、数据层三层模式的体系结构。RIA（Rich Internet Application，富互联网应用）技术结合了 B/S 和 C/S 的优点，大大减少客户端的数据传输，将交互层和表现层移到了客户端。RIA 技术包括 AJAX、Flash、Google Web Toolkit、Flex 等。下面将交互信息技术分为 3 类：基础型、框架型和平台型。

（1）基础型技术

基础型技术发展最快、应用最广，主要为其他技术提供基础或部件，而不需要提供整体的解决方案。AJAX 就是其中的一个代表。

AJAX（Asynchronous JavaScript And XML）即异步 JavaScript 与 XML，是若干技术的集合。它使用 XHTML 和 CSS 技术来表现标准的静态网页，使用 DOM（Document Object Model，文档对象模型）显示动态内容，使用 XML 和 XSLT 控制数据交换，通过 XMLHttpRequest 来实现异步的数据传输，最后通过 JavaScript 将所有的技术捆绑在一起，成为一种新的技术。其最大的特点是采用数据的异步传输变换完成无页面刷新而实现数据的提交和获取，但会对原有的设计模式产生冲击。

（2）框架型技术

框架型技术的目标在于提供特定平台交互系统开发的完整解决方案。框架型技术多数基于基础型技术，通过基础型技术以及自定义的表现层类库和开发框架，使得整个系统的开发具有统一性。代表技术有 Google Web Toolkit（GWT）。

GWT 是基于 Java 的开源开发框架，可以使编写复杂程序的过程变得简单。通过 GWT，利用 Java 的开发工具与调试工具来开发具有 AJAX 效果的网络应用程序，并通过 GWT 编译器将 Java 语言转换成 JavaScript 脚本与 HTML。GWT 主要由 4 个部分组成：一个 GWT 编译器、一个内置的网页浏览器和两个 Java 类库。

（3）平台型技术

平台型技术将交互信息技术适用领域推广至桌面应用程序，并增加了网络功能，目前主要以 Adobe 公司的 Adobe Integrated Runtime（AIR）和 Microsoft 公司的 Sliver light
为代表。

AIR 是一个跨平台的运行环境，其借助在现存网络应用程序的开发技术（Flash、
Flex、HTML、JavaScript、AJAX 等）来开发部署 AIR。AIR 支持多种开发技术及其组
合，包括 Flash/Flex/ActionScript，HTML/JavaScript/CSS/AJAX，PDF，基于 Flash/Flex
的应用程序（SWF），以及基于 Flash/Flex 并结合 HTML 或 PDF 的应用程序。

Pidgin 为支持 Windows、Linux、BSD 和 UNIX 运行的跨平台多协议即时通信客户端，
使用 GNU 通用公共许可证（GPL）第 2 版，支持多种常用的即时通信协定，让用户可以
用同一个软件登入不同的即时通信服务，实现多种即时通信软件之间的互联互通。

6.2.3　众包设计过程分层建模方法

根据众包设计过程的分布性、动态性、分层性等特点，本节提出众包设计过程分层建
模方法。考虑模型的复杂性，采用面向对象 Petri 网（Object-Oriented Petri Net，OOPN）实
现复杂产品众包设计分层建模。基于流程仿真分析的需要，将组织层和任务层模型分解后
的流程映射为面向对象 Petri 网，形成面向对象 Petri 网的复杂产品众包设计分层模型。

（1）复杂产品众包设计过程分层模型

根据对众包流程的分析，提出面向对象的复杂产品众包设计过程分层模型，如图 6-8
所示。模型分为组织层、任务层和执行层。

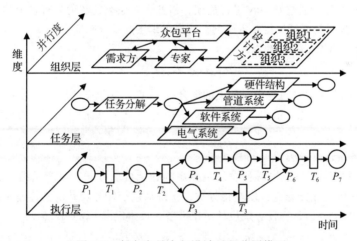

图 6-8　复杂产品众包设计过程分层模型

定义 6.1　面向对象的众包分层模型（Object-Oriented Crowdsourcing Hierarchical Model，
OOCHM）定义为

$$OOCHM = \langle P, T, E, R_e, R_t \rangle \tag{6-1}$$

式中，P 为复杂产品众包设计的组织层模型，T 为复杂产品众包设计的任务层模型，E 为
复杂产品众包设计的执行层模型，$R_e \subseteq P \times E$ 为模型组织层 P 与执行层 E 之间的关联关

系，$R_t \subseteq T \times E$ 为模型任务层 T 与执行层 E 之间的关联关系。组织层从角色关系的角度表示参与者之间的交互关系及执行层 E 的流程进度，任务层从任务的角度描述执行层 E 的执行过程。执行层 E 中的子任务将任务成果反馈给组织层的专家进行审核，使组织层和执行层相互连接。

复杂产品众包设计过程分层建模分为两个步骤，首先根据复杂产品众包设计流程建立组织层对象子网及对象交互系统网模型，描述众包设计过程中参与人员的交互过程；其次从产品组件分解的角度对任务进行分解模块化，建立子任务信息传递流程和任务层模型，并将流程转换成 OOPN，通过对象间的交互变迁实现与任务层的连接。

（2）组织层建模方法

组织层模型描述复杂产品众包设计任务的组织人员关系及其信息交互，将任务相关人员建模为多个对象类，并通过统一的表示方式描述对象类，一个对象类包含多个对象。

定义 6.2 对象类表示流程中具有相同属性对象的集合，表示为四元组：

$$O_i = \{C, A, \varphi, n\} \tag{6-2}$$

式中，C 表示对象类的名称，A 表示对象类包含任务 r 的集合，φ 表示对象类涵盖的流程阶段，$n\,(n > 0)$ 表示对象类中对象的个数。

定义 6.3 将设计方对象类的子对象定义为设计对象，表示为 $A_i = (i > 0)$。

定义 6.4 任务 $r = \{m, r_{in}, r_{on}, t\}$，其中，$m$ 为任务名称，r_{in} 为任务输入信息，r_{on} 为任务输出信息，t 为任务预计完成时间。

将定义好的对象通过 OOPN 进行建模，将各个对象类封装为具有多个输入 1 输出的对象子网，并通过门变迁连接对象子网，构成组织层的系统网模型。

定义 6.5 组织层模型 P 为

$$P = \langle O, S, G, M_0 \rangle \tag{6-3}$$

式中，O 为产品众包设计过程中对象类的集合；S 为产品众包设计过程中对象间的交互网；G 为各个对象间的输入 – 输出关系集合，$G = \{G_{ij} | i > 0, j > 0, i \neq j\}$；$M_0$ 为组织层模型的初始状态。

（3）任务层建模方法

任务层模型以产品结构树和设计结构矩阵相结合的方式，以产品组件分解的方式对复杂产品众包设计任务进行模块化分解，获得众包子任务及其信息传递关系，并通过 DSM 与 OOPN 的映射建立任务层设计对象模型。具体建模方法如图 6-9 所示。

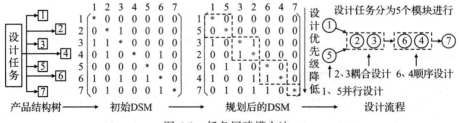

图 6-9 任务层建模方法

第 1 步，根据产品结构树将产品分解为零件，并根据零件的参数传递关系建立初始 DSM；

第 2 步，对初始 DSM 进行规划，对任务间模糊的关联关系进行划分，获得设计模块及其参数传递关系；

第 3 步，依据规划后划分的设计模块之间的依赖关系，动态生成设计子任务的设计流程；

第 4 步，对分解后的模块及其参数传递关系进行 Petri 网转换，获得任务层模型。

为了将设计任务进行分解，参考产品结构树得到设计单元，根据设计单元之间的参数关联，设计任务之间的 3 种关联关系[8-9]为串行、并行和耦合。图 6-10 描述了这 3 种关系在设计结构矩阵中的表示形式。图 6-10 中，对角线元素 "＊" 代表任务本身，"1" 代表两个任务之间具有信息交互，"0" 代表任务之间无信息交互。

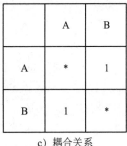

	A	B
A	＊	0
B	1	＊

a) 串行关系

	A	B
A	＊	0
B	0	＊

b) 并行关系

	A	B
A	＊	1
B	1	＊

c) 耦合关系

图 6-10　设计单元模型的矩阵表示

根据得到的设计单元，建立如下所示的 n 阶产品设计结构矩阵：

$$\mathbf{DSM}_{n \times n} = (a_{ij})_{n \times n} = \begin{array}{c} \\ T_1 \\ T_2 \\ T_3 \\ \vdots \\ T_n \end{array} \begin{array}{c} \begin{array}{ccccc} T_1 & T_2 & T_3 & \cdots & T_n \end{array} \\ \begin{pmatrix} T_1 & a_{12} & a_{13} & \cdots & a_{1n} \\ a_{21} & T_2 & a_{23} & \cdots & a_{2n} \\ a_{31} & a_{32} & T_3 & \cdots & a_{3n} \\ \vdots & \vdots & \vdots & & \vdots \\ a_{n1} & a_{n2} & a_{n3} & \cdots & T_n \end{pmatrix} \end{array} \quad (6\text{-}4)$$

式中，矩阵元素 $a_{ij}(i \neq j)$ 取值为 1 时，表示任务 T_i 需要来自任务 T_j 的设计参数，其值为 0 时则不存在交互关系。通过设计结构矩阵得到设计子任务之间的时序、制约关系，并通过以下原则对设计单元进行重新划分：

- 原则 1（最小耦合原则）：设计子任务之间的交互尽可能低。
- 原则 2（最低成本原则）：每个设计子任务内设计单元的设计制造相似性尽可能高。
- 原则 3（最少时间原则）：没有信息输入的设计子任务尽可能早地执行，没有信息输出的设计子任务尽可能晚地执行。

组织层的 Petri 网模型主要由需求方、平台、设计方和专家几个对象类及之间的信息传输表示。根据任务完成顺序，将任务分为前集和后集任务，对应 Petri 网中任务的前集和后集。例如，任务 a、b 为顺序执行关系，即存在参数传递，则任务 a 为任务 b 的前集任务，任务 b 为任务 a 的后集任务；如果两个任务为耦合关系，则它们互为前集和后集。以下是 Petri 网转换过程：

① 从任务层 DSM 中可以得到任务间的参数传递和模块划分关系；

② 将设计任务用执行状态和执行动作表示，并分别用 Petri 网中的库所和变迁表示，库所表示任务执行的状态，变迁表示任务执行的动作；

③ 在基本 Petri 网上加入输入、输出库所和连接输入、输出库所的有向弧，形成设计对象的完整 Petri 网。

根据上述转化步骤，将图 6-9 中的设计流程转换为如图 6-11a 所示的 Petri 网设计对象顺序模型，其中 $T_1 \sim T_5$ 分别表示图 6-9 中的 5 个设计模块。同时，建立组织层的设计对象子网模型如图 6-11b 所示，设计方对象类中包含任务层的多个设计对象的子网模型，每个对象子网作为设计方对象类中的一个变迁执行。

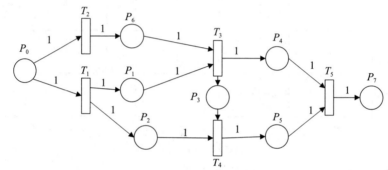

a）Petri 网设计对象顺序模型

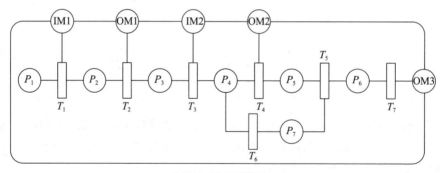

b）设计对象子网模型

图 6-11　DSM 映射 Petri 网模型

6.2.4　众包设计过程可视化技术

1. 可视化

复杂产品的多主体交互设计是一个复杂的过程，往往需要将设计任务分解为不同的子模块，再由不同的主体承担产品设计的不同子模块。然而，对于这种复杂的设计过程，各主体往往只对自己执行的模块有清晰的认识，很难对设计任务的整体有清晰的认识。这导致设计任务执行者往往只关注自己任务的完成，却偏离了整体的设计目标，也不利于整个设计流程的管控。

可视化实际上就是解决如何表达的艺术，其特点是直观、高效、高集成度，它使用计算机技术、图像处理技术、交互技术等，把复杂数据转化成一系列易于识别的图像信息，提高人们的洞察力，从而发现一些规律或者现象。信息可视化是可视化技术的一种，综合利用计算机技术、数字技术及多媒体技术，将一些难以设想的、不可见的事物关系以直观、动态的方式表达出来，并且能够进行交互。它能够表现数据之间的相互关系以及数据的发展趋势，关注如何提高认知能力，尤其是如何将非空间的、抽象的信息转化为容易理解的可视化形式。

2.　设计过程可视化

设计过程可视化是信息可视化的一种，通过可视化模型或框架来描述设计框架，目前已有针对流程可视化的相关研究。Luttighuis[10] 提出了一种流程可视化的方法，可以对定义好的、参数化的操作创建个性化的流程视图，并通过灵活地组合各个视图操作，对流程信息进行减少或聚合。Lim 等 [11] 提出使用 PSS（Product-Service System，产品服务系统）看板实现流程可视化。PPS 看板是一种以流程为纵轴，横轴集成客户活动、产品状态、服务、基础设施、供应商等信息的矩板，可以实现产品和服务等作业流程的可视化。Tobias[12] 提出了一个针对政策制定过程的可视化系统 PolicyLine，支持不同的利益相关者群体在政策决策过程中对大量文本文档进行查看并显示详细任务。张军 [13] 开发了一套能够支持流程可视化应用的 Unity 工具包——PVT。陆建飞等 [14] 为可视化项目管理系统的研究与开发提出了相应的技术方法和项目管理流程模型，研究了可视化管理的途径及目标。

6.2.5　应用案例分析

1. 应用对象

众包设计流程建模与可视化技术中包含需求方、资源方、平台方三类主体，以及设计任务和设计方案两类要素。该技术的主要目的是对众包设计任务进行多阶段分解建模，并对分解后的子任务实施实时监控。

2. 面向问题

众包任务需要经过多主体、多阶段的交互协作，同时为了提高任务的完成效率，产品众包设计任务需要分解为多个子任务，子任务数量未知，这将导致任务流程步骤和完成时间不固定，使得流程在技术和管理层面也面临复杂性和随机性等问题。为了更加清晰地了解、分析众包任务流程，建立对产品众包设计任务的过程建模方法。

3. 应用效果

众包设计工作流建模方法可以对产品众包设计过程进行建模，还可以对动态、不确定的任务流程进行建模。同时，基于不同视角的层次模型也为模型的细化提供了帮助。通过输入、输出库所实现对众包过程的控制，从不同角度描述复杂产品对象之间的交互，实现对众包设计任务的有效管理。

4. 应用实例

由于家电产品众包设计任务具有较强的专业性和实际应用性，为更好地贴近众包设计实际应用，强调专家主体在众包流程中的具体作用，将其作为众包设计任务的监督评审，并建立如图 6-12 所示的家电产品众包设计流程。流程的主要描述如下：

① 需求方提交任务需求给众包设计平台；

② 平台将任务进行分解和初步评估，并将分解后的任务发布；

③ 平台根据分解后的子任务招募设计方；

④ 设计方将任务完成结果提交给专家进行审核；

⑤ 专家与需求方进行任务协调，评价任务成果；

⑥ 专家将完成的任务成果提交给需求方；

⑦ 需求方确认成果后，众包设计平台对设计方和专家进行奖励。

分析以上流程，复杂产品众包设计过程具有固定的任务发布、任务招募、任务执行、成果提交等阶段，其中包含相对固定的业务流程和可变的设计流程（任务执行阶段）。设计流程由任务分解和子任务间的参数交互形成，不考虑设计方的内部执行流程。复杂产品众包设计任务具有一定的专业性，由若干参与者同时进行，各个参与者具有任务目标的一致性和执行过程的独立性，其过程具有分布协同的特点。由于任务分解导致的子任务数量及执行流程的不确定，其过程具有动态性的特点，因此该过程可以从组织和任务角度分为两层，组织层描述各主体角色关系及交互，任务层实现任务内部执行流程。由于众包任务的开放共享特点，有效分解柔性、反复迭代、过程执行路径可选的复杂众包设计任务是建模任务层的关键。

下面以冷风机的众包设计为应用验证对象，利用面向对象的众包分层模型对冷风机进行众包设计建模，完成对复杂产品众包设计过程建模的应用验证。

由于复杂的产品结构，首先需要将冷风机的众包设计任务进行分解。通过产品结构树和 DSM 结合的方式，对冷风机众包设计任务以产品组件分解的方式进行任务分解，如图 6-13 所示。具体建模流程如下：

① 根据产品结构建立设计结构有向图；

② 根据有向图建立产品初始 DSM；

③ 对初始 DSM 进行规划，得到部件类型及之间的隶属关系和时序关系，映射产品结构树；

④ 以产品结构树为依据，动态迭代产品设计流程，直到设计流程包含所有设计部件，得到产品的设计流程；

⑤ 将设计流程转换为面向对象 Petri 网描述。

通过任务分解，冷风机的众包任务可以分为 $A_1 \sim A_5$ 5 个设计子任务及其信息传递关系，5 个设计子任务同时执行，冷风机的众包设计任务层模型如图 6-13 所示。

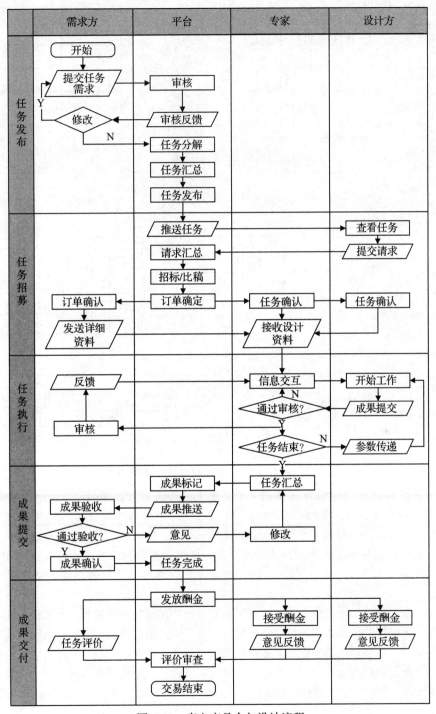

图 6-12　家电产品众包设计流程

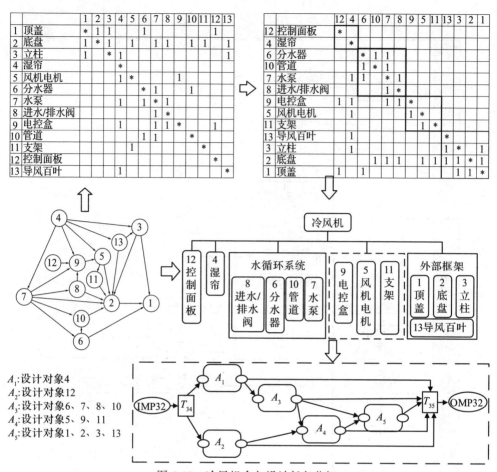

图 6-13　冷风机众包设计任务分解

定义冷风机的众包设计过程的 4 个对象类，即需求方、平台、设计方、专家分别为 O_1、O_2、O_3、O_4，参照图 6-11 对冷风机的众包设计流程建立冷风机需求方、平台、专家、设计方的对象类子网模型如图 6-14a 所示。根据对象间的信息传递关系，以门变迁为接口连接对象子网的输入输出库所，得到冷风机的众包设计组织层 OOPN 模型，如图 6-14b 所示。其中，设计方 O_3 的设计对象通过设计对象信息传递流程进行交互。

上述众包设计工作流建模方法不仅可以对家电产品众包设计过程进行建模，还可以对动态、不确定的任务流程进行建模。同时，基于不同视角的层次模型也为模型的细化提供了帮助。该模型依靠专家决策来保证众包设计任务的完成质量，并通过输入输出库所实现对众包过程的控制，充分利用了 OOPN 的优点，从不同角度描述了复杂产品对象之间的交互，实现了过程的封装和连接。

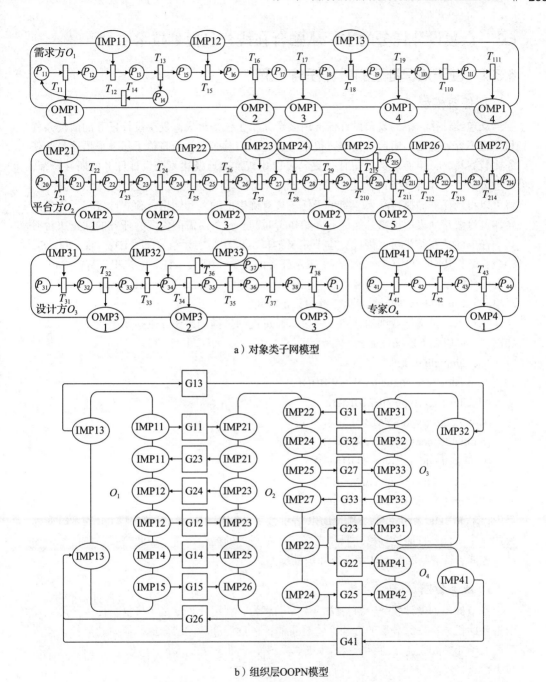

a）对象类子网模型

b）组织层OOPN模型

图 6-14　冷风机的众包设计组织层模型

6.3 众包设计任务的主 – 从融合在线分包规划技术

6.3.1 基于知识推理的设计任务分解

1. 任务模型

众包设计平台中的复杂设计任务由多个简单子任务组成。复杂设计任务的前提条件和结论不容易确定,用形式化语言也不好表述,相对而言,用简单子任务来描述复杂任务比较容易,一组有序的简单任务集合可以比较准确地描述复杂设计任务的属性特征,通过分解复杂设计任务的前提和结论实现。将简单子任务的输入通过几个状态的转移,就可以得到任务的执行结果。简单子任务具有确定的输入和输出,独立性较强,任务的属性可以清楚地表示出来,如任务开始执行时间、任务所需的资源、任务的截止执行时间、任务的执行结果等。因此,本节定义的任务模型为七元组 <TN, ID, TG, IN, O, ST, ET>。其中,TN(Task Name)表示任务的名称,ID 表示任务的标识,TG(Target)表示任务的目标,IN 表示任务的输入,O 表示任务的输出,ST(Start Time)表示任务的开始时间,ET(End Time)表示任务的截止时间。

推理系统是基于规则的,知识的表示通过规则来描述,任务也是系统所需要的知识和输入,可以如下定义任务:

{deftemplate task

(multislot Task Name (type SYMBOL))

(slot Task ID (type NUMBER))

(slot Target (type SYMBOL))

(multislot Input (type STRING))

(multislot Output (type STRING))

(slot Start Time (type NUMBER))

(slot End Time (type NUMBER))}

其中,SYMBOL 表示符号,NUMBER 表示数字,STRING 表示字符串,slot 表示事实模板的一个属性。按照这种格式只是定义了一个任务的模板,需要按此格式添加任务到知识库才能进行规则匹配,从而进行知识推理。

2. 任务分解算法

本节提出的设计任务分解算法的主要思想为:利用分类方法,将复杂任务分解成几个重要的任务;按照分层的方法,将重要的任务逐层分解;结合执行能力的分析,使分解后的子任务大致负载均衡;然后根据联系最小子图的方法,使子任务尽可能独立进行,减少信息交互。

首先按照时间的先后顺序,可以将复杂任务大致分成几个步骤。如果复杂任务的时间顺序性不强,则按照功能结构把复杂任务分成几个步骤。在网络环境允许的情况下,充分考虑时间顺序和功能结构以完成任务分解。

在知识库系统进行任务分解过程中,需要将任务分解成大小基本均匀的任务,同时,任务分解时还会出现规则冲突，任务之间竞争资源，规则之间给出不同的策略，这就需要合理的策略进行冲突消解。

（1）冲突消解

任务之间有并行、串行和循环耦合的关系，分解时要尽量让任务具有独立性，这就与任务之间的耦合相冲突。在任务分解时，知识库中有的规则将任务按照并行的顺序分解，有的将任务按照串行的方式分解，这时就会产生冲突。任务分解是按分解规则进行的，可从规则出发解决冲突。任务分解冲突主要包括资源冲突和策略冲突。资源冲突，即一条规则有多个事实匹配；策略冲突，即同一事实与多条规则相匹配。这时都需要确定执行哪一个匹配推理。

本节利用计算相似度来消解冲突。相似度表示两个模糊集合的匹配程度，相似度越高，则越匹配。设模糊集 $A,B \in F(X)$，$X = \{x_1, x_2, \cdots, x_n\}$，$A = \mu_A(x_1)/x_1 + \mu_A(x_2)/x_2 + \cdots + \mu_A(x_n)/x_n$，$AB$ 之间的相似度由 $S:F(X) \times F(X) \to F(X)$ 表示。如果 $A \subset B \subset C$，则 $S(A,C) < S(A,B)$。从匹配的角度出发，AB 之间的相似度可由如下公式计算：

$$S(A,B)(x) = \frac{A(x) \cdot B(x)}{\max\{A(x) \cdot A(x), B(x) \cdot B(x)\}} \tag{6-5}$$

如果 $S(A,B) \subset S(A,C)$，则表示 AC 相似度更大、更匹配；如果 $S(A,B) \not\subset S(A,C)$，则可以通过对其去模糊化得到一个确切的值来比较相似度。在解决策略冲突时，考虑了任务分解后子任务的约束关系，进行约束网络构建，从而得到局部最优的策略。任务之间的串并和耦合关系是它们之间的主要约束关系，按照约束关系可以映射出冲突约束网络。然后，根据冲突约束网络添加冲突列表，记录冲突的编号名称和先决条件，再根据冲突列表推理出冲突消解顺序，这样就可以合理地消解冲突。

冲突关系网是根据任务之间的关系建立的，可以按照 Petri 网的构建方法，把任务抽象成状态，状态之间有不同的关系，执行整个任务就是从第一个状态到最后一个状态。冲突列表则是按照冲突集的邻接矩阵将冲突进行排序。

设 C_i 表示第 i 个冲突，如果 C_i 和 C_j 是并行关系，则冲突消解顺序任意；如果 $C_i \to C_j$，则先消解 C_i 再消解 C_j；如果 $C_i \leftarrow C_j$，则先消解 C_j 再消解 C_i；如果 $C_i \leftrightarrow C_j$，则冲突消解顺序按照优先级进行。

由于任务分解的规则是 if $A_1 A_2 \cdots A_n$ then $B_1 B_2 \cdots B_n$ 的格式，前部分是资源冲突，后部分是策略冲突，因此设计的知识库系统中，冲突消解先进行资源冲突消解，如果一条规则与多个事实相匹配，根据事实与规则模式之间的相似度，决定执行哪个事实匹配，相似度最大的得到执行。然后进行策略冲突消解，如果同一事实与多条规则相匹配，根据冲突集中的规则构建它们之间的约束关系，按照约束关系决定冲突消解的顺序。最后根据优先级大小进行冲突消解。每条任务分解规则都有一个执行的优先级，取值范围为 –10 000 ～ 10 000，用关键字 salience 表示。如果任务分解规则没有定义优先级关键字，那么知识库系统会给它一个默认值 0，优先级值越大的越先执行，优先级为 10 的规则比优先级为 0 的规则先执行。在优先级相同的情况下，按照任务分解规则匹配的先后顺序决定执行顺序。任务分解规则是逐条进行匹配的，规则匹配完之后进行一次任务分解推理，推理的过程中可能会改变知识库中的事实，导致有新的任务分解规则能够匹配，然后再将匹配好的规则加入议程中执行推理，直到任务分解结束。

（2）任务分解流程

根据上述的任务分解原则和推理时冲突消解策略，利用知识库中的规则和事实进行任务分解，如图 6-15 所示。任务分解流程步骤如下。

步骤 1：获取任务。首先将任务输入知识库，根据复杂任务的特征，先按照时间先后顺序将复杂任务分成几个步骤，或者按照要实现的功能将复杂任务分解成几个步骤，并将这几个主要步骤作为第一层子任务。

步骤 2：检查是否有该任务的分解方案。将输入的任务在知识库中进行模糊规则匹配，如果有任务分解的规则就进行下一步，否则返回第一步重新获取任务。

步骤 3：冲突消解与推理分解。将匹配好的规则按照冲突消解策略确定的顺序进行推理，将推理的结果作为第一层的子任务。每个子任务都会影响复杂任务，任务之间存在与或关系，与或关系的确定对任务分解起着重要的作用。如果两个子任务必须同时执行，它们之间就是"与"的关系；如果几个子任务满足一个就可以执行，它们之间就是"或"的关系。

步骤 4：检查子任务的独立性。检查每一层中的子任务是否都可以独立完成，如果可以，转到下一步，否则转到上一步。

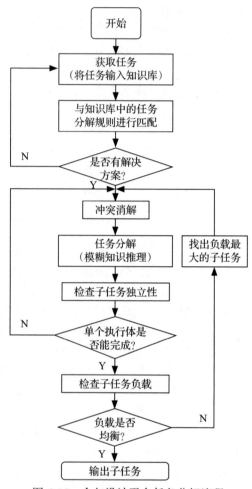

图 6-15　众包设计平台任务分解流程

步骤 5：检查子任务的均衡性。检查潜在资源的当前任务执行能力，根据当前负载进一步确定子任务的负载均衡。如果所有子任务都负载均衡，则进行子任务输出，否则找出负载最大的子任务重新进行分解。

步骤 6：输出任务分解子任务。输出子任务集，以支持后续资源与任务的配置。

6.3.2　设计任务分包方案的资源竞争性评价

设计目标的实现主要依托主动资源，实现的水平、成本、周期与主动资源的能力、状态等多种因素息息相关。在众包模式下，通常通过任务推送与主动资源融合的方式在海量设计资源库中选择任务设计方，若对设计资源潜在可用数量、状态及能力约束欠缺考虑，可能会导致众包设计任务匹配率低、能力匹配度低等诸多问题，增加设计过程的不稳定性和不确定性程度，从而影响设计任务完成的质量及效率 [15-16]。有必要研究众包设计任务分包资源竞争性评价的方法，通过衡量潜在接包资源状态进一步优化任务分包规划结果。

众包设计中的被动资源不具备主观能动性，且一般情况下从属于主动资源，为主动资源提供服务 [17]。因此，本书只关注主动资源的竞争性评价。

在评价目标任务的资源竞争性时，以目标任务潜在主动资源集为分析对象，综合考虑潜在主动资源的胜任能力和接包意愿。此处，假定目标设计任务 P_i 包含 N_i 个设计活动，该任务总的需求技能标签集为 $\mathrm{Sp}_i = \{\mathrm{Sp}_{1,i}, \mathrm{Sp}_{2,i}, \cdots, \mathrm{Sp}_{d,i}\}$，$d$ 为需求技能总数，期望等级约束为 $\mathrm{Lp}_i = (\mathrm{Lp}_{1,i}, \mathrm{Lp}_{2,i}, \cdots, \mathrm{Lp}_{d,i})$。此处的技能标签是经过众包平台方筛选、统一定义后的不可再分割的基本技能类别标签，而技能标签等级代表该主动资源在相应技能或知识领域的服务能力，可由众包平台方分析该主动资源的历史行为信息后量化定义，例如可通过综合考虑某技能类别下该资源的投标比率、入围比率、中标比率和酬金占比，加权归一化后获得 [18]。

对目标设计任务 P_i 的资源竞争性评价的实现分为 3 个步骤。

（1）抽取目标设计任务 P_i 的潜在主动资源池

首先，根据目标任务包在众包设计平台或社区内的领域归类、任务类型归类和需求技能标签等的匹配，通过如 K 临近等方法，粗筛出一定数量的历史相似任务包；其次，通过计算任务相似度进行降序排序，依次选取排序靠前的历史相似任务包的设计方，填入潜在主动资源集（一般认为，参与相似任务集合中某项任务的参与者也具有参与其他任务的能力和意愿程度）。另外，也可以通过需求技能标签的直接匹配填补潜在主动资源集 [19]。

任务间相似度度量是任务推送领域的研究热点 [20-22]。Scholz 等 [22] 提出的相似度度量方法与常用的皮尔逊相关系数法、夹角余弦相似度算法和均方差方法等相比，对数据量大小适应性好，且更为准确。此处引入并适应性地改进该方法，以不同的技能需求为评价维度，综合不同维度的接近度、影响度和显著度，求解任务包间的相似度。

接近度、影响度和显著度的量化定义应该分别遵循如下考量。

1）对于任务 P_j 与任务 P_i 在第 k 类需求技能标签维度上接近程度 $\mathrm{PR}_{i,j}^k$ 的量化，主要考虑其技能等级差异，对于技能等级差距较大的情况，应设置相应惩罚系数。

2）需要注意的是，需求技能标签的期望等级大小对相似度评价的影响程度不同，需求技能期望等级越大，该技能标签对任务执行过程及结果的影响就越大。因此，对于任务 P_j 与任务 P_i 在对应第 k 类需求技能标签上的需求技能等级值大小对相似度评价的影响程度 $\mathrm{IM}_{i,j}^k$ 的量化应该遵循的准则为：当作为对比基准的任务 P_i 对第 k 类需求技能标签的要求等级越高且对比任务 P_j 对应技能等级越大时，该技能等级的接近度对任务间相似度评价的影响程度应该越大。

3）当定义显著度 $\mathrm{PO}_{i,j}^k$ 时，应考虑所筛选出的历史相似任务包集中不同任务包在对

应第 k 类需求技能标签维度上技能等级值的差异性对相似度评价的影响。任务 P_j 与任务 P_i 的相似度 $\mathrm{Sim}(P_i, P_j)$ 可以定义为

$$\mathrm{Sim}(P_i, P_j) = \sum_{k=1}^{d} \mathrm{PR}_{i,j}^k \times \mathrm{IM}_{i,j}^k \times \mathrm{PO}_{i,j}^k \qquad (6\text{-}6)$$

基于任务相似度度量，开展潜在相似任务相似度排序及设计方信息抽取，同时，结合需求技能标签直接匹配，可以实现潜在主动资源池的构建。

（2）对潜在主动资源任务 P_i 的胜任能力和接包意愿进行评价

主动资源 R_l 对目标任务 P_i 的胜任能力，可以通过综合其技能状态满足度 $M_{i,l}$，以及其历史接包相似任务集的综合完成质量 $Q_{i,l}$ 来反映，定义为 $\mathrm{CD}_{i,l}$：

$$\mathrm{CD}_{i,l} = M_{i,l} \times Q_{i,l} \qquad (6\text{-}7)$$

主动资源 R_l 技能标签及等级对目标任务 P_i 的匹配满足度 $M_{i,l}$ 的量化，要同时考虑需求技能权重和技能匹配度，需求技能权重转化自任务中所包含的需求技能的所有设计活动的重要度，技能匹配度为需求技能等级与具备技能等级的差距。主动资源 R_l 与目标任务 P_i 相似度的历史任务经历的综合完成质量 $Q_{i,l}$ 的量化，需要综合考虑紧前一段时间区间内历史相似任务的数量以及各历史相似任务对应的客户满意度评价值。

众包模式下，参与者选择任务时会对任务的各方面要求与自身期望（偏好）之间进行对比，两者越符合，参与者选择该任务的可能性越高 [23-27]。因此，主动资源的接包意愿可以通过融合兴趣偏好及酬金偏好的综合兴趣偏好 $\mathrm{AD}_{i,l}$ 来反映。对于兴趣偏好维度的接包意愿程度和酬金偏好维度的接包意愿程度的量化，一种可行的方法是，通过挖掘该主动资源相似历史接包记录中需求技能标签需求等级的上下限和性价比（以任务酬劳除以任务期望周期表示）的上下限，与目标任务当前属性值对比，计算转化获得。

（3）综合计算目标设计任务 P_i 的资源竞争性评价

综合各潜在主动资源的胜任能力和接包意愿，计算目标设计任务 P_i 的资源竞争性评价 RC_i：

$$\mathrm{RC}_i = \sum_{j=1}^{p} \sqrt{\mathrm{CD}_{i,j} \times \mathrm{AD}_{i,j}} \qquad (6\text{-}8)$$

6.3.3 设计任务的多视角协同分包

1. 多视角分包准则

如果设计活动间为耦合关联，那么合理划分任务分包方案，开展设计活动聚类优化，可以优化设计资源适配度和利用度，控制设计成本，提升产品设计效率和质量稳定性。因此，在设计活动集分包聚类阶段，在兼顾成本、周期等约束条件的基础上，应遵循 3 个视角的分包聚类准则——信息交互关联聚类原则、质量需求关联聚类原则和可用资源适配聚类原则，如图 6-16 所示。

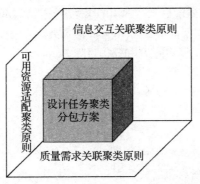

图 6-16　众包设计活动多视角分包准则

1）信息交互关联聚类原则。增大任务包内设计活动间信息交互关联内聚度，同时减小任务包间信息交互关联耦合度[28-30]。众包设计过程中，设计活动关注的不同设计对象间存在诸如功能关联、物理关联、结构关联、辅助关联等多种关联关系，因此，设计活动间存在复杂耦合的信息交互需求。众包设计具有跨时空异步协同特征，且主动资源知识背景及专业程度多样化，主动资源间交互效率和质量受限，管控成本投入较大。因此，在任务分包时，应尽量将信息交互耦合程度大的设计活动分入同一任务包，尽量减小任务包间的设计交互关联。

2）质量需求关联聚类原则。增大任务包内设计活动间质量需求趋同度，同时减小任务包间质量需求耦合度（质量独立性）[27]。众包设计以最大化满足客户需求为最终目标。用户对自身需求认知的模糊性和不完备性，任务的创新极大解空间特性，设计活动的跨域往复迭代特性等诸多因素，导致设计过程中设计需求的动态调整。设计需求变化所造成的质量需求变动会逐级传递，影响功能–行为–结构等层面的设计活动及其质量需求的变化。众包设计活动多为有偿服务，需求端变动引发执行迭代的成本较高（时间、酬金或质量成本），因此，应尽量减少因为质量需求变化导致的设计任务包集关联变动的程度。分包聚类时，需要考虑质量需求关联，使得与同一质量需求相关联的设计活动尽量归于同一任务包，增加任务包内质量目标的趋同性和独立性。

3）可用资源适配聚类原则。增大任务包集的可用设计资源的全局资源竞争性。所能适配到的设计资源的性能直接影响众包设计实现客户质量需求的程度。因此，在确定任务包聚类时，需要综合评价不同分包方案下可用设计资源集的性能，结合任务包内设计活动的重要度、任务包间信息的关联性等因素，保证任务包可用设计资源的全局资源竞争性。

2. 多视角融合的分包聚类求解

（1）基础谱聚类算法

谱聚类（Spectral Clustering）算法通过样本之间的相似度矩阵建立无向有权图，边的权重表示两点之间的相似度，利用图的拉普拉斯矩阵的性质学习指示矩阵[31-32]。其中，标准谱聚类算法中最常用的相似矩阵的生成方式是基于高斯核距离的全连接方式，最常用的切图方式是 Ncut。而到最后阶段常用的聚类方法为 K-Means。对于将 n 个样本点集 X 聚类为 k 个类组的问题，下面简要介绍 Ncut 谱聚类算法流程。

首先，获得 n 行 n 列的度矩阵 $\boldsymbol{D}$ 和邻接矩阵 $\boldsymbol{W}$。

$$d_i = \sum_{j=1}^{n} w_{ij} \tag{6-9}$$

$$w_{ij} = s_{ij} = \exp\left(-\frac{\left\|x_i - x_j\right\|_2^2}{2\delta^2}\right) \tag{6-10}$$

式中，度 d_i 为与点 v_i 相连所有边的权重之和；w_{ij} 为点 v_i 和点 v_j 之间的权重，$w_{ij} = w_{ji}$，若两点间存在边，则 $w_{ij} > 0$，否则 $w_{ij} = 0$，w_{ij} 值通常使用全连接法获得，选择高斯核函数定义边权重；s_{ij} 为任意两点 x_i 和 x_j 间的欧式距离。

其次，基于 $\boldsymbol{D}$ 和 $\boldsymbol{W}$ 计算拉普拉斯矩阵 $\boldsymbol{L}$，$\boldsymbol{L} = \boldsymbol{D} - \boldsymbol{W}$，构建标准化后的拉普拉斯矩阵 $\boldsymbol{L}' = \boldsymbol{D}^{-\frac{1}{2}} \boldsymbol{L} \boldsymbol{D}^{-\frac{1}{2}}$。计算 $\boldsymbol{L}'$ 最小的 k_1 个特征值所各自对应的特征向量 $\boldsymbol{f}$，并将各 $\boldsymbol{f}$ 组成的矩阵按行标准化，组成 n 行 k_1 列的特征矩阵 $\boldsymbol{F}$。

对于拉普拉斯矩阵 $\boldsymbol{L}$ 存在如下性质：其是对称矩阵，所有特征值都是实数，存在任意向量 $\boldsymbol{f}$，使得 $\boldsymbol{f}^{\mathrm{T}} \boldsymbol{L} \boldsymbol{f} = \frac{1}{2} \sum_{i,j=1}^{n} w_{ij}(f_i - f_j)^2$，且是半正定的，$n$ 个实数特征值都大于等于 0，$1 = \lambda_1 \leqslant \lambda_2 \leqslant \cdots \leqslant \lambda_n$。

Ncut 切图的聚类目标是同时考虑最小化 cut 边和划分平衡（通过子图内各样本点度之和衡量子图大小）。通过引入 n 维指示向量 $\boldsymbol{h}$，可以推导 Ncut 切图的函数表达式 $\text{Ncut}(A_1, A_2, \cdots, A_k)$ 如下：

$$\text{Ncut}(A_1, A_2, \cdots, A_k) = \frac{1}{2} \sum_{i=1}^{k} \frac{W(A_i, \bar{A}_i)}{\text{vol}(A_i)} = \sum_{i=1}^{k} h_i^{\mathrm{T}} \boldsymbol{L} h_i = \sum_{i=1}^{k} (\boldsymbol{H}^{\mathrm{T}} \boldsymbol{L} \boldsymbol{H})_{ii} = \text{tr}(\boldsymbol{H}^{\mathrm{T}} \boldsymbol{L} \boldsymbol{H}) \tag{6-11}$$

$$h_{ij} = \begin{cases} 0, & v_i \notin A_j \\ \dfrac{1}{\sqrt{\text{vol}(A_j)}}, & v_i \in A_j \end{cases} \tag{6-12}$$

式中，$\dfrac{1}{\sqrt{\text{vol}(A_i)}}$ 为子图权重，$\text{tr}(\boldsymbol{H}^{\mathrm{T}} \boldsymbol{L} \boldsymbol{H})$ 为矩阵的迹，$\boldsymbol{H}^{\mathrm{T}} \boldsymbol{D} \boldsymbol{H} = \boldsymbol{I}$。Ncut 切图的优化目标，就转化为最小化 $\text{tr}(\boldsymbol{H}^{\mathrm{T}} \boldsymbol{L} \boldsymbol{H})$。为了使用降维思想近似求解该 NP 问题，令 $\boldsymbol{H} = \boldsymbol{D}^{-\frac{1}{2}} \boldsymbol{F}$，将优化目标转化为 $\text{tr}\left(\boldsymbol{F}^{\mathrm{T}} \boldsymbol{D}^{-\frac{1}{2}} \boldsymbol{L} \boldsymbol{D}^{-\frac{1}{2}} \boldsymbol{F}\right)$，$\boldsymbol{F}^{\mathrm{T}} \boldsymbol{F} = \boldsymbol{I}$。求出 $\boldsymbol{D}^{-\frac{1}{2}} \boldsymbol{L} \boldsymbol{D}^{-\frac{1}{2}}$ 最小的前 k 个特征值，然后求出对应的特征向量并标准化，得到 $\boldsymbol{F}$。

最后，将 $\boldsymbol{F}$ 中的每一行作为一个 k_1 维样本，用 K-Means 进行聚类，得到 k 个类组。

（2）非负矩阵分解算法

非负矩阵分解（Non-negative Matrix Factorization，NMF）算法是在矩阵中所有元素均

为非负数约束条件之下的矩阵分解方法，其基本思想可以简单描述为：对于任意给定的非负矩阵 $V_{m \times n}$，NMF 算法能够找到非负矩阵 $W_{m \times r}$ 和非负矩阵 $H_{r \times n}$，使得 $V_{m \times n} \approx W_{m \times r} \times H_{r \times n}$，从而将一个非负矩阵近似分解为左右两个非负矩阵的乘积[33-34]。分解前后可理解为原始矩阵 V 的列向量是对左矩阵 W 中所有列向量的加权和，而权重系数就是右矩阵 H 对应列向量的元素。一般情况下，r 要比 m 和 n 小，即满足 $(m+n)r < mn$。

NMF 求解问题实际上是最优化问题，利用乘性迭代的方法求解 W 和 H，目标函数为

$$\min_{W \geqslant 0, H \geqslant 0} \left\| V - WH^{\mathrm{T}} \right\|_F^2 = \min_{W \geqslant 0, H \geqslant 0} \sum_i \left\| v_{:,i} - Wh_{i,:}^{\mathrm{T}} \right\|_2^2 \qquad （6\text{-}13）$$

式中，$\|.\|_F$ 为 Frobenius 范数，$\|.\|_2$ 为 L2 范数。

目标函数寻找 $Wh_{i,:}^{\mathrm{T}}$ 近似逼近 $v_{:,i}$，从聚类视角出发，$v_{:,i}$ 为样本点，W 为聚类中心，H 为聚类标签（r 取聚类数 k），$h_{i,:}$ 表示各聚类中心与 $v_{:,i}$ 的接近程度。因此，NMF 可以有效地学习聚类结果。

（3）多视角融合的改进谱聚类求解

多视角聚类算法是单视角算法的延伸，针对数据的多视角特征信息的有效利用而提出，该类算法一般基于互补和一致等原则，有效探索多视角数据中的互补一致信息，提升聚类性能[35-36]。考虑到设计活动间存在信息交互、质量需求和资源需求等多个关联关系描述视角，各关联视角也均适合以图的形式描述。为了综合多视角的关联关系信息以支持设计活动聚类，文献 [37] 采用一种融合谱聚类和 NMF 的多视图共识聚类方法求解设计活动集的分包方案，在减小超参数设置的影响和稳定求解最优聚类方案的同时，提高了计算效率。距离算法可以参见该文献，此处不再详述。

6.3.4　应用案例分析

1. 应用对象

本节技术主要实现大粒度众包设计任务的分包规划，通过知识推理方法辅助实现大粒度众包设计任务的细化分解，在分解过程中也同时考虑任务的众包资源适配性，兼顾细粒度子设计任务间的多视角关联来开展协同分包规划。

2. 面向问题

对辨识后的众包设计任务进行直接发包时，众包资源环境的动态不确定性可能导致资源匹配效率低和质量较差的问题，有必要在发包前进行分包规划，考虑众包任务内关联、潜在可用众包资源的数量及接包意愿，将大粒度的众包设计任务分解为合适的子任务包。

3. 应用效果

实现众包设计任务的智能辅助分包规划。考虑任务内关联耦合，基于知识推理辅助实现大粒度众包设计任务的初步细化分解；从可用众包资源的数量和质量视角，基于资

源竞争性评价对任务初步分解结果及分包方案的可发包性进行量化预测评估；同时，兼顾信息交互关联、质量需求关联、资源适配性评价 3 个视角优化分包方案。

4. 应用实例

以某新型号机床产品关键部件设计需求为例，探讨本节所提出方法的有效性和适用性。采集该新型号机床产品关键部件设计需求，选定加工效率、运动精度、能耗、安全性、使用寿命等为质量需求指标。结合基于知识推理的主动分解和人工辅助分解辨识，同时在分解过程中进行不同分解方案的资源竞争性评价，最终得到 34 项设计活动。设计活动的资源竞争性评价值见表 6-3，质量需求指标与设计活动的关联度见表 6-4，设计活动的信息交互关联度见表 6-5。

表 6-3 设计活动的资源竞争性评价值

编号	1	2	3	…	32	33	34
竞争性评价值	0.31	0.26	0.42	…	0.19	0.25	0.34

表 6-4 质量需求指标与设计活动的关联度

编号	1	2	3	…	32	33	34
加工效率	0.8	0.1	0.4	…	0.8	0.8	0.1
运动精度	0.8	0	0	…	0.1	0.1	0
能耗	0.7	0	0.2	…	0.5	0	0.3
安全性	0.2	0.6	0.6	…	0.2	0.2	0
使用寿命	0.9	0.1	0.4	…	0.5	0.5	0

表 6-5 设计活动的信息交互关联度

编号	1	2	3	…	32	33	34
1	0	0.51	0.94	…	0	0.2	0.31
2	0.37	0.12	0	…	0.11	0.48	0.67
…	…	…	…	…	…	…	…
33	0	0	0	…	0.74	0	0
34	0	0	0	…	0	0.76	0

为了方便对比，一方面，加权信息交互和质量需求两种关联度得到综合关联度，使用一般求解强连通子集的方法，得到设计任务的分包方案；另一方面，使用前文提到的融合谱聚类和 NMF 的多视图共识聚类方法，求解设计任务的分包方案。选取分包结果中各设计子任务包的聚合度、耦合度、质量需求趋同度和资源竞争性指标作为衡量分包方案性能的量化指标。其中，聚合度衡量设计子任务包内设计活动的关联紧密程度，耦合度衡量设计子任务包间的关联耦合程度，质量需求趋同度衡量设计子任务包内各设计活动与质量需求关联的一致性，资源竞争性指标衡量设计任务包的潜在接包资源数量和质量水平。分包规划结果对比分析见表 6-6，结果显示基于多视图共识聚类的设计任务分包结果更优。

表 6-6　分包规划结果对比分析

分包方法	分包结果	聚合度 J	耦合度 O	质量需求趋同度 Z	资源竞争性指标 RC	综合评价值 $F=[J+(1-O)+Z+RC]/4$
强连通子集求解	$(1,2,15,17,18,24,25,29)$、$(3,4)$、$(5,6,7)$、$(8,12)$、$(9,10)$、$(11,19,20,21,22)$、$(26,27,30,32,33,34)$、$(13,14,16,23,28,31)$	0.3127	0.0932	0.7813	0.26	0.5652
多视图共识聚类	$(1,2,15,17,18,24,25)$、$(11,19,21)$、$(5,6,7)$、$(27,30,32,33,34)$、$(13,14)$、$(3,4,22,29)$、$(8,12,28,31)$、$(9,10)$、$(16,20,23,26)$	0.4053	0.0716	0.8926	0.33	0.6391

6.4　量化感知驱动的众包设计递阶优化决策技术

6.4.1　众包设计协作方案的适配规划

本节首先采用基于用户 – 知识融合的方法对任务与用户进行分析，以矩阵的形式进行映射建模，得到优化目标方程，然后采用融合矩阵算法的遗传算法对其进行求解，得到适合众包场景的资源与用户配置，为众包设计协作提供决策支持。

1. 问题描述和数学模型

（1）基于用户 – 知识融合的协作决策问题描述

首先对众包设计平台进行历史知识预处理，提出用户 – 知识融合决策进行任务的分派。用户 – 知识融合决策可以定义为一定数量的任务 H 被储存在用户 – 任务匹配矩阵中，并且将一定数量的具有高匹配值的任务优先分配给用户 W。n 个任务被分配给一个用户并进行优化选出最优。最后，被分配的用户执行任务。目标方程是最小化用户 – 知识任务的初始矩阵值 A 与实际匹配值 $w·h$ 之间的差值。最合适任务的数量 m 和满足用户 – 知识任务分配过程的最佳任务完成时间 t 在一定的约束条件下确定。

（2）模型矩阵集和决策变量

1）建立矩阵集。

基本矩阵：$W_{m×k}$ 是用户的特征矩阵，w_i^r 表示矩阵 $W_{m×k}$ 的第 i 行向量。

权重矩阵：$H_{k×n}$ 是任务特征矩阵，h_j^c 表示矩阵 $H_{k×n}$ 的第 j 行向量。

初始矩阵：$A_{m×n} ≈ W_{m×k} · H_{k×n}$，$a_{ij}$ 表示初始矩阵中丢失项目的预测匹配值，$w_i^r h_j^c$ 表示用户 i 与任务 j 的能力匹配值。

2）用户 – 知识融合决策变量。

$$h_k = \begin{cases} 1, & 有效任务 k 参与任务分配, k \in K \\ 0, & 其他情况, 任务无效 \end{cases}$$

$$x_{ik} = \begin{cases} 1, & 有效任务 k 被分配给用户 i, i \in I, k \in K \\ 0, & 其他情况 \end{cases}$$

众包设计平台拥有大量的主动资源和任务。一个主动资源不能完成所有的任务，所有的任务也不能分配给一个主动资源，所以在初始矩阵 $A_{m \times n}$ 中有许多元素找不到。初始矩阵 $A_{m \times n}$ 可以分解为两个或多个低维矩阵 $w_i^r h_j^c$，并且低维空间用于近似高维空间来实现对矩阵用户 – 知识任务匹配值的预测。

（3）基于用户 – 知识融合决策的数学模型

目标方程为

$$\min_{W,H} f(W,H) = \min_{W,H} \frac{1}{2} \|A - WH\|_F^2 \qquad (6\text{-}14)$$

式中，$\|\cdot\|_F^2$ 表示 F 范数，是矩阵元素绝对值平方和的平方根。令 $E = A - WH$，则目标方程转变为

$$\min_{W,H} f(W,H) = \min_{W,H} \frac{1}{2} \|E\|_F^2 \qquad (6\text{-}15)$$

令 e_{ij} 为矩阵 E 的第 i 行第 j 列元素，则 E 可以表示为

$$\|E\|_F^2 = \left(\sum_{i=1}^{m} \sum_{j=1}^{n} |e_{ij}|^2 \right)^{\frac{1}{2}} \qquad (6\text{-}16)$$

令 e_i^r 表示 E 的第 i 行向量，则

$$\|E\|_F^2 = \|E\|_F^R = \left(\sum_{i=1}^{m} |e_i^r|^2 \right)^{\frac{1}{2}} \qquad (6\text{-}17)$$

e_i^r 的 F_2 格式为

$$\|e_i^r\|_F^2 = \|a_i^r - W_i^r H\|_F^2 \qquad (6\text{-}18)$$

令 e_j^c 表示 E 的第 j 列向量，则

$$\|E\|_F^2 = \|E\|_F^c = \left(\sum_{j=1}^{n} |e_j^c|^2 \right)^{\frac{1}{2}} \qquad (6\text{-}19)$$

e_j^c 的 F_2 形式为

$$\|e_j^c\|_F^2 = \|a_j^c - w h_j^c\|_F^2 \qquad (6\text{-}20)$$

约束为

$$\sum_{k \in K} H_k = m, 1 \leqslant m \leqslant K \qquad (6\text{-}21)$$

式（6-21）表示实际分配任务的数量为

$$\sum_{i \in I} \sum_{k \in K} x_{ik} = 1, 1 \leqslant m \leqslant K \qquad (6\text{-}22)$$

式（6-22）表示一个任务可以分配给每一个用户的条件为

$$T_i = \sum_{i \in I} x_{ik} t_{ik}, \ i \in I, k \in K \qquad (6\text{-}23)$$

式（6-23）为完成实际任务所要求的时间：

$$h_k = 0 或 1, \quad k \in K \tag{6-24}$$

$$x_{ik} = 0 或 1, \forall k \in K, i \in I \tag{6-25}$$

式（6-24）和式（6-25）是决策变量的数学表达式。

基于用户－知识进行任务－资源组合的众包分配问题是典型的 NP 问题。在这项研究中，采用遗传算法求解该问题。为了简化后续的矩阵计算，在式（6-14）中，矩阵范数用来计算矩阵元素间差值平方和的算术平方根，从而更好地融合矩阵算法和遗传算法。

2. 算法设计

（1）基本矩阵分解算法的局限性

基本矩阵算法采用梯度下降法执行矩阵的迭代。然后，式（6-14）可以重写为

$$
\begin{aligned}
\min f(\boldsymbol{W}, \boldsymbol{H}) &= \frac{1}{2} \|\boldsymbol{A} - \boldsymbol{WH}\|_F^2 = \frac{1}{2} \operatorname{tr}(\boldsymbol{A} - \boldsymbol{WH})(\boldsymbol{A} - \boldsymbol{WH})^{\mathrm{T}} \\
&= \sum_{i,j} \frac{1}{2}(a_{ij} - \boldsymbol{w}_i^r \boldsymbol{h}_j^c)^2
\end{aligned}
\tag{6-26}
$$

式（6-26）有两组参数 w 和 h。首先利用梯度下降算法推导得到变量 w 和 h：

$$
\begin{cases}
\dfrac{\partial f}{\partial \boldsymbol{W}} = (\boldsymbol{WH} - \boldsymbol{A})\boldsymbol{H}^{\mathrm{T}} \\
\dfrac{\partial f}{\partial \boldsymbol{H}} = \boldsymbol{W}^{\mathrm{T}}(\boldsymbol{WH} - \boldsymbol{A})
\end{cases}
\tag{6-27}
$$

然后，根据随机梯度下降算法，w 和 h 在最陡下降方向上进行正向优化，得到：

$$
\begin{cases}
\boldsymbol{W}_{bj}^{k+1} = \boldsymbol{W}_{bj}^k - \beta_{bj}^k \left(\dfrac{\partial f(\boldsymbol{W}^k, \boldsymbol{H}^k)}{\partial \boldsymbol{W}^k} \right)_{bj} \\
\boldsymbol{H}_{ia}^{k+1} = \boldsymbol{H}_{ia}^k - \varphi_{ia}^k \left(\dfrac{\partial f(\boldsymbol{W}^{k+1}, \boldsymbol{H}^k)}{\partial \boldsymbol{H}^k} \right)_{ia}
\end{cases}
\tag{6-28}
$$

式中，β_{bj} 和 φ_{ia} 表示学习速率。初始化的 w 和 h 根据式（6-28）进行迭代更新。如果新的 RMSE 指标比上一个要小，那么迭代更新将继续进行；否则，该算法将被终止。RMSE 表示为

$$
\mathrm{RMSE} = \sqrt{\frac{\sum\limits_{w,h \in T}(a_{w,h} - A_{w,h})^2}{|T|}}
\tag{6-29}
$$

式中，$a_{w,h}$ 为用户 w 对任务 h 的实际得分，$A_{w,h}$ 为矩阵分解算法的预测得分。

（2）矩阵改进遗传算法

1）准备种群初始化。

种群的选择：矩阵 $\boldsymbol{W}_0$ 和 $\boldsymbol{H}_0$ 是随机生成的。

基因操作符：选择操作符，轮盘赌复制采用对染色体保留特性最好的方法复制。

交叉操作：由于基因编码之间的乱序，而编码组是有序的，如果直接采用传统 K 值交叉的方法，即随机选择交点并交换相应父级的基因片段，那么可以分割形成优秀子路

径，也无法得到这个问题的可行解。因此，本书采用了先前讨论的交叉算子，最大限度地预留交叉操作。该操作描述如下：如果在染色体交叉处的两个基因都是 0，则直接执行部分匹配交叉；如果这两个基因在染色体上并不都是 0，则交点向左（右）移动，直到交点上的两个基因都是 0，再执行部分匹配交叉。

突变操作：在遗传算法中以两点交换作为突变操作，染色体上的两个基因位置是在这两个位置上随机选择相应的基因进行交换以形成新的个体。连续的 0 编码发生在基因字符串表示所分配的任务数太大，应该减少。这个减少操作对于用户知识-任务矩阵的优化很重要。

种群选择：

$$P_c = \begin{cases} k_1(f_{max} - f_c)/(f_{max} - f_{avg}), f_c \geq f_{avg} \\ \max(k_1, (f_{max} + f_c)/(f_{max} + f_{avg})), f_c \leq f_{avg} \end{cases} \quad (6\text{-}30)$$

$$P_m = \begin{cases} k_2(f_{max} - f_m)/(f_{max} - f_{avg}), f_m \leq f_{avg} \\ \max(k_2, (f_{max} + f_m)/(f_{max} + f_{avg})), f_m \geq f_{avg} \end{cases} \quad (6\text{-}31)$$

$$0 < k_1 k_2 < 1 \quad (6\text{-}32)$$

2）GMF 的迭代优化过程。

种群优化：在 W_0 和 H_0 中，突变是由 $s\%$ 的选择元素根据 P_m 生成 T 个矩阵 $W'_{0,0}$，$W'_{0,1}, \cdots, W'_{0,r}$ 和 $H'_{0,0}, H'_{0,1}, \cdots, H'_{0,r}$。

交叉突变优化过程：在 W_0 和 H_0 中，突变是由 $s\%$ 的选择元素根据 P_m 生成 $2T$ 个矩阵 $W'_{0,0}, W'_{0,1}, \cdots, W'_{0,r}$ 和 $2T$ 个矩阵 $H'_{0,0}, H'_{0,1}, \cdots, H'_{0,r}$。

适应度函数：适应度函数是一种判断个体优缺点和解的逐步优化的重要手段。为了满足适应度函数的非负性要求，而又不失一般性，将目标函数式（6-14）转化为适应度函数式（6-34）和式（6-35），其中越小的适应度函数意味着越高的近似值和越准确的推荐。

$$\min_{W,H} f(W, H) = \min_{W,H} \frac{1}{2} \|A - WH\|^2 \quad (6\text{-}33)$$

$$H_{au} \leftarrow H_{au} \frac{(W^T A)_{au}}{(W^T WH)_{au}} \quad (6\text{-}34)$$

$$W_{ia} \leftarrow W_{ia} \frac{(VH^T)_{ia}}{(WHH^T)_{ia}} \quad (6\text{-}35)$$

通过适应度函数，可以满足任务的鲁棒性要求与资源的最优配置，从而有助于众包设计平台上的协作设计。

6.4.2 众包设计过程的稳定性与收敛性量化评价

1. 专家模糊评价驱动设计过程状态量化感知

（1）专家模糊评价方法

应用一种混合多指标模糊评价方法，以综合多个评价者的评价意见，获得更可信的设计过程状态量化评价结果。首先，利用灰色决策试验和评价实验室（G-DEMATEL）技术用于分析评价标准之间的相互关系，并计算每个标准的影响权重。灰色理论可用于处理离散数据和不完全信息情况下的歧义 [38]。DEMATEL 技术是分析系统因素之间相互关系的有效方法 [39]。结合这两个方法的优点，灰色 DEMATEL 是一种考虑专家意见模糊性分析评价指标之间因果关系和交互水平的有效方法。其次，基于自适应密度的带噪声应用程序空间聚类（SA-DBSCAN）方法实现偏差评估意见的识别和筛选。然后，采用模糊综合评价法计算最终设计状态指标。混合多指标模糊评价方法的一般过程（即混合算法框架）如图 6-17）所示。

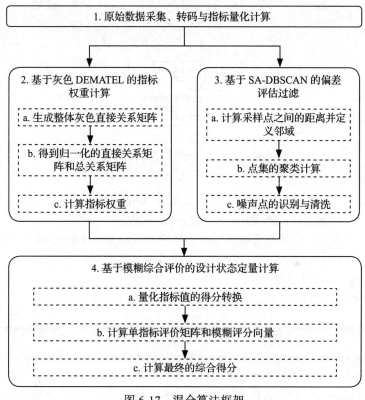

图 6-17　混合算法框架

（2）设计过程状态量化感知

基于专家模糊评价实现对各设计任务进度状态和质量状态的量化打分，依据设计活动分解树自底向上实现进度和质量状态的映射，支持各层级粒度设计任务的状态量化感知。进一步，还可以基于进度偏差计算和偏差传播路径识别，计算设计活动对应的偏差风险等级，实现风险源的根因识别。众包设计进程状态量化感知机制如图 6-18 所示。

2. 在线认知分析驱动设计过程状态量化感知

针对终端设计资源设计状态不确定性的情况，面向在线数字化协同设计场景，本节提出一种基于三维认知行为分析的动态量化感知方法，作为可行的支持技术，创新之处在于采用了基于设计操作行为分析的方法。该方法遵循 3 个重要步骤：在线众包设计过程数据的采集与转化分析、认知行为序列的代码转换与量化评价函数构建，以及众包设计过程状态的多指标定量评价计算。

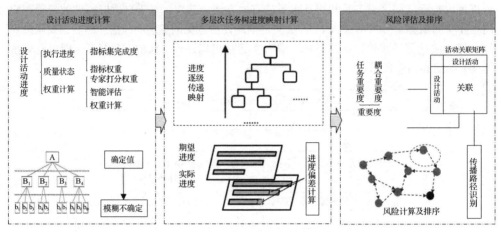

图 6-18　众包设计进程状态量化感知机制

（1）在线众包设计过程数据的采集与转化分析

为了支持设计师对设计状态的及时动态感知，在设计任务期间主要持续收集 3 种类型的数据：语言数据、草图演变数据和非语言行为数据。

1）语言数据的获取旨在明确设计师的思维过程。对比各种收集语言数据的方法，"大声思考"仍然是更好的方法。它要求设计师在执行给定的设计任务时大声表达自己的想法。这种并行形式可以利用显式的语言数据来探索设计师的内心想法。关于"大声思考"是否会扰乱设计师的正常思维过程，仍存在争议[40]。然而，更多的文献认为，从理论上讲，"大声思考"不会对思考过程造成太大干扰，而且收集的数据非常直接和准确，因为没有延迟[41]。本节采纳了这一观点，将语言数据视为重要的认知行为分析数据源。在实际采集过程中，现有技术使得语言数据采集的条件和成本越来越简单。使用各种智能设备中无处不在的嵌入式麦克风，可以及时、方便地收集"大声思考"的数据。噪声消除或声源分离技术使语音数据的识别更加准确。为了进一步的分析和预处理，需要将语音数据转换为文本。现有的语音识别技术和相关软件工具能够很好地满足这些要求。

2）明确的图形化方法可以帮助设计师与他人沟通，进一步促进和激发他们的设计理念。基于设计实验，一些研究人员发现，无论他们是否为专业设计师，草图绘制过程和线型定义都非常相似。因此，具有不同抽象层次的草图以及在设计过程中的演变数据可用于跟踪设计师的认知行为和思维模式[42-43]。本节将草图演变数据作为重要的认知行为分析数据源。概念设计是推动设计成果创新的关键阶段。在早期阶段，发现问题并及时做出响应和调整可以最大限度地减少需求方和众包设计平台的损失。本书提出的方法在现阶段只关注二维草图的获取和演变分析。为了更有效、更准确地表达设计概念和收集草图数据，研究人员通常在设计实验中提供在线绘图工具。这种方法非常适合众包设计平台收集设计师生成的草图演变数据。

3）需要收集一些额外的设计师行为数据，以更好地感知设计师与草图之间的互动以及设计过程的进展。本节选取设计师在设计过程中的非语言行为数据作为认知行为分析的第三维度数据源。在计算机辅助工具的交互界面上收集设计师的操作行为（操作命令）和注意力移动（眼球运动），一些专业的捕获软件和工具可以以非侵入方式实施这些捕获操作。

（2）认知行为序列的代码转换与量化评价函数构建

本节采用了一种新的面向内容的编码方案，并根据众包设计的认知行为特征和数据采集环境重新定义了一些动作，将认知行为概括为 4 个层次：物理、感知、功能和概念。在每个层次中，动作类型进一步细分，并与相应的草图建立关联。认知行为编码表见表 6-7。

表 6-7　认知行为编码表

认知行为层次	动作类型代码	描述
物理	D^i	创建草图 i
	D^i_j	在草图 i 上进行描绘，创建草图元素 j，例如图表、数字、符号、注释、备忘录，甚至句子
	L^i_j	查看草图 i 中的草图元素 j
	M^i_l	针对草图 i 的其他物理动作 1，例如铅笔或手的动作，这些动作不会以物理描绘结束
感知	PF^i_j	注意草图 i 中元素 j 的视觉特征，例如形状、大小和纹理
	PS^i_{j-k}	注意草图 i 中元素 j 和 k 之间的空间关系，例如接近、距离、对齐、相交、连通性等
	PO^i_{j-k}	组织或比较草图 i 中的元素 j 和 k，例如元素分组，以及元素视觉特征的相似性 / 一致性和差异性 / 对比度
功能	FI^i	在草图 i 上探索产品与用户 / 环境之间的交互问题。例如，当一个设计师从人们如何使用它的角度来考虑一件艺术品的功能时，他是在从实际意义上解决人与艺术品之间的互动问题。在建筑中融入阳光或风的机制是设计空间和自然资源之间相互作用的问题
	FP^i	考虑用户对草图 i 的心理反应。当人们以上述各种感觉与设计的人工制品互动时，他们的心理反应
概念	E^i	对草图 i 进行优先和美学评价
	G^i	在草图 i 上设置目标或子目标
	K^i	检索知识。从草图 i 的记忆中检索知识，知识被检索，然后用于推理。一种类型是正向推理，其中应用知识从现有信息中提取新信息。另一种类型是反向推理，其中应用知识将问题划分为子问题，从而在现有目标下建立子目标

从 3 个方面跟踪草图的演变、草图变换类型、垂直变换中的关联类型，以及草图复杂性演变。表 6-8 定义并显示了 3 种不同的草图转换编码，表 6-9 定义并显示了垂直变换关联类型编码。

表 6-8　草图转换编码

转换类型	代码	描述
横向变换	TL_j^i	从草图 i 到草图 j 的过渡。设计意图从一个想法转变为一个稍有不同的想法
垂直变换	TV_j^i	从草图 i 到草图 j 的过渡。设计意图从一个想法转变为同一想法的更详细、更精确的版本
复制	TD_j^i	从草图 i 到草图 j 的过渡。相应的想法没有改变

表 6-9　垂直变换关联类型编码

关联类型	代码	描述
形状关联	AS_j^i	一对相关的草图 i 和草图 j。草图 j 是通过调整草图 i 中的形状特征生成的。生成形状关联的关键触发动作包括 L/PF、L/PS 和 L/PO
行为关联	AB_j^i	一对相关的草图 i 和草图 j。草图 j 受草图 i 的启发，通过将某些元素特征替换为具有相同功能或扩展功能的新特征而生成。生成行为关联的关键触发动作是 L/FI
功能关联	AF_j^i	一对相关的草图 i 和草图 j。草图 j 从草图 i 扩展而来，并为一些现有设计原则添加了一些新功能。生成功能关联的关键触发动作是 L/FP

　　从问题解决过程跟踪设计过程阶段的演变。相应的编码见表 6-10。为了更详细地理解设计师的思维过程，在 4 个不同的抽象层次上跟踪设计问题，见表 6-11。在设计迭代之前，应该有一个相应的积极设计问题解决过程。对于关注问题的 4 个抽象层次，存在自上而下的有序分解关系。

表 6-10　设计问题求解过程编码

阶段类型	代码	描述
确定设计问题	AN	通过分析需求，确定设计目的和原因
设计关注点的表示	PD	确定设计问题、设计约束和设计标准
	GA	收集能够启发和帮助设计解决方案的相关信息
策略形成	GE	生成设计问题的模糊初始想法，并列出不同的备选方案
按部就班行动	MO	描述实现该想法的详细方案，如方法、尺寸和材料
审查和评价	FE	确定方案的可行性以及是否满足设计约束和标准
	EV	方案的选择和比较
	DE	生成最终设计方案

表 6-11　抽象层次编码

抽象层次	代码	描述
系统问题	WL	考虑整个系统和外部环境
子系统与系统的交互问题	IL	考虑整个系统与其组件之间的相互作用
子系统问题	SL	考虑其中的组件
细节问题	DL	考虑组件的细节

　　根据设计认知研究领域中基于设计认知实验结果的设计认知活动规律研究，从 3 个维度对众包任务设计师的设计过程状态进行监督和分析，建立了三维定量评价模型，见表 6-12，3 个维度包括认知行为的有序程度、设计状态的可信度和思维转换的稳定性。表中定义了 13 个相关指标并提供了量化依据，可根据量化依据，将 13 个指标量化至 [0, 1] 之间。

表 6-12 设计过程质量状态评价指标

评价目标	评价维度	细化指标	量化依据
众包任务设计方的设计过程质量状态，用 RS 表示	认知行为的有序程度，用 OD 表示	认知行为之间的有序依赖程度，用 O_b 表示	认知行为的 4 个层次应遵循从低到高的依赖关系，较高级别的行动可能会触发较低级别或相同级别的行动
		一些认知行为之间的正相关程度，用 O_k 表示	主要考虑了动作 K 的发生频率与知觉和功能水平动作之间的正相关，引入协方差和相关系数的计算函数来度量它们发生频率的相关性
		在不同设计阶段对物理动作和功能动作的偏好，用 O_p 表示	不同设计阶段对物理动作和功能动作的偏好不同。在问题分析阶段（AN、PD），D 行动是首选；在功能探索阶段（GA、GE、FE），首选功能层面的行动；在空间排列阶段（MO），偏好介于两者之间。基于偏好函数量化不同行为在不同时间的偏好
		垂直转换关联类型之间的有序依赖程度，用 O_a 表示	对于从高到低的 3 种关联类型，高级关联可能会触发设计师生成低级关联
		触发行为和垂直转换类型之间的有序依赖程度，用 O_t 表示	同 O_a 量化依据
		设计阶段的有序程度，用 O_d 表示	既要考虑设计问题解决过程的有序度，也要考虑设计问题的层次分解过程。在不考虑局部或全局迭代的情况下，在解决问题的过程中，通常的逻辑顺序是从 AN 到 DE。设计问题的一般分解变化是从 WL 到 DL。在解决问题和设计问题的分层分解过程中，违反逻辑的关系项数量和指标 O_d 被定义为正相关
	设计状态的可信度，用 CD 表示	认知行为 FP^i、PF_j^i、PS_{j-k}^i 和 K^i 的频率比，用 C_r 表示	认知设计实验，发现新手设计师的人均动作 PF、PS 和 K 发生率高于经验丰富的设计师，而经验丰富的设计师的人均动作 FP 发生率高于新手设计师
		功能/结构探索行为和外部表征行为的优先级偏好，用 C_b 表示	经验丰富的设计师在功能/结构探索行为上优先于外部表现行为
		草图演变的综合质量，用 C_q 表示。考虑了草图的数量和复杂性	在草图数量和复杂性方面，经验丰富的设计师比新手设计师表现更好，草图中有更多的草图转换
		草图关联类型的首选项，用 C_a 表示	在草图垂直变换的 3 种关联类型中，经验丰富的设计师产生更多的行为关联项和功能关联项，新手设计师产生更多的形状关联项
		设计过程阶段的偏好，用 C_p 表示。考虑了阶段迭代和问题分析偏好	在解决问题的过程中，经验丰富的设计师比新手更喜欢识别设计问题和设计问题的表达，他们也更喜欢全局迭代而不是局部迭代

（续）

评价目标	评价维度	细化指标	量化依据
众包任务设计方的设计过程质量状态，用RS表示	思维转换的稳定性，用SD表示	思维阻滞的频率，用S_t表示。它主要体现在认知行为依赖的不连续性上	在一些动作之后，没有依赖于这些动作的更高层次的动作，也没有由这些动作触发的更低或相同层次的动作，这意味着设计师的思维被打断
		设计思维的发散和收敛状态，用S_d表示，主要体现在横向变换和纵向变换的频率比变化上	良好的设计源于早期阶段横向和垂直转换之间的平衡，而不是极端的横向偏差。然而，随着设计进入实施和详细阶段，平衡可能会转向极端（最终完全）垂直偏差

（3）众包设计过程状态的多指标定量评价计算

可以参照软件工程中的数据标注模式，将设计过程数据的转录标注分解为众包任务，基于第三方众包服务平台发包并收集数据转录标注结果。然后，通过6.4.2节提出的混合多指标模糊评价方法，筛选并综合多份众包标注数据，量化计算设计方的设计状态指标。

6.4.3 众包设计过程的动态适应性调整决策

在众包设计任务的执行过程中，环境条件不断发生变化，当众包设计任务执行状态严重偏离初始预期判断时，众包设计协作方案为了能够很好地匹配设计任务环境，必须进行适当的调整。因此，有必要研究如何解决这种动态、不确定环境下的众包设计任务协作方案配置调整优化问题。其中，适应性是指协作组织在面对任务目标、环境或内部参数非预期的激烈变化时，能够快速有效进行结构和策略的调整，以维持良好的效能，即保证任务环境条件变更后，能够快速调整整体协作效能。这里要考虑的不确定性因素除了任务的加入、删除或相关要求的变更，还包括设计资源的加入或离开以及属性参数变化等。

为了便于求解，将该问题转化为数学优化问题。假设初始众包设计任务为M，依据前文协作适配求解方法，求得的最优众包设计协作配置方案为D，经历设计环境变化后的任务为M^*，根据求解算法得到的最优众包设计协作配置方案为D^*。在众包设计协作配置方案调整过程中，设计资源移入移出的惩罚成本记作W_P，协作链新建惩罚成本记作W_D，进一步定义结构重构代价为C^R，方案性能代价为C^P，结构适应性代价为C^A。优化目标是找到介于D和D^*之间的方案$\overline{D}$，使得在重构D为$\overline{D}$时付出最小的结构适应性代价。

结构重构代价C^R计算如下：

$$C^R(D, \overline{D}) = C^R_P(D, \overline{D}) + C^R_D(D, \overline{D}) \tag{6-36}$$

式中，$C^R_P(D, \overline{D})$是设计资源调整造成的重构代价，$C^R_D(D, \overline{D})$是由于协作链调整造成的重构代价。

$$C^R_P(D, \overline{D}) = \frac{W_P}{2 \cdot K} \sum_{m=1}^{M} \sum_{k=1}^{K} |R_{DM-P}(k, m) - \overline{R_{DM-P}(k, m)}| \tag{6-37}$$

$$C_D^R(D, \overline{D}) = \frac{W_D}{2 \cdot Z} \sum_{m=1}^{M} \sum_{n=1}^{M} |\max(R_D(m, n), \overline{R_D(m, n)} - R_D(m, n))| \tag{6-38}$$

式中，W_D 为新增协作链的花费，$|\max(R_D(m, n), \overline{R_D(m, n)} - R_D(m, n))|$ 为新建协作链的数量。

方案性能代价 C^P 计算如下：

$$C^P(\overline{D}, M^*) = \frac{W_{RMS}(\overline{D}, M^*) - W_{RMS}(D^*, M^*)}{W_{RMS}(D^*, M^*)} \tag{6-39}$$

结构适应性代价 C^A 是结构重构代价 C^R 与方案性能代价 C^P 的加权和：

$$C^A(D, \overline{D}, M^*) = w^R \cdot C^R(D, \overline{D}) + w^P \cdot C^P(\overline{D}, M^*) \tag{6-40}$$

6.4.4　应用案例分析

1. 应用对象

本节技术基于用户 – 知识融合的方法对众包设计系统资源配置中的任务与用户进行分析，提取双方特征并建立相应的画像，提高任务 – 用户的推荐成功率，进而提高众包平台的任务执行效率与资源利用率。

2. 面向问题

针对众包设计系统随着用户量与任务量的不断扩大而面临的信息过载现象，传统的单向选择任务或用户匹配方式已不能支持众包设计系统上海量数据信息流的高效流动，需要建立能够智能匹配用户 – 任务的推荐模型，实现对众包系统中任务与资源的及时、高效处理。

3. 应用效果

针对众包设计平台中历史知识与用户专业知识之间的模式匹配问题，充分考虑用户特征、任务特征和匹配特征值等约束条件，建立用户知识综合决策数学模型，并利用改进的遗传算法求解用户知识综合决策数学模型。与经典的矩阵分解算法相比，该改进遗传算法在 RMSE 指数方面具有较好的精度。此外，通过改进的遗传算子，该算法可以直接分解用户 – 任务矩阵，改善了全局搜索中的局部收敛性，避免了复杂的任务分类，并在一定程度上提高了算法的速度和求解精度，具有良好的求解能力。该算法缓解了冷启动问题，较好地解决了多任务众包分配中用户 – 知识集成决策的数学问题。

4. 应用实例

为了分析多类型任务分配的执行效率，从众包设计平台的知识库中提取真实数据，实施了一个案例用于对上述方法的验证。通常，推荐算法的精度检验使用均方根误差的 RMSE 指数，见式（6-29）。其中，$a_{w,h}$ 表示用户 w 对任务 h 的实际得分，$A_{w,h}$ 表示矩阵分解算法的预测得分。RMSE 值越小，任务分配值越准确。初始任务数和种群大小可以用式（6-21）来确定。令 $\sum_{k \in K} H_k = m$ 且 $P_c = 0.8$，$P_m = 0.8$，$T = 5\text{min}$。

所需数据从众包设计平台上积累的历史数据中选取，选定任务数量 H 为 500，选定

用户数量 W 为 200，设置每位用户分配的最大任务数量 K 为 10。突变算子在计算结果中起着重要的作用，它不仅增强了算法的局部搜索能力，而且在保持种群多样性方面发挥了重要作用。但由于突变算子的突变概率太大或太小，会影响算法的精度。该案例分别探究了 P_m–T 与 P_m–RMSE 的关系，来验证本节所提方案的性能。

如图 6-19 所示，当突变概率值 P_m 从 0.05 逐渐增加时，算法的收敛值逐渐增加，意味着算法的收敛速度持续加快。但是当突变概率值 P_m 超过 0.25 时，收敛值开始下降，表明算法的收敛性能衰退。当突变概率值 P_m 从 0.05 逐渐增加时，RMSE 值逐渐下降，表明算法的任务分配精度逐渐提高，因为 RMSE 值越低，算法分配任务的精度越高。但是当算法的突变概率值 P_m 超过 0.25 再继续增加时，RMSE 逐渐上升，表明算法分配任务的精度逐渐下降。实验结果表明，该算法最大任务分配精度对应的突变概率值 P_m 为 0.25。不同场景下的最佳突变概率值 P_m 由具体的问题决定，因此根据具体问题选择合适的突变概率值 P_m，对提升任务分配的精度尤为重要。

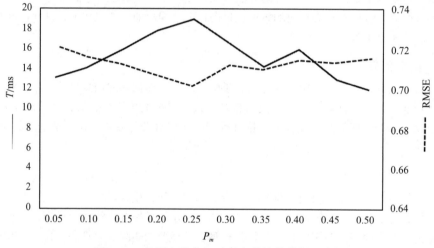

图 6-19　目标方程求解过程中的性能分析示意图

6.5　众包设计成果多阶段交付 – 支付融合管控技术

6.5.1　众包设计成果多阶段交付里程碑分解

众包设计成果的交付里程碑划分和任务分解类似。在众包任务分解方面，近年来国内外已取得了较多的成果。Kumar 等[44] 提出了基于设计结构矩阵的设计任务解耦理论。闵明慧等[45] 修正了 DSM 并使用增广约束网络（Augmented Constrained Network，ACN）衡量模块间的依赖关系。王鑫等[46] 基于 ACN 将 DSM 分解为多层结构。Mostafa 等[47] 提出了一种 ArchD RH 设计规则。以上研究证明了基于 DSM 进行任务解耦是有效的，但方法较为复杂。基于此，Giluka 等[48] 简化了 DSM 的设计方法，提出了一种基于解耦水平（Decoupling Level，DL）的度量方法，但该方法存在对任务粒度考虑不足的问题。Elhamy 等 [49] 综合考虑了任务粒度、任务耦合性和任务均衡度对任务进行分解，但对任务耦合性度量的说明不明确。王晨旭等 [50] 在研究众包模式与传统外包模式差异的基础上，综合考虑任务粒度与解耦性，提出了一种基于动态解耦的软件众包任务分解算法（CTDL）。

在众包设计过程中，分配的每一个任务都由若干个子任务组成，不同子任务具有不同的设计成果，而这些子任务在实际项目中往往并不是完全独立的，它们彼此之间可能存在着相互关系，从众包设计信息流的角度来看，这种关系可以分为独立型、依赖型和耦合型。

1）独立型。设计任务 A 和 B 之间各自独立并同时执行，它们之间不存在设计信息上的相互作用，此时设计任务 A 和 B 为独立型任务集。

2）依赖型。设计任务 B 需要设计任务 A 的输出信息才能开始执行，此时设计任务 A 和 B 为依赖型任务集。

3）耦合型。设计任务 A 的执行需要设计任务 B 提供信息，同时设计任务 B 的执行也需要设计任务 A 提供信息，此时设计任务 A 和 B 为耦合型任务集。

从产品设计任务执行的时间顺序来看，两个设计任务间也存在着串行方式、重叠方式、并行方式 3 种最基本的执行方式：① 串行方式中，设计任务 B 在设计任务 A 完成后才开始执行；② 并行方式中，设计任务 A 和 B 同时执行；③ 重叠方式中，设计任务 B 在设计任务 A 的执行过程中开始执行。

对于众包设计成果交付过程的里程碑分解而言，其需要满足的要求有：① 保证交付顺序与工作顺序一致，即在里程碑划分时尽可能让不依赖于其他任务的任务首先提交；② 为了保证工作的连续性，尽可能让串行与并行方式的任务在同一里程碑中提交，而尽量避免两个甚至多个毫无关系的任务出现在同一里程碑中；③ 为了避免频繁的信息交流，耦合任务尽可能在同一里程碑中提交，即将耦合任务看作一个任务；④ 里程碑分解后各里程碑的粒度均匀，即各里程碑的所有任务所耗时间的总和相近；⑤ 保证算法的准确性和高效性。

根据以上分析，本节提出一种众包设计成果的里程碑分解算法，主要包括 4 个步骤。

第 1 步：寻找强连通集，即在输入任务集和依赖关系的情况下，构建任务的有向图，然后找到任务集中完全耦合的任务。

第 2 步：将耦合任务进行合并，形成一个新的任务，并对有向图进行重新编号，此时，原先的有向图就变成了有向无环图。

第 3 步：在满足上述需求（约束）的条件下，寻找有向无环图的可执行拓扑顺序，并加入贪心算法优化收敛速度。

第 4 步：将所得到的拓扑顺序按照粒度约束以及所需里程碑数目进行聚合，从而完成设计成果的里程碑分解。

具体流程如图 6-20 所示。

对于有向图求解强连通集，目前已有诸如 Kosaraju 算法、Tarjan 算法和 Gabow 算法等常用算法，其作为设计成果里程碑分解算法的第 1 步可以直接应用。这 3 种算法时间复杂度相同，效率较高，但 Kosaraju 算法与其他算法相比更为直观、易于理解，且其输出结果具有其他算法不具备的拓扑性质，因此这里使用 Kosaraju 算法。Kosaraju 算法是基于对有向图及其逆图进行两次深度优先搜索的算法。首先，从某个顶点出发，沿以该点为尾的弧进行深度优先搜索遍历，并按其所有邻接点的搜索都完成的顺序将顶点排列起来，为此，在退出 DFS 函数之前将完成搜索的顶点号放入栈中；接着，从最后完成搜索的顶点出发，沿着以该顶点为头的弧进行逆向深度优先搜索遍历，若此次遍历不能访问有向图中的所有顶点，则从余下的顶点中最后完成搜索的那个顶点出发，继续进行逆向深度优先搜索遍历，直至有向图中所有顶点都被访问到为止。这样，每一次逆向深度优先搜索遍历所访问到的顶点集就是有向图的一个强连通分量的顶点集。

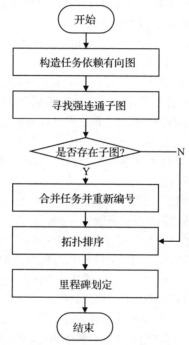

图 6-20　众包设计成果的里程碑分解算法流程

根据需求，在找到强连通集后，需要将同一个强连通集中的任务合并成一个任务。此外，为了保证寻找全拓扑顺序中能高效地得到需要的解，针对有向图中入度为 0、出度为 1 且指向同一个任务的任务也同样进行合并。在两次合并之后，为了防止接下来寻找拓扑顺序过程中出现内存溢出的情况，需要对有向图中的任务进行重新编号。

对于众包设计成果的里程碑分解问题，其输入只有任务集及其依赖关系，在这种约束条件较少的状态下，很难直接生成最优拓扑顺序。若先生成其全部拓扑顺序再选择，所生成拓扑顺序的数量巨大，将导致算法效率下降。因此，本节提出一种带有剪枝的拓扑顺序生成策略，主要运用递归思想和贪心思想。主要步骤如下。

步骤 1：找出有向图中入度为 0 的任务，即不依赖其他任务就能做的任务，并将其放入容器中。

步骤 2：从容器中弹出一个任务，更新有向图中的任务入度，将其中入度为 0 的任务加入容器中。

步骤 3：从容器中弹出一个任务，存储到链表中，若该任务是上次弹出任务的后继任务或者容器中不存在上次弹出任务的后继任务，则递归调用求解全拓扑序列的算法，即重复执行步骤 3，直至所有任务弹出；否则，直接退出本次循环，即不再考虑之后的情况，直接将整组解剪掉，并从步骤 2 开始进行新的循环。

步骤 4：链表中存储的解即为求得的拓扑顺序。

在里程碑划定的过程中，主要考虑两个问题：一是每个里程碑中任务间的内聚系数，二是各里程碑的任务粒度。对于内聚系数，这里主要通过任务间的依赖关系来表示，即若里程碑内各任务间不存在依赖关系，则内聚系数加 1；对于任务粒度，这里主要通过任务时间来表示，即满足各里程碑任务的工期总和尽可能相近。

根据以上两点，里程碑划定过程如下：

① 设置里程碑时间阈值为对任务总时长与里程碑数目比值的取整，遍历存储拓扑顺序链表的列表中的每一个元素，若将其加入里程碑后，里程碑中任务时间总和小于等于时间阈值，则将其加入里程碑中；否则，将其加入新的里程碑中。若最后有任务没有被加入里程碑，则将其自动放入最后一个里程碑中。

② 经过里程碑划定，会出现大量的重复解，可以利用 HashSet 的不可重复特性或其他去重方法进行去重。

③ 计算剩余解的内聚系数，只保留内聚系数最大的解。

④ 筛选后剩余的解均可看作最优解，可通过刷新操作随机生成一个不同的解作为输出。

6.5.2　面向多主体的众包设计成果综合评价

对家具、模具行业的设计成果评价指标体系的整理和研究发现，众包设计成果的评价指标体系具有多属性、层次化的特点。每个指标对成果评估的影响程度不同，而且评价指标同时存在定量与定性的取值，具有一定的模糊性。层次分析法（Analytic Hierarchy Process，AHP）一般用于解决评估指标权重确定过程中的主观性问题，可以克服以往权重主要依靠统计方法或专家主观量化的缺陷，可用于解决众包成果评估的指标权重分配问题。模糊综合评判法通过评估指标对评价集的隶属度以及模糊算子的模糊运算，可有效解决众包成果评价指标取值的模糊性问题。

众包设计环境中，设计成果的评估需要综合多位专家的一致性意见。因此，结合 AHP 和模糊综合评判法的优势以及网络环境下专家"多"的特点，本节采用基于专家群组的模糊层次评判法（Fuzzy-AHP，FAHP）对众包成果进行综合评估，其原理流程图如图 6-21 所示。

利用 AHP 确定模糊综合评判法中的权重向量，并引入专家的客观权重因子来综合评估众包成果。传统 AHP 的权重因子只考虑专家个人判断矩阵的权重向量，并不考虑专家在群体内的权重，或只是简单地加权平均。基于众包环境下评估主体"多"的特点，利用群组 FAHP 来评估众包成果，并考虑专家的客观权重因子，可使评估更加客观、准确。而在模糊综合评判法中，最重要的是判断指标对可信度评级的隶属度。所以，下面将着重分析 FAHP 中客观权重因子和隶属度的计算方法。

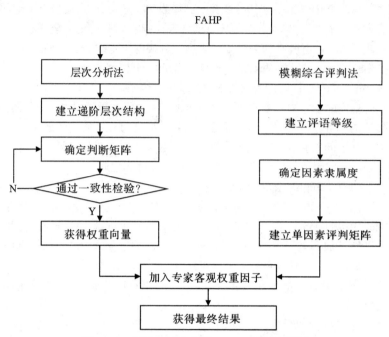

图 6-21   基于专家群组的 FAHP 原理流程图

由 AHP 原理可知，判断矩阵的一致性程度越高，得出的权重向量越可信。一致性程度用 CR 表示，即 CR 越小，权重向量的可信度越高，对应的专家客观权重取值越大；CR 越大，说明矩阵的逻辑冲突越严重，对应专家求得的权重向量的可信度越低。因此，可依据 CR 的大小来确定每位专家对综合权重向量影响的大小，并得出专家的一致性程度权重因子。一般情况下，在决策过程中，通常将多数人的意见作为最佳的选择。因此，可以通过对专家组作聚类分析，划分为不同的类别。在各个类别中，类容量越大的类别中专家权重系数取值应越大，类容量越小的类别中专家权重系数取值应越小，以此确定专家的群体权重因子。因此，客观权重因子主要由两部分组成，即群体权重因子和个人一致性程度权重因子。

设共有 N 位专家，第 k 位专家得出的最大特征根为 $(\lambda_{\max})_k$，随机一致性指标为 CR_k。考虑客观权重因子的指标权重计算方法如下。

① 将专家按个人所得的 $\lambda_{\max}$ 聚类：

$$q_i = m - \lambda_{\max} + c \qquad (6-41)$$

式中，m 为判断矩阵的阶数，c 为常数，q_i 为聚类系数。

② 按照 q_i 进行聚类，分为 t 个类别，第 p 个类别有 φ_p 个专家，则该类别在群体所占比重为

$$\varepsilon_k = \frac{(\varphi_p)_k}{N} \qquad (6-42)$$

式中，ε_k 表示在第 k 位的专家（属于 p 类）的群体权重（同类别的专家群体权重相同）。

③ 计算专家的一致性程度权重：

$$\delta_k = \frac{e^{-CR_k/\alpha}}{\sum_{i=1}^{N}(e^{-CR_i/\alpha})} \tag{6-43}$$

式中，δ_k 表示第 k 位专家的一致性程度权重。

④ 计算综合客观权重：

$$\gamma_k = \frac{\delta_k \varepsilon_k}{\sum_{k=1}^{N} \delta_k \varepsilon_k} \tag{6-44}$$

式中，γ_k 为第 k 位专家的客观权重。

⑤ 计算指标的权重：

$$w_i = \sum_{k=1}^{N} \gamma_k \alpha_{ki} \tag{6-45}$$

式中，w_i 为最终的第 i 个指标的权重，α_{ki} 为第 k 位专家得出的该指标的权重。

基于群体性和一致性程度对 AHP 进行改进，既考虑了专家个人的评判结果及其准确程度，又结合了群体的综合意见，适用于众包环境下成果评估时评估主体的权重计算。

在众包设计平台中，众包成果的种类多样，专家对指标的评估大多是定性的，无法定量判断指标的取值，因此，也无法判断各评估结果的一致性，不利于自动化的实现，对实际的可信度评估工作多有不便。不同的专家有不同的评估参照，根据不同参照，不同的人可能得出不同的可信度评级。要解决此问题，就要各方法的评估参照实现无量纲化，即所表达的参照具有相同的基准。依据模糊综合评判法的原理，本节采用建立相同评级的方法来实现，以确定评估指标对某一评级的隶属度。根据指标的参考取值设计合理的评价界定范围，每个范围都设计相应的评级，以评级作为无量纲化的基准，见表 6-13。如此，各方法就有相同的评价集参照。

表 6-13　评级建立示例

评分 p	$(85, 100)$	$(70, 84)$	$(50, 69)$	$(20, 49)$	$(0, 19)$
评级 v	非常符合 v_1	较符合 v_2	一般 v_3	较不符合 v_4	不符合 v_5
参数 x	(x_1, x_2)	(x_2, x_3)	(x_3, x_4)	(x_4, x_5)	(x_5, x_6)

不同验证方法得出的变量指标可信性结果都与评级相对应，无须人为主观评定，也易于编程自动实现。所以，在众包设计中，可使用多种方法评估静态变量或评估多种工况下的动态变量，统计该评估变量评级的隶属度。此变量的可信度可表示为

$$s = \boldsymbol{w}\boldsymbol{v}^{\mathrm{T}} = w_1 v_1 + w_2 v_2 + w_3 v_3 + w_4 v_4 + w_5 v_5 \tag{6-46}$$

式中，

$$w_i = \frac{n_i}{N} \tag{6-47}$$

式中，n_i 表示评级 v_i 出现的次数；N 表示总的评估次数；w_i 表示评估指标对评级 v_i 的隶属度；$\boldsymbol{w}=(w_1,w_2,w_3,w_4,w_5)$ 表示隶属度向量；$\boldsymbol{v}=(v_1,v_2,v_3,v_4,v_5)$ 表示评语向量；s 表示变量指标的可信度，为两个向量的乘积，当评级改为评分时则是一个具体的值。

综上所述，可总结众包设计成果评估的一般流程如下。

（1）获取层次化评估指标体系

根据指标库获取层次化结构的评价指标体系，分析指标特点，确保指标体系的完备性，最后形成多层次树形结构，如图 6-22 所示。

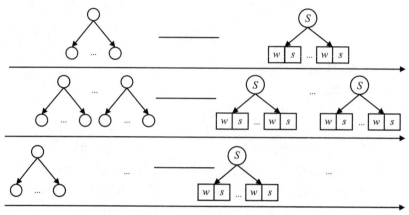

图 6-22　多层次树形结构

树形结构包括根节点的综合评价、枝节点的各级评价指标和叶节点的变量指标，各节点都包含指标评价，除根节点外，其余节点还包含对父节点评价的影响权重。图中 S 代表指标节点的评价，w 代表指标对父指标评价影响的权重大小。

（2）计算各层指标权重

为表示各评估节点对父节点的可信度影响大小，设计各节点都有一个影响因子，用 w 表示，如图 6-23 所示。

图 6-23　指标权重示例图

AHP 是一种主观与客观相结合的权重确定方法，通过对同一层次的指标节点构建判断矩阵，应用乘积方根法计算各层指标权重。具体来说，通过比较两两指标节点对父节点可信度影响的相对重要性，构造计算所需的判断矩阵，利用 1～9 标度或指数标度法来确定矩阵的元素值，然后运用乘积方根法计算矩阵的最大特征值及其归一化特征向量，该特征向量即为该层次节点对其父节点可信度的相对重要权值。引入评估主体（专家）的客观权重因子，对多位专家的权重向量进行综合，最后得出各指标的权重向量

$W = (w_1 \quad w_2 \quad \cdots \quad w_n)$。依据指标体系的层次结构逐层计算，可依次得出各层节点的权重因子。

（3）确定指标可信度

众包成果的评估是一项基于人的主观意志的决策活动，不同的人对评估指标的认识和理解不同，导致了指标评估结果的模糊性。为了减小因评估人员主观决策的不一致对可信度评估结果造成的不确定性，利用隶属度的原则，确定评估指标的具体可信度评级或量化值。

具体过程是：设计指标评价集（表示为 V，对应的指标量化评价集合为 P），利用通过多种方法求解多种工况下评级出现频率的方法，统计各叶节点指标对各个评语等级的隶属度，组成矩阵（称为模糊矩阵或评判矩阵 R），如图 6-24 所示。然后，根据各叶节点对其父节点（枝节点）的权值，通过矩阵合成，求出父节点指标评价的定量值。

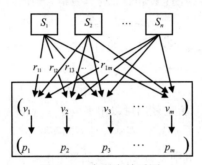

图 6-24　隶属度关系图

（4）计算综合评价结果

以某个枝节点指标为例，假设共有 n 个叶节点（变量指标），若众包成果共有 m 个评级，有 k 位专家参与评估，其各自的客观权重为 $E = (e_1, e_2, \cdots, e_k)$，所有专家对评估指标的权重向量构成矩阵 $W = (w_1^{\mathrm{T}} \quad w_2^{\mathrm{T}} \quad \cdots \quad w_n^{\mathrm{T}})$，各评估指标对可信度评级的隶属度构成矩阵 $R = (r_{ij})_{n \times m}$，可信度评语集对应的可信度量化值向量 $P = (p_1 \quad p_2 \quad \cdots \quad p_m)^{\mathrm{T}}$，则该节点指标的评价值为

$$S = E_{1 \times k} \times W_{k \times n} \times R_{n \times m} \times P_{m \times 1} \tag{6-48}$$

最后，逐层往上计算，得出众包成果的综合评价。

6.5.3　面向动态契约的众包设计成果支付计算

从本质上来说，众包是一种需求方和设计方之间的委托代理关系，需求方可以通过适当的激励机制来刺激设计方努力做出更多的贡献[51]。众包按其过程模式可以分为竞争型众包和协作型众包两类。竞争型众包一般与悬赏和招标两种交易机制匹配，由需求方确定价格，其支付机制简单明确。协作型众包根据不同情况可以采取不同的定价方式，可以是需求方定价，也可以是设计方定价或者双方协议。协作型众包根据雇佣的人力、任务的产出计件或者计量进行支付，实现激励机制需要根据其特征，进行深入分析。一一般而言，在纵向维度上，竞争型众包可以视为多阶段的委托－代理模型，在多阶段动态博弈情况下，委托方和代理方基于理性寻求自身效用的最大化。在横向维度上，协作型众包中参与方之间的协作，导致众包任务定价不仅需要考虑众包任务的目标难度、规定任务量和风险规避因子，还需要考虑设计方的数量、协作效应等因素。本节将研究这些因素如何影响设计方的绩效和需求方的经济效益。下面分多阶段支付动态契约和协作型众包动态契约两个方面对众包设计成果支付的计算模型进行研究，并通过契约模型与交付－支付过程的融合，实现基于动态契约的众包设计成果支付计算。

1. 多阶段支付动态契约模型

在整合型的多阶段众包设计任务中，假设计方趋向于风险规避，贴现率为 0，设计方的工作经过里程碑分解形成 M 个不同的交付阶段，前 $(i-1)$ 个阶段设计方的任务已完成。令 P_i 为第 i 个交付阶段的总产出，则设计方第 i 个阶段产出可以表示为

$$p_i = \eta + e_i + \varepsilon_i (i = 1, 2, \cdots, M) \tag{6-49}$$

式中，η 代表设计方的研发能力；e_i 代表设计方在第 i 个阶段努力水平的一维连续变量；ε_i 为随机变量，代表不确定因素。ε_i 和 η 两两相互独立且服从正态分布：$\varepsilon_i \sim N(0, \sigma_0^2)$，$\eta \sim N(m_0, \varepsilon_0^2)$。

众包任务执行中，设计方的效用可以用函数 $U = -\exp(-k\omega)$ 表示，其中 k 代表设计方的风险规避程度（即风险系数），ω 表示设计方的实际报酬。设计方的努力成本可以用函数 $c(e) = \dfrac{be^2}{2}(b>0)$ 表示，其中 b 为努力程度的货币化常系数。

在复杂众包设计任务中，需要对设计成果进行分解，形成多个交付阶段，分别进行交付合约签订。每个阶段签订动态合作协议，规定相应的报酬条款。为了更好地激励设计方，该报酬协议一般定为设计方业绩的线性函数，设计方的收入表示为

$$s_i = f_i + x_i p_i \tag{6-50}$$

式中，f_i 为第 i 个阶段设计方的固定收入；x_i 为动态契约中设计方业绩的激励系数；$x_i p_i$ 代表设计方收入中的动态部分，与设计方的总体产出效用有关。因此，基于动态契约的众包设计交付－支付融合管控的关键在于为每个交付阶段确定合适的固定收入 f_i 和业绩激励系数 x_i，以使设计方总体效用最大化。

根据以上分析，当给定众包设计过程的 M 个阶段的动态契约参数 f_i 和 x_i 时，可以计算得到设计方的总体效用为

$$U = -\exp(-k\{\sum_{i=1}^{M} [f_i + x_i p_i - c(e)]\}) \tag{6-51}$$

因此，众包设计成果的多阶段支付中，首先需要确定使得 U 最大化的各个阶段的动态契约参数。

在众包设计成果支付的 M 个阶段中，从第 2 个阶段开始，需求方都可以根据历史业绩更准确地推断设计方的研发能力和努力程度，从而影响下一阶段的契约参数。在确

定多阶段动态契约时，需要考虑多阶段众包设计交付中存在的这种隐性激励机制。令 $p^i = (p_1, p_2, \cdots, p_i)$ 为根据成果评价得到的前 i 个阶段设计方的产出效用，则需求方对设计方第 i 个阶段效用的期望为

$$E(p_i \mid p^{i-1}) = \eta + \overline{e}_i \qquad (6\text{-}52)$$

式中，η 为设计方的能力水平，$\overline{e}_i$ 为需求方对设计方第 i 个阶段努力程度的估计。

在双方议价能力均等的情况下，第 i 个阶段双方的 Nash 均衡解[52]为

$$f_i + x_i E(p_i \mid p^{i-1}) - c(\overline{e}_i) = \left(\frac{1}{2} - x_i\right)(\eta + \overline{e}_i) + \frac{c(\overline{e}_i)}{2} \qquad (6\text{-}53)$$

将式（6-53）代入式（6-51）并对 e_i 求导，可得第 i 个阶段 Nash 均衡的一阶条件为

$$c'(e_i) = be_i = x_i + \sum_{i}^{M}\left(\frac{1}{2} - x_i\right) \qquad (6\text{-}54)$$

$$\frac{\sigma_0^2}{\sigma_\varepsilon^2 + (i+1)\sigma_0^2} = x_f$$

当需求方对设计方努力程度的期望和设计方的努力程度一致时，双方达到均衡，根据 Nash 条件，此时设计方报酬的期望为

$$E = \frac{1}{2}e_i^* - \frac{1}{2}c(e_i^*) + \frac{\left(\frac{1}{2} - x_i\right)\sigma_\varepsilon^2 m_0}{\sigma_\varepsilon^2 + (i-1)\sigma_0^2} + x_i m_0 - \frac{1}{2}k\left[\left(\sum_{i=1}^{M} x_i\right)^2 \sigma_0^2 + \sum_{i=1}^{M} x_i^2 \sigma_\varepsilon^2\right] \qquad (6\text{-}55)$$

基于每个交付阶段设计成果的评价，可以计算得到设计方努力程度的估计 $(e_2^*, e_3^*, \cdots, e_M^*)$。在第 1 个交付阶段中，业绩激励系数 x_1 仅影响第 1 阶段设计方的努力程度 e_1，且满足 $c'(e_1^*) = x_1^*$，此时第 1 阶段的效用最大化问题转化为其一阶条件的求解：

$$\frac{1}{2} - \frac{1}{2}c'(e_1^*) - kc''(e_1^*)x_1^*\left(\sum_{i=1}^{M} x_i^* \sigma_0^2 + \sigma_\varepsilon^2\right) = 0$$

求解可得第 1 阶段的动态契约参数为

$$x_1^* = \frac{1}{1 + 2kb(\sigma_0^2 + \sigma_\varepsilon^2)} - \sum_{j=i+1}^{M}\left(\frac{1}{2} - x_i^*\right)\frac{\sigma_0^2}{\sigma_\varepsilon^2 + (i-1)\sigma_0^2} - \frac{2kb\sigma_0^2\sum_{i=2}^{M} x_i^*}{1 + 2kb(\sigma_0^2 + \sigma_\varepsilon^2)} \qquad (6\text{-}56)$$

$$f_1^* = \left(\frac{1}{2} - x_i^*\right)(m_0 + e_1^*) + \frac{1}{2}be_1^{*2} \qquad (6\text{-}57)$$

同样，可以得到第 i 阶段的一阶条件为

$$1 - x_i^* - 2kb\left(\sum_{i}^{2} x_i^* + \sigma_{i-1}^2\sum_{j=i+1}^{M} x_i^*\right) = 0, \quad x_i^* = \frac{1}{1 + 2kb\sum_{i}^{2}} - \frac{2kb\sigma_{i-1}^2\sum_{j=i+1}^{M} x_i^*}{1 + 2kb\sum_{i}^{2}} \qquad (6\text{-}58)$$

式中，$\displaystyle\sum_{i}^{2} = \mathrm{var}\frac{p_i}{p^i} = \sigma_i^2 + \sigma_\varepsilon^2$，$\sigma_i^2 = \mathrm{var}\dfrac{\eta}{p^i} = \dfrac{\sigma_0^2\sigma_\varepsilon^2}{t\sigma_0^2 + \sigma_\varepsilon^2}$ 为给定前 i 阶段对设计方研发能力 η 估

计的条件方差。

当 $i=M$ 时，第 M 阶段动态契约参数可以通过计算得到：

$$x_M^* = \frac{1}{1+2kb\sum_M^2}, \quad f_M^* = \left(\frac{1}{2}-x_M^*\right)(m_{M-1}+e_M^*)+\frac{1}{2}be_M^{*2} \qquad (6\text{-}59)$$

从 x_M^* 开始，递归利用式（6-56）和式（6-57），逆向依次计算，即可求得设计方效用最大化时每个阶段的最优动态契约参数。

协作型众包和竞争型众包有很多相似之处，不同之处在于设计方之间的相互影响。考虑一个需求方和 $N(N\geqslant 2)$ 个设计方开展协作型众包设计任务，设计方 $i(i=1, 2, \cdots, N)$ 的努力可分为两部分——e_i 和 E_{ij}，e_i 表示设计方 i 完成自身设计任务所付出的努力，E_{ij} 表示设计方 i 为与设计方 $j(j=1, 2, \cdots, N, j\neq i)$ 协作时付出的努力，e_i 和 E_{ij} 相互独立。设计方 i 的产出效用 p_i 由利己性努力和利他性努力共同决定，即

$$p_i = e_i + \sum_{j=1, j\neq i}^N E_{ij} + \varepsilon_i \qquad (6\text{-}60)$$

式中，$\varepsilon_i \sim N(0, \sigma^2)$ 代表众包设计活动中的不确定因素，ε_i 之间相互独立。由此可得 N 个参与者协作的众包设计活动的总产出为

$$P = x_0\sum_{i=1}^N p_i = x_0\sum_{i=1}^N\left(e_i + \sum_{j=1, j\neq i}^N E_{ij} + \varepsilon_i\right) \qquad (6\text{-}61)$$

式中，x_0 代表设计方之间的协作效应，即总产出与所有设计方产出之和的比率。

2. 协作型众包动态契约模型

在协作型众包中，需求方同样采用固定薪酬与绩效激励相结合的方式支付设计方的酬劳。此时，业绩激励包括设计方自身业绩激励和总体业绩激励两个部分，设计方的收入表示为 $\omega_i = a_i + \beta_i p_i + \gamma_i P$，其中 a_i 为固定收入，β_i 为基于个人产出的单位绩效激励系数，γ_i 为基于总产出的单位绩效激励系数。

众包设计中，设计方的收入与需求方的支出相等。假定设计方风险偏好系数均为 ρ，需求方风险偏好系数为 0。当众包设计活动的期望产出效用大于众包任务量 $\bar{Q}$ 时，激励有效，即满足：

$$E(O) = x_0\sum_{i=1}^N\left(e_i + \sum_{j=1, j\neq i}^N E_{ij}\right) > \bar{Q} \qquad (6\text{-}62)$$

同时，假定所有设计方固定薪酬一致，基于个人产出的激励系数和基于总产出的激励也一致。每个设计方的努力成本为 $c_i = \frac{1}{2}k\left(e_i^2 + \sum_{j=1, j\neq i}^N E_{ij}^2\right)$，$k$ 为努力成本系数。与竞争型众包的不同在于，此处考虑了协作努力 E_{ij}。

根据以上假设，可以将设计方 i 的净收益表示为

$$\begin{aligned}
\pi_i &= p_i - c_i \\
&= a + \beta\left(e_i + \sum_{j=1, j\neq i}^{N} E_{ij} + \varepsilon_i\right) + \gamma x_0 \sum_{i=1}^{N}\left(e_i + \sum_{j=1, j\neq i}^{N} E_{ij} + \varepsilon_i\right) - \\
&\quad \frac{1}{2}k\left(e_i^2 + \sum_{j=1, j\neq i}^{N} E_{ij}^2\right)
\end{aligned} \tag{6-63}$$

由于设计方为风险偏好型，其决策目标为报酬最大化，其总体收益为期望收益与风险负收益之差。因此，对风险偏好系数为 ρ 的设计方 i，其确定性等价收益为

$$\begin{aligned}
\mathrm{CE}_i &= E(\pi_i) - \frac{1}{2}\rho\,\mathrm{var}(\pi_i) \\
&= a + \beta\left(e_i + \sum_{j=1, j\neq i}^{N} E_{ij} + \varepsilon_i\right) + \gamma x_0 \sum_{i=1}^{N}\left(e_i + \sum_{j=1, j\neq i}^{N} E_{ij} + \varepsilon_i\right) - \\
&\quad \frac{1}{2}k\left(e_i^2 + \sum_{j=1, j\neq i}^{N} E_{ij}^2\right) - \frac{1}{2}\rho\sigma^2(\beta^2 + N\gamma^2 x_0^2)
\end{aligned} \tag{6-64}$$

由于需求方为风险中性型，其净收益可表示为产出效用与设计方薪酬支出的差值。因此，其效用函数为

$$\mathrm{CM} = E\left(P - \sum_{i=1}^{N}\omega_i\right) = (x_0 - N\gamma x_0 - \beta)\sum_{i=1}^{N}\left(e_i + \sum_{j=1, j\neq i}^{N} E_{ij}\right) - Na \tag{6-65}$$

需求方的目标是最大化产出效用 CM，只有众包效用大于需求方的期望效用 $\bar{Q}$ 时，激励机制才能生效。因此，协作型众包设计的动态契约参数求解模型可以表示为

$$\max \mathrm{CM}$$
$$\begin{aligned}
\text{s.t.} \quad &x_0 \sum_{i=1}^{N}\left(e_i + \sum_{j=1, j\neq i}^{N} E_{ij}\right) > \bar{Q} \\
&(\mathrm{IR})\,\mathrm{CE}_i \geq \bar{S} \\
&(\mathrm{IC})\,(e_i, E_{ij}) \in \max\mathrm{CE}_i
\end{aligned} \tag{6-66}$$

式中，$\bar{S}$ 为设计方的最低保留收益，需求方确定个人产出激励系数 β 和总体产出激励系数 γ，设计方决定个人努力 e_i 和协作努力 E_{ij}。

根据激励性约束（IC）可求得：

$$e_i = \frac{\beta + \gamma x_0}{k}, \ E_{ij} = \frac{\gamma x_0}{k} \tag{6-67}$$

需求方一般不会让设计方获得保留效用效益，故可以将设计方的参与约束 IR 取等号，代入式（6-65），再把式（6-67）代入化简，可得到需求方的动态契约参数决策问题为

$$\begin{aligned}
\max_{\beta, \gamma e_i, E_{ij}} \mathrm{CM} &= \frac{N[2\beta x_0 + 2\gamma x_0^2 - (\beta + \gamma x_0)^2] + N(N-1)\left(2\gamma x_0^2 - \gamma^2 x_0^2\right)}{2k} - \\
&\quad \frac{1}{2}\rho\sigma^2 N\left(\beta^2 + N\gamma^2 x_0^2\right) - N\bar{S}
\end{aligned} \tag{6-68}$$
$$\text{s.t.} \quad \frac{Nx_0\left(\beta + N\gamma x_0\right)}{k} \geq \bar{Q}$$

可得其 K-T 条件满足：

$$\frac{\partial CM}{\partial \beta} = \frac{Nx_0(1 - \gamma + \lambda)}{k} - \left(\frac{N}{k} + N\rho\sigma^2\right)\beta = 0$$

$$\frac{\partial CM}{\partial \gamma} = \frac{Nx_0(Nx_0 - \beta + \lambda x_0)}{k} - \left(\frac{N^2 x_0^2}{k} + N^2 x_0^2 \rho\sigma^2\right)\gamma = 0 \qquad (6\text{-}69)$$

$$\lambda\left(\frac{Nx_0(\beta + N\gamma x_0)}{k} - \bar{Q}\right) = 0$$

$$\lambda \geq 0$$

① 当 $\lambda = 0$。此时表示众包任务量低于均衡产出，设计方不受任务量约束。此时，联立式（6-69）前两个条件，可得设计方个人产出及总产出的绩效奖励强度分别为

$$\beta^* = \frac{bx_0 N}{(1+b)^2 N - 1}, \quad \gamma^* = \frac{(1+b)N - 1}{(1+b)^2 N - 1} \qquad (6\text{-}70)$$

将式（6-69）第 3 个条件代入式（6-67）可得：

$$e_i^* = \frac{[(1+2b)N - 1]x_0}{[(1+b)^2 N - 1]k}, \quad E_{ij}^* = \frac{[(1+b)N - 1]x_0}{[(1+b)^2 N - 1]k} \qquad (6\text{-}71)$$

将 e_i^*、E_{ij}^*、β^*、γ^* 代入式（6-68），可以求得需求方的确定性收益为

$$CM^* = \frac{N^2 x_0^2 [(1+b)^3 N^2 + (1+b)(b^2 - 2)N + 1 - b]}{2k[(1+b)^2 N - 1]^2} - N\bar{S} \qquad (6\text{-}72)$$

式中，$b = k\rho\sigma^2$ 为设计方的风险因子，由设计方的风险偏好系数 ρ、努力成本系数 k 和众包设计活动的不确定性偏差 σ 决定。

② 当 $\lambda > 0$。该情况众包项目任务量高于均衡产出，设计方受到任务量约束。将 $\frac{Nx_0(\beta + N\gamma x_0)}{k} - \bar{Q} = 0$ 代入式（6-69）前两个条件可得：

$$\beta^{1*} = \frac{[(1+b)N - 1]\bar{Q}k - N^2(N-1)x_0^2}{Nx_0(2bN + N - 1)}$$

$$\gamma^{1*} = \frac{b\bar{Q}k + N(N-1)x_0^2}{Nx_0^2(2bN + N - 1)} \qquad (6\text{-}73)$$

$$\lambda = \frac{\bar{Q}k[(1+b)^2 N - 1] - N^2 x_0^2 [N - 1 + (N+1)b]}{Nx_0^2[(1+2b)N - 1]}$$

代入式（6-67）可得：

$$e_i^{1*} = \frac{[(1+b)N + b - 1]\bar{Q}k - N(N-1)^2 x_0^2}{Nx_0(2bN + N - 1)k}$$

$$E_{ij}^{1*} = \frac{b\bar{Q}k + N(N-1)x_0^2}{Nx_0(2bN + N - 1)k} \qquad (6\text{-}74)$$

则需求方的确定性收益为

$$CM^{1*} = \bar{Q} - \frac{N[(\beta^{1*} + x_0\gamma^{1*})^2 + (N-1)x_0^2\gamma^{1*2} + b(\beta^{1*2} + Nx_0^2\gamma^{1*2})]}{2k} - N\bar{S} \qquad (6\text{-}75)$$

3. 基于动态契约的众包设计成果支付计算过程

众包设计项目运行机制主要包含定价机制、交易机制、欺诈行为防范机制等，其中定价机制和交易机制是众包设计活动的核心[53]。个性化的众包设计项目能够在统一众包平台上运行的基础是交易流程的标准化[54]。交易流程的标准化包含任务合约的标准化，这一部分需要通过动态契约模型来完成，而动态契约模型和支付过程具有很大的关联性。众包设计中，任务合约可由动态契约模板生成，而动态契约模板由众包过程的模式所决定。合约的基本内容包含动态激励模型、双方的责权利、各任务段以及提交方案所需要满足的条件、需求方的支付方式等。需求方的支付方式需要由众包设计过程中的任务节点或者设计方数量来确定。在协作型众包中，任务被分为多个阶段，而动态契约模板中确定了相应的激励系数，在完成每一阶段的任务后，审核通过后就让平台按照合约中的资金支付给设计方，并通过多次确认和支付，达到多阶段支付的效果。对于协作型众包，同样按照动态契约确定的支付资金，在设计方完成任务后，将资金支付给设计方，完成交付 – 支付过程。

鉴于对需求方和设计方利益的保护，需求方需要将任务所需资金存放于平台。对于任务周期稍长的项目，需要采取多阶段确认支付。众包项目的整个运行过程如下：

① 获取需求方的任务和任务节点；
② 需求方选择进行竞争型众包或者协作型众包；
③ 确定众包方式后进行定价机制的匹配；
④ 确定交易模式；
⑤ 签订合约；
⑥ 需求方缴纳任务所需资金至平台，设计方缴纳保证金；
⑦ 管理交易流程，保证任务的顺利完成；
⑧ 设计方提交产品，平台和需求方审核；
⑨ 需求方确认支付，提示平台将任务资金支付给设计方；
⑩ 循环⑧、⑨两个步骤直至任务完成。

6.5.4　应用案例分析

1. 应用对象

本节技术针对工业产品众包设计的多主体、多任务、多级分包、中长周期、分阶段交付等特点，实现多阶段的众包设计成果交付里程碑分解以及基于成果质量的动态交付 – 支付融合管控。

2. 面向问题

由于工业产品的复杂性，其众包设计具有多主体、多任务、多级分包、中长周期等特点，这决定众包设计的任务成果必须分层、分阶段进行交付。针对工业产品众包设计的多阶段交付过程，需要研究成果交付里程碑的分解理论，分析设计成果累积状态随项目进度的变化规律，构建细粒度项目可交付成果集的时间分布树模型，实现对众包设计成果交付过程的里程碑划分与分阶段的交付－支付管控。

3. 应用效果

从成果交付里程碑分解、基于动态契约的支付计算和成果交付－支付融合管控机制3个方面为工业产品众包成果交付过程提供支撑。通过成果交付里程碑分解，构建细粒度的项目成果交付时间分布树模型，划分成果的交付阶段。通过基于动态契约的支付计算，实现基于成果质量的任务定价和设计方激励。通过成果交付－支付融合管控机制，实现多阶段成果交付－支付的管控。

4. 应用实例

众包设计项目中任务成果需要考虑任务耦合等多种情况的需求。以图 6-25 所示的众包设计任务成果依赖关系图为例，其中，任务成果 4、5、6 相互耦合，任务成果 12、13 相互耦合。

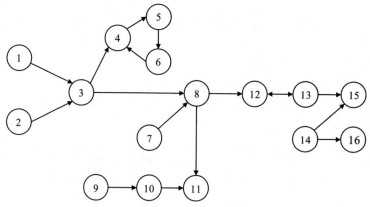

图 6-25　众包设计任务成果依赖关系图

众包设计成果多阶段交付可以对该项目中的任务进行里程碑分解。若设置里程碑数量为 3，则可生成 13 个最优解；若设置里程碑数量为 2，则可生成 5 个最优解，且所生成的解满足上述要求和预期，具体结果见表 6-14。

表 6-14　交付里程碑分解案例结果

里程碑数量	里程碑分解结果		
2	1‖2 > 3 > 4‖5‖6 > 14 > 7 >		15 > 8 > 9 > 10 > 11 > 12‖13
	1‖2 > 3 > 7 > 8 > 9 > 10 > 11 >		4‖5‖6 > 14 > 15 > 12‖13
	1‖2 > 3 > 4‖5‖6 > 9 > 10 >		14 > 15 > 7 > 8 > 11 > 12‖13
	1‖2 > 3 > 4‖5‖6 > 7 > 9 >		14 > 15 > 8 > 10 > 11 > 12‖13
	1‖2 > 3 > 4‖5‖6 > 7 > 8 >		14 > 15 > 9 > 10 > 11 > 12‖13
3	1‖2 > 3 > 14 > 7 >	15 > 8 > 9 > 12‖13 >	4‖5‖6 > 10 > 11
	1‖2 > 3 > 4‖5‖6 > 14 >	15 > 7 > 8 > 12‖13 >	9 > 10 > 11
	1‖2 > 3 > 4‖5‖6 > 7 >	14 > 15 > 8 > 12‖13 >	9 > 10 > 11

（续）

里程碑数量	里程碑分解结果		
3	1‖2 > 3 > 4‖5‖6 >	7 > 8 > 9 > 10 > 12‖13 >	14 > 15 > 11
	1‖2 -> 14 -> 9 > 10 >	3 > 4‖5‖6 > 7 >	15 > 8 > 11 > 12‖13
	1‖2 > 7 > 9 > 10 >	3 > 4‖5‖6 > 14 >	15 > 8 > 11 > 12‖13
	1‖2 > 3 > 7 > 8 >	9 > 10 > 11 > 12‖13 >	4‖5‖6 > 14 > 15
	1‖2 > 7 > 9 > 10 >	3 > 8 > 11 > 12‖13 >	4‖5‖6 > 14 > 15
	1‖2 > 3 > 7 > 8 >	14 > 15 > 9 > 12‖13 >	4‖5‖6 > 10 > 11
	1‖2 > 7 > 9 > 10 >	3 > 4‖5‖6 > 8 >	14 > 15 > 11 > 12‖13
	1‖2 > 3 > 4‖5‖6 >	7 > 8 > 9 > 10 > 11 >	14 > 15 > 12‖13
	1‖2 > 7 > 9 > 10 >	3 > 4‖5‖6 > 8 > 11 >	14 > 15 > 12‖13
	1‖2 > 3 > 4‖5‖6 >	14 > 7 > 8 > 9 > 10 >	15 > 11 > 12‖13

　　基于得到的交付里程碑分解，可以得到每个阶段结束的标志性任务，即每个里程碑的最后一个任务。在标志任务提交时，会触发里程碑交付。需求方对本阶段的任务成果进行评价，并根据动态契约计算应支付的报酬。假设进行动态契约计算的应用案例中，里程碑划分的任务交付阶段数量 M 为 5，努力程度的货币化系数 b 为 8，风险系数 k 为 1，设计方的努力程度分别为 10、9、8、9、10，随机影响由随机数生成并呈正态分布，得到的数据见表 6-15。

表 6-15　众包收益数据

交付阶段	1	2	3	4	5
努力程度	10	9	8	9	10
研发能力	11.40	10.63	10.11	10.53	9.97
随机影响	0.645	0.623	−1.747	−1.019	1.409
激励系数	0.031	0	0.084	0.029	0.035
固定收入	409.39	333.51	263.44	332.86	409.16
总收入	468.9	333.5	353.2	372.9	473.8

　　设计方总收入由激励和固定收入共同决定。从应用案例的收益数据看，激励系数对收入影响较大，在本案例中，假定一天工作 10 小时，那么一天的收入就是 400 元，货币化系数就是 8。而在试验数据中发现，总收入与工作时间并不完全对等，因为在算法中，激励系数的求解会受到实验中模拟的随机影响、研发能力的影响，而固定收入随着工作时间的增加而增加，两者趋势保持一致。总体来看，工作越努力、研发能力越强和正面的随机影响会使设计方的总收入越高。随着设计方对该类项目运作经验的积累，研发能力就会增强，激励系数就会逐渐增加，因而所获得的报酬也就增多。这说明一般情况下，有规模、有声誉的设计方容易得到有实力的需求方的青睐，设计方获利也更为丰厚。如果任务是协作完成的，假设设计方数量 $N=5$，协作系数 $x_0 =1.2$，随机影响由随机函数生成，那么协作型众包收益数据见表 6-16。

表 6-16 协作型众包收益数据

	$\overline{Q}$	β	γ	k	a	CM	π
TR	4000	0.045	0.099	10	240	3.808	495
	5000	0.492	0.1	10	300	6.434	737
NR	4000	0.638		10	240	−6.454	495
	5000	1.091		10	300	−23.848	737

由案例数据可知，TR 模式下的需求方收益要高于 NR 模式，所以需求方此时更倾向于选择 TR 模式，这表明需求方应该基于总产出对设计方进行激励。只有在激励总产出的情况下，各设计方之间才会互相协作，加速任务的完成。总体来看，需求方采取基于总产出的激励机制能产生比个人激励机制更高的期望产出。TR 模式在完成复杂众包项目时具有优势。NR 模式下的个人激励强度一定强于 TR 模式，但是利己性努力存在不确定性。保留任务量较高时，NR 模式下的利己性努力较高；保留任务量较低时，TR 模式下的利己性努力较高。需求方应该采取各种措施降低众包项目的不确定性，同时减弱设计方的风险偏好，鼓励具有一定冒险精神的设计方加入众包项目。

参考文献

[1] HAITHAM B, MOHAMMED F, SANA S, et al. Interaction design: a survey on human-computer interaction technologies and techniques[J]. International Journal of Data Science and Analytics, 2016, 2(1): 1-11.

[2] BENYON D, MIVAL O. Blended spaces for collaboration[J]. Computer Supported Cooperative Work-The Journal of Collaborative Computing and Work Practices, 2015, 24(2): 223-249.

[3] 李世国, 华梅立, 贾锐. 产品设计的新模式: 交互设计 [J]. 包装工程, 2007, 28（4）: 90-95.

[4] JAN B. A pattern approach to interaction design[M]. New York: John Wiley & Sons, 2001.

[5] 叶冬冬, 李世国. 交互设计中的需求层次及设计策略 [J]. 包装工程, 2013, 34（8）: 75-78.

[6] 覃京燕. 大数据时代的大交互设计 [J]. 包装工程, 2015, 36（8）: 1-5, 161.

[7] 王希. NUI 新发展: 智能语音交互设计模式探寻 [J]. 科技创新与应用, 2019（29）: 35-36.

[8] BROWNING T R. Applying the design structure matrix to system decomposition and integration problems: a review and new directions[J]. IEEE Transactions on Engineering Management, 2001, 48(3): 292-306.

[9] 李海涛, 杨波, 尹晓玲, 等. 基于设计结构矩阵和着色 Petri 网的产品设计过程建模与仿真 [J]. 中国机械工程, 2014, 25（1）: 108-117.

[10] LUTTIGHUIS P O, LANKHORST M, VAN D W R. Visualising business processes[J]. Computer Languages,2001, 27(3): 39-59.

[11] HYEON L C, JAE K K, SUK H Y. PSS board: a structured tool for product-service system process visualization[J]. Journal of Cleaner Production, 2012, 37: 42-53.

[12] TOBIAS S, BUSER T, BUCHECKER M. Does real-time visualization support local stakeholders in developing landscape visions [J]. Environment and Planning B: Planning and Design, 2016, 43(1): 184-197.

[13] 张军 . 项目管理中的流程可视化研究 [D]. 济南：山东大学，2016.

[14] 陆建飞，姚晓东，虞莉丽 . 基于信息化技术的可视化项目管理系统研究 [J]. 施工技术，2012，41（22）：87-89.

[15] WANG M M, WANG J J. Understanding solvers' continuance intention in crowdsourcing contest platform: an extension of expectation-confirmation model[J]. Journal of Theoretical and Applied Electronic Commerce Research, 2019, 14(3):17-33.

[16] SHI P, WANG W Y, ZHOU Y F, et al. Practical POMDP-based test mechanism for quality assurance in volunteer crowdsourcing[J]. Enterprise Information Systems, 2019,13(6):979-1001.

[17] 李雪瑞 . 协同创新模式下的产品创意设计网络构建方法研究 [D]. 西安：西北工业大学，2018.

[18] 张雪峰，操雅琴，丁一 . 众包模式下基于参与者胜任度和接受度的任务推送模型 [J]. 管理科学，2019（1）：66-79.

[19] HONG D G, LEE Y C, JI B, et al. Crowdstart: warming up cold-start items using crowdsourcing[J]. Expert Systems with Applications, 2019,138(12):112813.

[20] 赵泽祺，孟祥福，毛月，等 . 考虑用户时空行为的众包任务推荐方法 [J]. 计算机工程与应用，2020，56（9）：93-98.

[21] AHN H J. A new similarity measure for collaborative filtering to alleviate the new user cold-starting problem[J]. Information Sciences, 2008, 178(1):37-51.

[22] SCHOLZ M, DORNER V, FRANZ M, et al. Measuring consumers' willingness to pay with utility-based recommendation systems[J]. Decision Support Systems, 2015, 72(4): 60-71.

[23] 孟韬，张媛，董大海 . 基于威客模式的众包参与行为影响因素研究 [J]. 中国软科学，2014（12）：112-123.

[24] 常静，杨建梅 . 百度百科用户参与行为与参与动机关系的实证研究 [J]. 科学学研究，2009，27（8）：1213-1219.

[25] 仲秋雁，李晨，崔少泽 . 考虑工人参与意愿影响因素的竞争式众包任务推荐方法 [J]. 系统工程理论与实践，2018，38（11）：2954-2965.

[26] 张媛 . 考虑工人兴趣和能力的众包任务推荐方法研究 [D]. 大连：大连理工大学，2018.

[27] 丁力平 . 面向质量特性的定制产品稳健设计技术及其应用研究 [D]. 杭州：浙江大学，2010.

[28] 王红卫，刘典，赵鹏，等 . 不确定层次任务网络规划研究综述 [J]. 自动化学报，2016，42（5）：655-667.

[29] 孟秀丽 . 机床产品协同任务管理的研究 [J]. 机械设计，2006，23（7）：1-4.

[30] 谢娆，张平伟，罗晟 . 基于全局 K-means 的谱聚类算法 [J]. 计算机应用，2010，30（7）：1936-1937.

[31] JIA H, DING S, XU X, et al. The latest research progress on spectral clustering[J]. Neural Computing and Applications, 2014, 24(7): 1477-1486.

[32] LEE D D, SEUNG H S. Learning the parts of objects by non-negative matrix factorization[J]. Nature, 1999, 401(6755): 788-791.

[33] CHEN Z, LI L, PENG H, et al. Incremental general non-negative matrix factorization without dimension matching constraints[J]. Neurocomputing, 2018, 311: 344-352.

[34] FU L, LIN P, VASILAKOS A V, et al. An overview of recent multi-view clustering[J]. Neurocomputing, 2020, 402: 148-161.

[35] KUMAR A, RAI P, DAUME H. Co-regularized multi-view spectral clustering[J]. Advances in Neural Information Processing Systems, 2011, 24: 1413-1421.

[36] ZHAN K, NIE F, JING W, et al. Multiview consensus graph clustering[J]. IEEE Transactions on Image Processing, 2019, 28(3):1261-1270.

[37] CHEN M, LI X. Robust matrix factorization with spectral embedding[J]. IEEE Transactions on Neural Networks and Learning Systems, 2020(99): 1-10.

[38] LAI H H, CHEN C H, CHEN Y C, et al. Product design evaluation model of child car seat using gray relational analysis[J]. Advanced Engineering Informatics, 2009, 23(2): 165-173.

[39] SONG W, XU Z, LIU H C. Developing sustainable supplier selection criteria for solar air-conditioner manufacturer: an integrated approach[J]. Renewable and Sustainable Energy Reviews 2017, 79: 1461-1471.

[40] BAIRDA F, MOOREB C J, JAGODZINSKIC A P. An ethnographic study of engineering design teams at Rolls-Royce Aerospace[J]. Design Studies, 2000, 21(4): 333-355.

[41] COLEY F, HOUSEMAN O, ROY R. An introduction to capturing and understanding the cognitive behaviour of design engineers[J]. Joural of Engineering Design, 2007, 18(4): 311-325.

[42] RODGERS P A, GREEN G, MCGOWN A. Using concept sketches to track design progress[J]. Design Studies, 2000, 21(5): 451-464.

[43] LIM S, QIN S F, PRIETO P, et al. A study of sketching behaviour to support free-form surface modelling from on-line sketching[J]. Design Studies, 2004, 25(4): 393-413.

[44] KUMAR A, ABDELHADI A, CLANCY C. A delay-optimal packet scheduler for M2M

uplink[J]. 2016 IEEE Military Communications Conference, 2016.

[45] 闵明慧，杨志家，李中胜，等 . 工业物联网应用中多时隙帧调度算法研究 [J]. 计算机工程，2016，42（11）：15-21.

[46] 王鑫，邱玲 . H2H 与 M2M 共存场景的准入控制及资源分配 [J]. 中国科学院大学学报，2016，33（3）：427-432.

[47] MOSTAFA A, GADALLAH Y. A statistical priority-based scheduling metric for M2M communications in LTE networks[J]. IEEE Access, 2017(5):8106-8117.

[48] GILUKA M K, KUMAR N S, RAJORIA N, et al. Class based priority scheduling to support machine to machine communications in LTE systems[C]. Twentieth National Conference on Communications, 2014.

[49] ELHAMY A, GADALLAH Y. BAT: a balanced alternating technique for M2M uplink scheduling over LTE[C]. Vehicular Technology Conference, 2015.

[50] 王晨旭，王晓晨，余敦辉，等 . 基于动态解耦的软件众包任务分解算法 [J]. 计算机工程，2019，45（8）：120-124.

[51] 张利斌，张航 . 基于委托代理理论的众包奖金模式研究 [J]. 中南民族大学学报（自然科学版），2017，31（6）：138-142.

[52] 彭本红，李太杰，周叶 . 物流外包的多阶段合约分析 [J]. 中国管理科学，2006，14（10）：474-477.

[53] 李忆，姜丹丹，王付雪 . 众包式知识交易模式与运行机制匹配研究 [J]. 科技进步与对策，2013，30（13）：127-130.

[54] 冯颖超，周湘贞 . 众包平台支持下的服务产品化：基于服务生态系统视角 [J]. 商业经济研究，2019（16）：86-89.

第 7 章

"互联网 +"设计创新模式研究及发展应用

7.1 引言

当前，全球正处于新一轮信息通信技术变革和产业升级的加速推进期，信息化、网络化、数字化技术在生产生活中广泛应用，加快了人类社会网络经济的发展。"互联网 +"设计创新是在众包设计与群智创新的推动下和知识社会创新 2.0 的助力下，由互联网开放社区演进、催生的产品创新设计新形态。"互联网 +"设计创新是以开放式创新和众包为产品创新设计理念，在传统产品创新设计的基础上向上下游延伸，利用新一代信息技术，链接用户、网络化设计资源及相关服务单元，从系统管理角度实现更高层级的需求识别与拆解、资源寻踪与组织、任务与资源匹配及设计过程管控等一系列众包设计活动。

我国高度重视网络经济与实体经济的融合发展，"互联网 +"设计创新平台就是利用互联网平台和网络新技术对传统产品创新设计进行全方位、全链条的改造，以发挥数字技术对产品创新发展的放大、叠加作用。"互联网 +"设计创新平台是众包设计在产品设计发展中的新形态，可以推动我国企业产品创新设计和产业的升级。

7.2 "互联网 +"设计创新模式分类研究

随着众包设计的发展，大量设计服务平台和实体制造企业结合自身特点，提供差异化的产品设计和技术解决方案，形成各具特色的"互联网 +"设计创新平台，成为助力数字经济快速发展的重要力量。从设计服务到实体产品，"互联网 +"与产品设计加速融合，已经在创意设计、家电设计等领域形成以猪八戒网、海尔开放式创新平台（HOPE）为代表的典型应用平台。

结合"互联网 +"设计创新平台差异化的设计特点，定义两类"互联网 +"设计创新模式：设计能力拓展型和前沿技术创新型。

7.2.1 设计能力拓展型"互联网 +"设计创新模式

设计能力拓展型"互联网 +"设计创新模式是设计服务平台构建多主体共享的设计服务生态系统并产生网络效应来实现多主体共赢的一种产品设计模式。设计服务平台是基于互联网技术促成需求方与设计方之间的设计服务交易，立足于搜寻异质性主动资源并利用其不同的设计技能，致力于满足互联网海量、动态、模糊的用户个性化需求，而打造的一个供需平衡的设计生态系统。

设计能力拓展型模式的需求来自互联网海量用户的个性化设计需求——"一千个用户就有一千种需求"，这些需求包括但不限于广告设计、平面设计、产品设计等领域，呈现出个性化、异质性的特点，不会过分追求创新，往往一个简单、别具一格的创意即可满足，所以定制化的设计需求决定了其与资源匹配的排他性原则，常常表现为需求与资源一对一的交互关系。

设计能力拓展型模式的主动资源是互联网海量的大众群体，包括不同专业类型的设计师、工程师、专家、设计爱好者等。为了更高效地与个性化、多样化的需求对接，企业不仅看重主动资源的创造性，而且强调主动资源的规模性，海量需求吸引并匹配大规模资源，供需平衡是企业可持续发展的重要保障。

设计能力拓展型模式中，需求与资源之间是一种设计服务交易关系，供需双方致力于合作共赢的交易结果，交互过程可在线上线下同时进行，交易结果需要作为"中介"角色的平台进行综合管理与控制，确保设计过程的高效和设计结果的可靠，保障设计过程的有序开展以及交易过程的顺利进行。三方各自独立又相互联系，团结统一，共同营造一个多主体共生、共赢的设计服务生态体系。

设计能力拓展型模式可以催生新的经济形态，为大众创业、万众创新提供环境。在开放的设计能力拓展型众包设计平台，以灵活的组织方式和交易形式达成供需双方各自的设计需求和价值创造，设计项目通过平台一系列运营也为自身带来经济收益和价值增长，三方通过这种方式实现共享、共赢。

7.2.2 前沿技术创新型"互联网 +"设计创新模式

前沿技术创新型"互联网 +"设计创新模式是实体制造企业基于开放式产品设计平台，依托全球网络创新资源并高效利用其群智进行设计，以突破关键性技术难题、提供颠覆性产品为目的的一种设计模式。实体制造企业基于此模式打造的开放平台是一个创新者聚集的生态社区，主要目的是拓展企业创新力量，立足于产品功能和结构的更新迭代以及产品的颠覆性创新设计，着眼于庞大的创新资源，构建全球性创新资源网络，以拓展企业内部创新力量，支持产品的创新设计。

前沿技术创新型模式通过定性和定量的调研方法精准洞察用户行为，挖掘用户在产品使用过程中的痛点，精确识别和定义用户真实需求，并精准映射到产品设计工程特性和设计参数，包括但不限于产品功能、工艺、结构等设计范畴。企业需要更多的创新资源提供创意，尤其是高质量的设计想法，所以平台重视资源数量，更重视创新质量，以突破创新过程中遇到的难题。

前沿技术创新型模式实施平台除了具备需求发布的功能，主要还是为了寻踪社会性资源。这些社会性资源包括政府机构、研究所、高校和个人。实体制造企业往往面临技术性高、突破难度大的产品需求，强调的是产品创新问题的解决方法，这些特点直接决定了企业更青睐于高质量的社会资源，并寄希望于高质量资源能够连续性、突破性、颠覆式地提供创新性的创意或技术解决方案。

前沿技术创新型模式实施平台作为连接产品需求与社会资源的"桥梁"，实现了需求端与供给端的完美结合，在实现企业产品创新、价值创造等方面起到了关键作用。用户痛点也是企业产品设计过程的技术难点，所谓"顾客即上帝"，从这个意义上看，用户与企业关系密切，企业一切行动都是为了用户。另外，企业将社会资源作为自己的"资源库"，通过开放平台实现供需对接，以及价值的创造与传递。三方共生共赢，相互合作，共同构建了一个一站式创新设计生态系统。

前沿技术创新型模式往往能够极大地促进当地经济的发展。实体制造企业作为一个地区和国家的重要产业支柱，在国民经济和社会效益中占据重要位置，既是经济高质量发展的新动能，也是实体经济的助推器。通过"互联网＋"设计创新平台的助力，企业能够快速实时响应社会资源，快速突破关键技术，有效提高创新效率，及时满足用户需求，充分显示了该模式对实体制造企业在构建现代产业体系、做强实体经济中所发挥的重要作用。

下面以国内两个具有影响力的平台——猪八戒网和海尔开放式创新平台（HOPE）为例，详细阐述两类"互联网＋"设计创新模式。这两个业界知名的众包设计平台分别代表了设计能力拓展型"互联网＋"设计创新模式和前沿技术创新型"互联网＋"设计创新模式。以下分别从平台发展历程、平台组织架构、需求识别与发布、资源寻踪与组织、设计过程管控等维度展开系统性的研究与分析，力图进一步厘清两类"互联网＋"设计创新模式的特点和内涵，梳理"互联网＋"设计创新平台的发展现状，探索"互联网＋"设计创新平台的未来方向。

7.3　设计能力拓展型"互联网＋"设计创新模式应用

7.3.1　猪八戒网"互联网＋"设计创新模式

作为典型的第三方平台，猪八戒网为创意需求方和设计方建立了专业的连接渠道，通过收集、整理、发布需求方提出的个性化需求，进行需求和资源的匹配和协调，将设计方提供的解决方案反馈给需求方。方案通过后再经平台将需求方预存的佣金发放给设计方，至此完成整个众包设计过程。平台通过提供交互与交易服务来满足各方主体的需求并从中获利。猪八戒网的生态系统构成如图 7-1 所示。

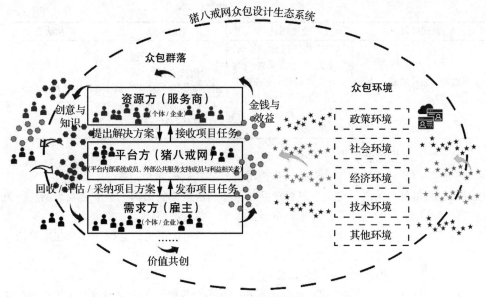

图 7-1　猪八戒网的生态系统构成

　　随着在众包领域的不断探索和扩张，猪八戒网的服务目前已经涵盖了各个行业和领域，从基础的商标设计、小程序设计到复杂的、需要多个单位合作的大型众包项目，为企业提供综合性一站式服务，猪八戒网已逐渐成为颠覆创新创业行业的刃剑，成为设计能力拓展型众包设计平台的典型代表。

　　郝金磊等[1]对猪八戒网的案例企业进行了研究，构建了分享背景下的"赋能－价值共创－商业模式创新"理论模型，对不同阶段赋能的内在机理进行了系统研究。该研究回顾了猪八戒网的发展历程，将猪八戒网的发展划分为 3 个阶段——用户主导的中介平台阶段、数据主导的钻井平台阶段和多边生态主导的线上线下融合平台阶段，从平台商业模式、组织架构与生态系统 3 个方面分析了猪八戒网各阶段的发展特征。猪八戒网的发展阶段划分见表 7-1。

表 7-1　猪八戒网的发展阶段划分

发展阶段	企业描述	发展特征	平台状态
用户主导的中介平台阶段（2006～2014 年）	小型创意设计服务平台，主要致力于发展标识设计、广告设计等简单设计类业务	不断探索改进交易服务模式，大力发展线上基础创新服务	幼年期平台生态系统
数据主导的钻井平台阶段（2014～2015 年）	基于数据海洋的众包设计服务平台，致力于挖掘用户需求，建立知识产权、财税等钻井平台，在基础服务的基础上拓展延伸增值服务	发展线上"创新服务平台＋钻井平台"，由单一的基础业务服务平台逐步转变为综合性服务交易平台	成长期平台生态系统

（续）

发展阶段	企业描述	发展特征	平台状态
多边生态主导的线上线下融合平台阶段（2016至今）	人才与知识共享平台，注重服务生态系统的建立，发展基础创意业务服务、产业服务与线下企业孵化服务，构建多边"共生"生态链	打通线上线下服务，全方位建设低、中、高端服务市场，扩大与政府、高校等相关机构的合作发展力度	成熟期平台生态系统

（1）猪八戒网商业模式的发展及其阶段特征

平台的商业模式确定了平台价值创造与价值捕获的机制[2]，描述了需求方、平台方和设计方的角色与关系，定义了平台产品、服务和信息流的架构，是平台竞争制胜的关键。众包设计平台的商业模式基于网络经济实现，随着网络环境的变化，平台的商业模式也在不断变化，目前尚未有一个商业模式适用于所有的平台，且同一平台在发展的不同阶段，其商业模式也会有所变化[3]。

猪八戒网商业模式的发展及阶段特征如下。

1）中介平台阶段的商业模式及特征。在中介平台阶段，需求方流量与任务质量拉动设计方的发展，参与主体用户的发展主导着猪八戒网的发展。在该阶段，平台的主要功能是为供需双方提供中介服务。平台的价值创造逻辑主要是连接、撮合需求方与设计方进行交易，通过成立交易顾问团队，制定交互交易规则，加强用户管控，形成创意服务线上市场规模，通过平台统筹匹配，打破需求方与设计方的信息失衡壁垒，为平台用户创造价值并实现平台自身的价值[4]，最终促进多方市场的价值共创。

2）钻井平台阶段的商业模式及特征。在钻井平台阶段，平台数据是发现用户需求和服务机会的关键，并主导着猪八戒网的服务升级与发展。在该阶段，猪八戒网提供基础业务服务与数据拓展钻井服务，扩大平台规模，积累海量用户数据与交易数据，建立延伸产业链服务的数据钻井平台，还充分掌握平台发展的主动权，改变盈利结构，增加平台的增值服务收益。

3）线上线下融合平台阶段的商业模式及特征。在线上线下融合平台阶段，构建线上线下闭环的服务生态圈是猪八戒网发展的关键[5]，多边服务主导着线上线下融合共赢平台的建立。在该阶段，猪八戒网打造基于人才共享的线上线下融合服务经济生态圈，在价值创造方面，不仅关注自身连接、匹配与其基础设施服务的价值创造，而且重视平台社会价值的实现。平台提供综合产业服务，覆盖低、中、高端交易市场，平台发展的焦点从近乎完善的业务领域转移到尚不成熟的产业领域。

综合而言，猪八戒网成立至今，其商业模式经历了初创阶段用户主导、拓展阶段数据主导和成熟阶段多边生态服务主导的发展阶段。平台主要的价值主体由初创时的单一个人或企业所组成的设计方与需求方，发展为与平台服务相关的产业链上下游创新主体，并逐步扩展到平台服务经济生态圈中的创新主体。平台价值创造的动力由借助创意服务线上市场规模、需求方与设计方之间的信息失衡获取利益，发展成为借助平台逐渐完善的基础设施服务能力和免佣金制度获取流量红利，最终因其闭环的综合服务能力，实现系统中各主体的开放、互联、共生的发展。猪八戒网 3 个发展阶段的商业模式特征对比情况如图 7-2 所示。

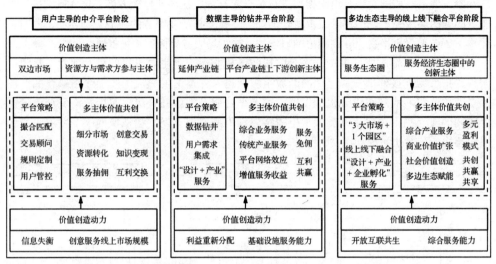

图 7-2 猪八戒网 3 个发展阶段的商业模式特征对比情况

（2）猪八戒网组织架构的发展及其阶段特征

架构升级和服务创新是驱动平台生态系统动态演进的战略驱动力[6]。众包设计平台的组织架构是平台运行的基石，是平台功能与服务实现的依托，也决定了平台组织整合网络主动资源的能力。众包设计平台的组织架构是由核心组织、支撑组织、节点组织共同构成的演进组织，可以联合并协调多方创新主体，基于知识网络创造价值。平台的组织架构具有开放性、演进性的"横向平台化"特征，同时具有整体性、组织性的"纵向一体化"特征[7-8]。

随着猪八戒网的发展，其组织架构也在不断升级，其不同阶段的组织架构及其发展特征如下。

1）中介平台阶段的组织架构及特征。在用户主导的中介平台阶段，猪八戒网的功能与服务比较简单，组织架构建设也较不成熟，主要以发展核心组织为主，建立基础业务服务运营机构，这一阶段的猪八戒网组织架构相对独立且相对封闭。在交互界面方面，从创立初期的国内网页界面拓展为国内、国际网页界面，后续又推出手机应用服务界面，多界面服务增加了用户交互的便利性。

2）钻井平台阶段的组织架构及特征。在数据主导的钻井平台阶段，基于猪八戒网"设计 +N"综合服务战略，平台组织架构有较大的变动，由相对独立、封闭的结构变为开放结构，除升级核心组织架构外，大力构建可以整合平台内部与外部资源的支撑组织结构，积极与外部节点组织建立有效链接。在交互界面方面，猪八戒网构建了适应于移动端和 PC 端的产品全生命周期服务界面。

3）线上线下融合平台阶段的组织架构及特征。为适应猪八戒网"3 大市场 +1 个园区"的新模式，平台需要搭建更加开放的共享组织架构，以支持平台业务与产业服务的横向发展，同时为了确保平台的运行效率，平台需要做好产品层级的系统规划。为此，这一阶段的猪八戒网对平台组织架构进行了全面升级。在交互界面方面，猪八戒网进一步厘清服务的层级关系，构建了逻辑清晰的综合性业务与产业服务的线上交互界面，同时搭建线下 Zwork 众创平台，并在线上端口增加八戒工场服务界面，积极打通线上线下服务。

综合而言，猪八戒网由中介平台阶段的以核心组织为主要支撑的相对独立、封闭的架构，拓展为连接外部资源组织的开放组织架构，并逐渐发展成为线上线下融合的开放共享架构。猪八戒网组织架构的发展支撑了平台服务的创新升级，间接影响着众包设计主体间的交互关系，并逐渐扩大了供需主体种群的发展空间。猪八戒网 3 个发展阶段的组织架构特征对比情况如图 7-3 所示。

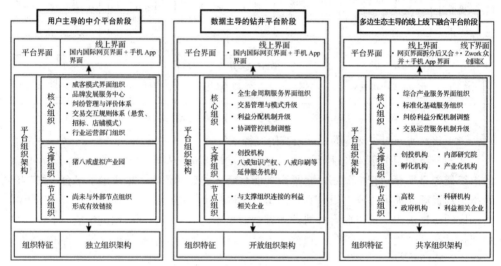

图 7-3　猪八戒网 3 个发展阶段的组织架构特征对比情况

（3）猪八戒网生态系统的发展及其阶段特征

众包设计系统是以设计服务供给为主要内容的创新设计系统，系统中的多方主体通过平台界面进行创新设计活动，形成多主体众包群落，随着平台产品功能服务的不断变化，多主体众包群落的结构也会随之发生改变。众包群落行为与种群主体的网络结构变化可以直观反映众包设计生态系统状态的变化，猪八戒网在不同发展阶段的生态系统状态均不相同。

1）中介平台阶段的生态系统状态及特征。在中介平台阶段，众包设计生态系统处于从无到有的幼年期阶段，这一阶段连接匹配供需双方并通过服务抽取佣金以实现多方价值共创的商业模式，促使猪八戒网构建能提供基础创意服务的第三方运营组织架构，也决定了这一阶段的平台主体生态位是系统的中介。这一阶段的设计主体大多是"兼职"性质的个人或小微团队，资源种群呈单一性、同质性、专业性一般的特征。

2）钻井平台阶段的生态系统状态及特征。在钻井平台阶段，数据赋能促进猪八戒网生态系统的建设，众包设计生态系统处于成长期的快速扩张阶段，平台主体不再是对系统有强依赖性的被动发展组分，而是成长为主动打破系统发展桎梏、保护平台正向扩展的生态系统维护者。由于平台基础服务设施的逐渐完善和数据钻井"设计 +N"综合服务平台的建立，促进了众包生态物种种类及其成员数量的增加，"零佣金"政策的实施更促进了平台多方用户数量的激增，进一步扩大了众包设计生态系统的边界。

3）线上线下融合平台阶段的生态系统状态及特征。随着猪八戒网线上线下融合的多边服务生态圈的形成，平台生态系统的发展进入成熟阶段。多边生态赋能使平台在为各方主体提供交易空间与交易服务的同时，也逐渐孵化出了一批资源服务商，同时培养了专业的服务管家，猪八戒网逐渐发展成为众包设计生态系统的创造者和维护者。在该阶段，平台的多元分级化的服务将竞合市场精细化分层，促进了多层次众包设计服务生态的形成，为各层次的参与主体种群提供高效、精准的服务，保障了其创意产出的质量。

由此看来，猪八戒网生态系统由中介平台阶段相对被动发展的幼年期平台生态系统，发展为钻井平台阶段较为主动状态的成长期生态系统，然后逐渐发展为线上线下融合的多边生态主导的成熟期生态系统。平台生态系统由一开始的设计方与需求方的用户主导、平台掌握发展控制权，变为平台数据资源主导、平台掌握系统发展控制权，最后逐渐发展成为多边服务生态主导、平台与需求方和设计方群落共同掌握生态系统发展的状态。平台生态系统的边界由清晰逐渐变得模糊，众包群落结构也由简单变得复杂多样。猪八戒网 3 个发展阶段的生态系统发展特征对比情况如图 7-4 所示。

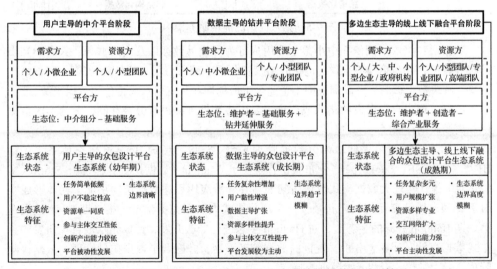

图 7-4　猪八戒网 3 个发展阶段的生态系统发展特征对比情况

7.3.2　猪八戒网"互联网 +"设计创新模式实现基础

1. 猪八戒网系统运行技术架构

猪八戒网为大数据应用提供运营支撑，建设了中小微企业数据应用产品体系，在商标、知识产权、财税、金融、家装设计等方面开展应用。

（1）前后端服务架构

1）前端服务架构。猪八戒网的前端服务架构分为数据层、底层、基础层、服务层和应用层，如图 7-5 所示。

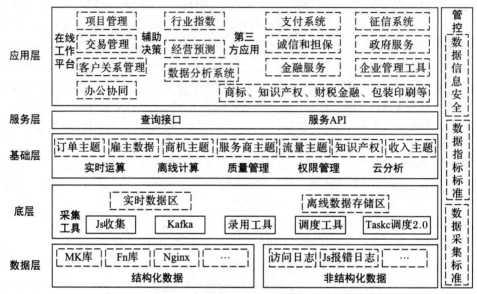

图 7-5　猪八戒网的前端服务架构

数据层：猪八戒网依托中小微企业用户行为和交易数据以及用户财务、人力和知识产权等数据，并与第三方合作（包括战略投资公司、调研公司、征信公司等），实现数据共享，解决数据孤岛，形成围绕中小企业全生命周期并具有猪八戒特色的数据来源。

底层：通过自主研发的猪八戒调度工具，将数据来源进行分级存储，分为实时数据区和离线数据存储区。

基础层：通过第一期 DMP（数据管理平台）建设，形成 Hadoop 生态体系，包括 HIVE、HBASE、Zookeeper（分布式协作服务）、Mahout（数据挖掘算法库）、Storm（实时运算）等，实现大数据流式数据访问和高吞吐量应用程序数据访问功能，初步形成实时运算和离线计算互相补充和融合，实现分布式大数据挖掘生态。第二期 DMP 建设在第一期 Hadoop 开源的生态上，对 Hadoop 生态进行二次开发，形成猪八戒自主研发的分布式数据存储、计算、分析、挖掘的数据管理平台，并融合了数据质量管理、数据权限管理、云大数据分析和云大数据挖掘。

服务层：通过 API 接口等实现数据传输及数据应用。

应用层：应用层包括 BI 体系等辅助决策工具、CRM 等在线数据工作台，以及中小企业征信系统、八戒数据、中小企业指数等面向用户的数据产品。

2）后端服务架构。服务系统主要由前台以及多个后台配置系统组成。配置系统提供运营人员操作界面和数据编辑功能，前台主要负责数据的展现和前台用户的操作。通过操作内容管理系统（Content Management System，CMS），即可实时改变前台页面内容，达到快速编辑、快速上线、即时生效的目的。此套配置系统可应用于专题页面上线、文章编辑发布、频道页内容管理等多种使用场景，可以支撑企业的长期、灵活、多种多样的运营管理需求，如图 7-6 和图 7-7 所示。

图 7-6　CMS 后台配置系统

模块名称	模块状态	操作
平台客户LOGO	未审核	编辑　预览　审核
真实案例	未审核	编辑　预览　审核
搜索面板	未审核	编辑　预览　审核
B-大雇主墙	已审核	编辑　预览　审核
88节吸底入口	已审核	编辑　预览　审核
增值广告面板	已审核	编辑　预览　审核
项目数据配置	已审核	编辑　预览　审核
本月热门信息	未审核	编辑　预览　审核
首屏横导航	已审核	编辑　预览　审核
B-本月热门关注	未审核	编辑　预览　审核
底部交易模式入口	已审核	编辑　预览　审核
B-企业全程服务1	已审核	编辑　预览　审核

图 7-7　CMS 配置系统首页各模块配置

（2）数据分析及决策辅助系统

通过数据收集、预处理和分析等大数据处理，多种技术组合形成了一套成型可复用的数据分析及决策辅助系统，系统由大数据查询系统、数据集成系统、分布式作业调度系统、流云系统、基础设施管理系统、大数据安全管理系统等组成。

1）大数据查询系统。大数据查询系统是一个数据查询和分析的入口，底层结合 Presto、Hive 等分布式技术，可实现对海量数据的秒级快速查询分析。用户可通过标准 SQL 的方式处理数据，同时可方便上传、下载数据。

2）数据集成系统。无论流式处理还是批量处理，数据通常经由众多工具，从数据源进入最后的存储位置。这条链上任何地方的变化都会导致下游系统中出现不完整、不准确或不一致的数据，同时需要花费较大代价做应用程序的修改。平台开发数据集成系统，通过页面配置即可完成多种数据源的采集与分发，极大提升了数据接入的效率。

3）分布式作业调度系统。在日常数据分析和数据处理的过程中，经常会有成百上千的计算作业需要定期执行，并且不同作业之间有着明确的先后顺序依赖关系。作业调度系统用于在一个工作流内以特定的顺序运行一组工作和流程，使用 job 配置文件建立任务之间的依赖关系，并提供易于使用的 Web 用户界面维护和跟踪工作流。

4）流云系统。流云是根据电商网站的运营需求，抽象得到一套流量及转化分析模型的产品实现。流云主要功能包括网站整体的流量、跳出率、提交率的概览和分布，按深度的页面流量分析，流量来源和流向的路径分析，全站流量拓扑结构分析，页面各点击点的点击量、UV、提交量查询。流云系统支持多维查询分析。

流量概览：概览性展示核心指标及其趋势，以及流量的来源和落地页分布，支持时间、网站、来源的多维度筛选。

路径分析：分析一个分类或 URL 的流量来源和走向，同时支持查询和导出趋势和渠道来源分布、URL 明细，等支持用户 ID、订单宽窄等筛选。

5）基础设施管理系统。基础设施管理系统通过界面化的方式，简单操作即可完成分布式组件的部署、升级和监控，从而支撑整个数据分析业务的个性化需求，管理和监控的多项基础组件如图 7-8 所示。

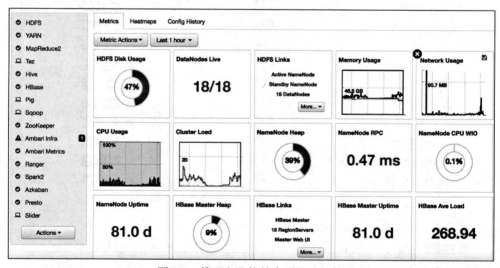

图 7-8　管理和监控的多项基础组件

6）大数据安全管理系统。该系统采用界面友好的方式对不同数据源进行权限管理，提供从数据表到数据列级别的安全管理，同时记录用户的数据访问记录，保障数据安全，管理多种数据访问入口如图 7-9 所示。

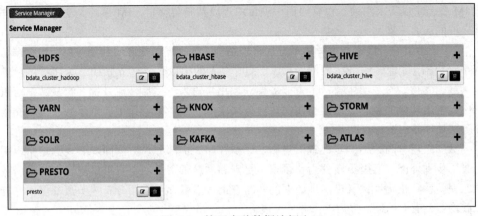

图 7-9　管理多种数据访问入口

（3）基于 Web 方式的服务系统

为了满足平台交易模块、收支管理、沟通工具、搜索引擎、担保交易、信用保证、消费者保障、运营管理模块、用户管理模块、开放平台等的功能需要，在线交易平台为企业和个人提供服务，撮合买方和卖方双方需求，让非标准、个性化产品在网上达成交易。平台研发了基于 Web 方式的服务系统，如图 7-10 所示。

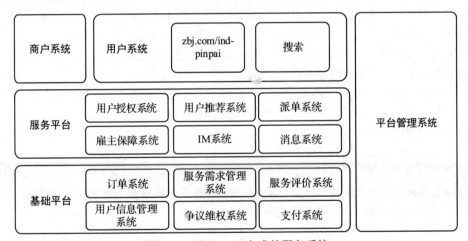

图 7-10　基于 Web 方式的服务系统

基于 Web 方式的服务系统具备沟通工具、搜索引擎、担保交易、信用评价、消费者保障、运营管理模块、用户管理模块、开放平台等核心业务功能。

1）沟通工具。为了满足不同角色人员的需求，即时沟通工具 IM 系统分为买家版和卖家版。买家主要使用手机 App 以及 Web 端，卖家主要使用钉耙 App、PC 钉耙客户端和 Web 端。卖家版的 IM 是一款稳定便捷的即时通信服务工具，实现了多客服场景下的客户分流、客服管理、数据统计等功能，支持 Web、App 和 PC 客户端三端同步，并与子账号体系打通，进一步加强子账号的业务分流能力和在线员工管理能力。买卖双方通过 IM 系统完成需求沟通、预算协商、项目跟进以及验收交付，IM 系统是交易过程中非常重要的沟通工具。

2）搜索引擎。搜索与推荐体系分为三层结构：数据层、服务层和业务层。数据层负责平台数据（卖家、服务、案例、买家、订单等）的提取，并建立索引，为后续的检索提供数据支持。服务层主要从上方业务层获取用户输入，然后转成查询，再从数据层索引中检索出相应的数据，返回给用户。业务层主要从用户的操作中获取参数，再转交给业务层处理并构造为查询条件。

数据层可分为数据同步、索引更新、索引存储 3 个部分。数据同步实现数据由内网定时同步到外网；索引更新分为全量索引更新和增量索引更新，双重措施既保障索引数据的完整性和正确性，又可实现数据的实时查询；索引存储采用分布式节点部署，支持负载均衡、横向扩容，强力支撑业务发展。

服务层主要由检索引擎构成，检索引擎负责校验由业务层传递参数的合法性、查询词中敏感词过滤、查询词分词、查询改写、查询纠错、拼音查询词同音查询、拼音查询词近音查询、查询词模糊匹配、查询词精确匹配、查询结果过滤、查询结果排序等。

业务层主要获取用户输入的关键词，并对参数进行预处理，构造成查询条件或直接转交给服务层进行检索。

3）信用评价。为了形成服务质量的多维度完整反馈，以帮助之后的买家能够快速甄别卖家的能力、服务特点等，买家可以采用标准选项及开放评价的形式对卖家进行评论。同样地，卖家也可以对买家进行评价。系统收集到买家和卖家的评价数据后，会进行大量的计算、分析和排序，形成好评率、成长值等参考数值，为新用户在平台上交易、选择靠谱的卖家提供可量化的参考依据。

4）消费者保障。为了打造诚信的交易平台，猪八戒网开发了一套专门为买家提供保障的系统，以规范服务交易市场。消费者保障系统可以在交易前、交易中，以及售后各个环节为用户提供保障服务。

首先，为了保证买家的合法权益，也为了公平地维持平台交易规则，买家在发布众包任务时，可以把任务的赏金托管在平台，并与卖家签订在线的交易协议。当卖家完成买家的任务并交付源文件时，买家可以执行验收操作，将托管在平台上的赏金付给卖家。图 7-11 所示为保证买家权益的相关流程图。

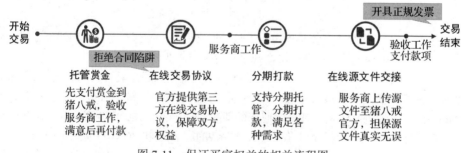

图 7-11　保证买家权益的相关流程图

同时，为了规避交易过程中可能出现的非原创、不维护、不提供源码等问题，平台的卖家可缴纳一定额度的保证金，以承诺保证完成、保证原创、保证维护、保证提供源码、保证推广效果等。如果买家与缴纳了保证金的卖家交易的过程中，卖家出现了违约等情况，平台即可将保证金先行赔付给买家，保证买家的合法权益。图 7-12 所示为保证卖家权益的相关流程图。

服务商拖延时间?	抄袭、剽窃来的作品?	付款后作品不能用?	拿不到源码做二次开发?	担心推广达不到效果?
保 **保证完成** 保证按时、按质完成工作并修改到满意为止	原 **保证原创** 保证向雇主提供原创作品（设计类适用）	维 **保证维护** 保证向雇主提供三个月的免费维护（开发类及部分定制服务适用）	码 **保证提供源码** 保证提供可供二次开发使用的完整程序源代码（开发类适用）	效 **保证推广效果** 保证提供符合约定的真实的推广效果（推广类适用）

图 7-12　保证卖家权益的相关流程图

（4）第三方支付保障系统

第三方支付保障系统以第三方支付平台为渠道，实现自有的支付系统，可提供账务管理、充值、退款、取现等功能，保障用户的资金安全。该系统总体分为运营平台、会员平台、渠道资金接入平台、核心支付引擎、接入平台、公共服务组件、合作伙伴接入平台、对外商户产品、个人产品等，具体服务框架如图 7-13 所示。

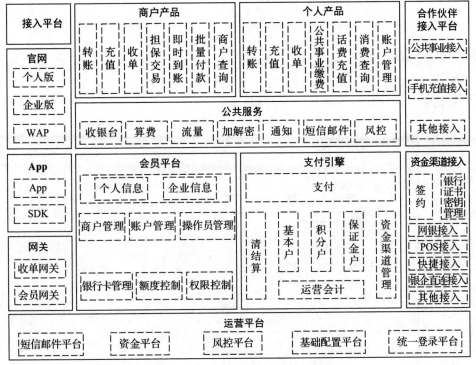

图 7-13　第三方支付保障系统服务框架

第三方支付保障系统的研发，实现了账务管理、充值及支付、风控系统等多种保障创新设计众包交易平台支付顺利开展的服务。具体功能如下。

1）账务管理。平台开发了账户管理式支付系统，为用户提供信息查询、支付密码修改和找回、登录密码修改、手机和邮箱绑定和解绑、实名认证及查看认证结果、设置安全问题、设置防伪信息、银行卡绑定和删除等功能，如图 7-14 所示。用户通过查询账户信息界面可查询支付密码设置情况、手机验证情况、邮箱验证情况、密保问题设置情况、防伪信息、绑定银行卡信息等。

图 7-14　查询用户信息功能界面

2）充值及支付。用户确认充值后，跳转至收银台页面，用户可使用如收银台所示的支付方式进行充值。目前收银台支持的支付方式有优惠券/优惠码支付、余额支付、第三方支付（包括支付宝、微信、易极付）、个人网银支付以及线下银行柜台支付，如图 7-15 所示。

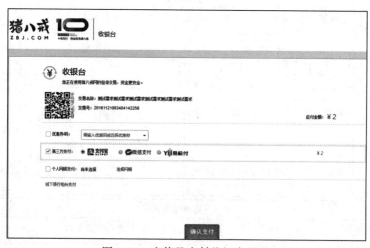

图 7-15　充值及支付收银台界面

用户完成充值后，任何一笔充值都会生成一条收支明细记录。收支明细查看方式为猪八戒 BOSS 业务系统－账务管理－收支明细。收支明细包含交易号、流水号、产品及产品内容、用户名称、收支金额、交易信息等。

3）风控系统。风控系统为支付系统提供统一的风险处理机制，包括风险规则维护、风险判定、风险审核等。当出款订单触发出款风险规则时，风控系统对此订单进行拦截。被拦截的订单需要通过人工核实后才能继续后面的流程。如果核实无风险，订单可继续相关流程；如果核实有风险，该交易阻断，交易无法继续。具体的风控触发流程如图 7-16 所示。

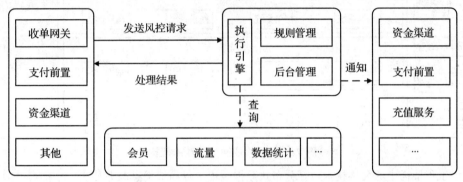

图 7-16　风控触发流程

"大数据＋平台服务"盈利模式推出后，平台上的交易进一步规范化发展，非标准服务开始向标准服务转变，平台数据开始变现，猪八戒网已由单一的服务交易平台逐步转变为综合性的服务交易平台。从简单的线上服务到线上线下融合，从简单的撮合匹配收取佣金模式到"大数据＋平台服务"模式，猪八戒网盈利模式的转变正是我国互联网行业发展的一个典型见证。

2. 猪八戒网关键技术分析

（1）研发交易撮合技术

由于小微企业大数据应用平台产品的主观性和复杂性，交易撮合技术在交易过程中起着至关重要的作用。通过机器学习等，针对平台沉淀下来的海量数据，使用数据挖掘、相关性分析等方式，计算出平台上用户的特征，并将其与具体的需求相匹配，从多个维度计算出需求与卖家，建立需求方和服务提供方之间的联系，促使交易更快和更好地完成，从而达到撮合交易的目的。

平台的交易撮合技术架构为了实现层次化和高性能，系统设计上采用分布式的、松耦合的、原子的、面向开放共享的技术架构，以支撑丰富的上层应用，便于快速的业务接入和开发实现，整体技术架构如图 7-17 所示。交易智能撮合系统可用性能够支撑众包服务整个生命周期的各项业务功能——发布需求、寻找服务提供商、交稿、选稿、支付等，适用于各种移动设备和不同用户的操作习惯，支持 iOS、Android 等平台。同时，为了节省人力成本，提高订单流转效率，订单发布后将经过自动化审核系统，日均节约工时 21.8 小时，审核正确率 92.5%，系统判断订单占比 51.2%，选标率较之前提升 76%。

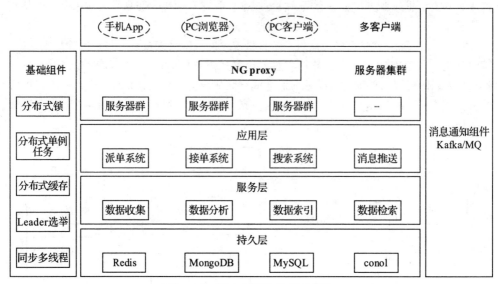

图 7-17　猪八戒网整体技术架构

工程架构中的关键技术包括分布式数据采集、分布式消息服务总线、分布式单例任务、分布式锁、Leader 选举、多渠道消息推送等。在平台海量用户和交易需求等复杂网络环境下，基于卖家和买家的多维度特性以及平台实时变化的状态，通过以订单为主要载体的订单自动化审核、订单精准匹配和消息多渠道推送等一系列核心技术的研究与开发，猪八戒网提升了交易撮合过程的精确性和高效性。

1）订单自动化审核技术。该技术采用机器学习模型判断与审核专家人工判断相结合的方案。通过审核专家人工审核，一方面定义出违法、违规、广告和无实际意义需求等不合格订单，并制定审核评价标准；另一方面，为机器学习模型标注高质量训练数据。机器学习模型采用深度学习中的卷积神经网络技术，自动审核订单，提高审核效率，节约人力成本。

在买家主动发布的订单中，会存在一些违法违规、无实际需求、试流程类型的订单，平台需要过滤此类订单，再进行下一步的派单和发布。过去采用完全人工审核的方式，会耗费大量的人工，而且随着平台订单量的逐渐增加，给订单中心的顾问团队造成了越来越大的压力。订单自动化审核的目标在于通过算法，对订单文本进行自动审核，过滤违法违规、无实际需求、试流程类型的订单，减轻订单中心顾问团队的审核压力，提高平台订单流程的自动化水平。

订单自动化审核问题是典型的文本二分类问题，其主要思路是采用自然语言处理中的文本分类技术，对订单文本进行分类。

审核系统技术方案是以深度学习技术中的卷积神经网络（Convolutional Neural Network，CNN）和 Word2Vec 模型为基础的文本分类框架，如图 7-18 所示。

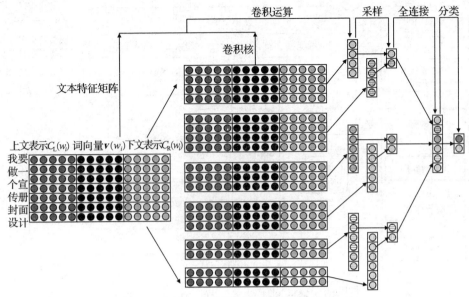

图 7-18 订单文本分类框架

通过融合服务知识图谱中的行业标签，该技术可以识别无意义、试流程类订单，而算法模型难以判别的订单，则流转给审核专家进行审核并标注数据，重新训练泛化能力更强的模型。针对无意义类别订单，该技术进行专门的特征挖掘和提取，建立逻辑回归模型，提高了此类订单的识别率。针对长订单文本和短订单文本，该技术分别训练 CNN 模型，优化各自的最优判断阈值，以提升模型的准确率和召回率。针对极短长度的订单中缺乏上下文语境的情况，该技术建立了违规词库以识别极短文本的违规订单。

2）订单精准匹配技术。平台主要采用知识图谱技术，构建一个复杂的综合决策系统——订单精准匹配系统，匹配系统主要包括查询构造子系统、卖家索引构造子系统和综合排序子系统。其中，查询构造子系统将买家发布的各种类型和语言表达风格的订单转换成结构化的、需求明确的查询语句进行检索；卖家索引构造子系统将卖家在各个领域的能力、诚信和成交历史转化为各个具体的指标和标签，并将其建立在索引中；综合排序子系统基于买家需求和卖家能力的匹配出发，融合卖家的匹配体系指标、能力体系指标、诚信体系指标、卖家实时变化的工作饱和程度、平台所有卖家利益分配等一系列特征，实现整体最优的排序模型。精准匹配核心技术路线如图 7-19 所示。

查询构造子系统采用以知识图谱为核心的技术路线，通过历史订单的挖掘和信息抽取，构建服务标签库和知识图谱。在订单精准匹配过程中，该子系统基于知识图谱技术将订单解析为结构化的查询。

卖家索引构造子系统负责将每一个卖家的匹配指标、能力指标和诚信指标构建在索引里面。匹配指标反映了卖家的服务范围，基于知识图谱技术和类目结构，生成树形结构的卖家能力范围树；能力指标和诚信指标属于业务指标，由卖家的历史交易行为构成。

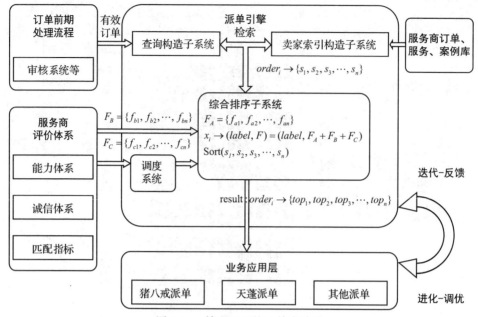

$$order_i \rightarrow \{s_1, s_2, s_3, \cdots, s_n\}$$

综合排序子系统
$$F_A = \{f_{a1}, f_{a2}, \cdots, f_{an}\}$$
$$x_i \rightarrow (label, F) = (label, F_A + F_B + F_C)$$
$$Sort(s_1, s_2, s_3, \cdots, s_n)$$

$$result: order_i \rightarrow \{top_1, top_2, top_3, \cdots, top_n\}$$

图 7-19　精准匹配核心技术路线

综合排序子系统根据查询构造子系统和卖家索引构造子系统生成的排序特征训练排序模型。初期，模型冷启动阶段设计了基于规则的线性排序模型，需要各业务部门的行业专家为特征的每一项权重进行打分和优化。后期，基于积累的历史数据设计了自动迭代更新优化的排序学习系统，并采用 GBDT 等排序技术，不断优化整体排序效果。

3）消息多渠道推送技术。消息推送技术是针对 Web 应用开发领域的技术，指服务端以主动的方式将信息送达客户端。消息推送可以提升用户体验，常用于即时通信或自动提示新消息等应用场景。消息多渠道推送技术架构如图 7-20 所示。

消息推送机制主要有以下两个系统：服务端服务和客户端消息推送。服务端服务的消息通知组件是系统与系统间通信的一种低耦合方式，是系统级异步架构的基础，也是解决多客户端、多渠道的主要手段。该技术通过 MQ 的基本特性——消息发布与订阅模式，让服务端系统很好地与各客户端系统解耦，提升各系统运行性能，保持各客户端系统的差异化和个性化，同时也降低了服务端与客户端的交互成本。服务端服务支持多客户端多渠道消息推送的横向扩展。客户端消息推送是指将服务端消息推送到客户端浏览器、App、桌面应用的主要模块，包含 Web、iOS、Android、WAP 等多端的集合，各个客户端均可按照各自端的特性实现接入。

（2）数据分析与决策辅助技术

数据分析是辅助平台进行产品和运营策略决策的重要手段，数据分析的核心在于数据的准确性、数据的结构性以及分析方法的正确性，因此数据分析的技术难点主要体现在数据收集、数据预处理和数据分析 3 个方面。

1）数据收集。数据收集决定了数据的正确性，是数据分析的重要环节，决定了数据样本的可参考性。平台采用 Sqoop 工具及 Kafka 系统进行数据的收集，收集内容包括需求数据、交易数据、用户行为数据、财务数据等结构化数据和半结构化数据，以及非结构化数据在内的多种数据。Sqoop 可以将关系型数据库与 Hadoop 中的数据进行相互转移，Kafka 可以处理消费者规模的网站中的所有动作流数据。平台基于分布式文件储存数据库 MongoDB 和分布式文件系统 HDFS 实现对海量结构化、非结构化数据的高效、可靠储存以及大数据高效、灵活的存储与调用，并与分析计算框架完美契合。

2）数据预处理。数据预处理决定了数据的结构性，如果使用结构不合理的数据进行分析，一方面会加大分析的难度和工作量，另一方面会影响分析结果的正确性。数据预处理会将杂乱的源数据转换成利于分析的结构化数据。平台运用 ETL 技术将分布的、异构数据源中的数据（如关系数据、平面数据文件等）抽取到临时中间层后再进行数据预处理，最后加载到数据仓库中，成为联机分析处理、数据挖掘的基础。平台通过数据泛化、数据规范化、数据属性构建等基本操作，实现数据转换，提供标准的数据库访问接口和文件传输接口，为大数据处理和分析提供规范的数据。

3）数据分析。针对不同的场景，如何选择最有效的分析方法是数据分析技术的核心问题。平台以 Hadoop Mapreduce 和 Spark 作为分布式计算的框架。分布式计算是一种新的并行计算方法，具有省时、节约资源等特点。

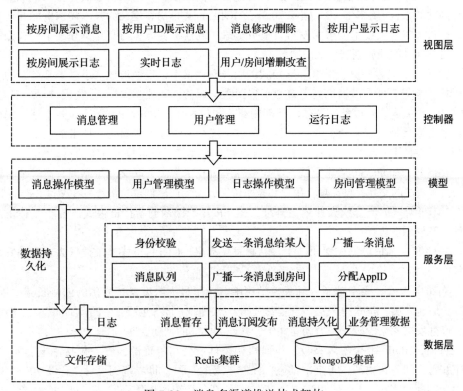

图 7-20　消息多渠道推送技术架构

7.4 前沿技术创新型"互联网+"设计创新模式应用

7.4.1 HOPE"互联网+"设计创新模式

海尔开放创新平台（HOPE）是海尔集团为适应自身发展战略而搭建的，HOPE 伴随着海尔集团战略的变革而协同发展。

2009 年，为提升海尔的创新能力，激发创新能量，打破封闭研发模式，海尔集团依托"人单合一"管理模式及"世界就是我的研发部"的开放创新理念，成立了海尔开放创新中心（HOPE 前身）。该中心以研发创新、资源整合为重要任务，搜寻外部可用技术，共建技术联盟，培育自主研发能力，进行核心技术创新和突破式整体创新，从而缩短创新研发的时间，提高创新产品的质量，满足企业内部需求，以应对互联网时代下用户的个性化需求。

2010 年，为适应互联网经济发展与市场变化，更好地连接全球创新资源，海尔集团引入市场机制，将原有组织结构变革为由自主经营体组成、由用户驱动的倒三角组织结构，HOPE 作为自主经营体中的资源经营体（又叫平台经营体）上线，主要负责需求发布与资源对接，形成创新内部转化方法。

2013 年，海尔集团开展利益共同体探索，企业逐渐由传统的科层制转型为更加扁平化与高效的平台型组织结构。同年 10 月，HOPE 正式推出，定位为技术需求资源互动平台，通过海尔研发技术需求的发布，吸引全球一流技术资源参与交互，开始了正式探索线上线下并进的开放创新模式。

2014 年，海尔在"人单合一"模式的引导和探索中，逐渐形成"小微+平台"的组织形式，参与者可在市场机制下自由组建团队与运营，能独立进行决策、选择员工和分配财产，小微企业可以共享海尔内外部资源。同年 6 月，HOPE 2.0 版本正式上线，定位为技术资源快速配置平台，通过大数据获取全球技术资源，并与线上技术需求实现自动匹配，促进技术资源快速进入交互，而且也初步实现了用户与技术资源的自动交互。

2015 年，HOPE 3.0 版本上线，实现全球一流技术资源并联交互生态圈，通过平台用户与技术资源的交互，自动聚合用户和技术资源，持续产出创意、指数科技项目和产品[9]。

2016 年，"创新合伙人计划"升级，HOPE 开始探索创新社群模式，逐步创建正向循环的开放创新体系。

2019 年，为适应海尔集团的生态品牌发展战略，HOPE 正式进入数据驱动服务升级时代。

2020 年至今，受全球新冠肺炎疫情影响，为了最大限度发挥海尔的创新服务力量，HOPE 加速发展，正式进入品牌化、线上化、快速推广裂变阶段，并开启产品化、轻量化、高并发的探索阶段，努力创建共生、共赢、共享的创新生态。

目前，HOPE 上聚集着高校、科研机构、创业公司等资源，服务包括家电、能源、健康智慧家居等在内的二十余个领域，社群专家 12 万+，世界范围可触及资源 100 万+，致力于不断吸引全球资源、用户、企业交互创新，持续产出领先产品，建立全球参与的创新生态系统。

1. HOPE 创新服务模式

HOPE 经过十多年的实践和发展，逐渐形成线上线下相统一的"五个一"创新服务模式。

（1）一张全球网络：修渠、织网、精运营，整合全球资源

HOPE 在欧洲、北美、亚太等创新领先区域快速布局资源渠道，选择优质技术转移结构、高校科研院所、政府对外合作机构等作为合作伙伴，建立以海尔青岛总部为中心辐射全球的资源网络和庞大的资源池，实现了资源匹配的"多、快、好、准"。目前，全球资源网络已覆盖核心技术领域 100+，全球可触达资源 100 万 +。

1）创新技术寻源：利用海外创新中心的创新生态资源网络，搜寻可匹配海尔产业研发等需求的创新技术，推动引入跨学科突破性创新成果。

2）创新项目管理：对海外创新技术进行背景调查、概念验证、合同谈判、项目对接管理等，帮助企业降低沟通和管理成本，提高合作效率。

3）创新口碑树立：通过举办和参与海外的创新活动（如技术对接会、项目路演、产品和技术展会等），保持海外创新的活跃度，吸引合作伙伴参与。

除全资投入的创新中心，HOPE 通过战略合作方式与全球 130+ 的技术转移公司、核心数据库、知名高校技术转移中心等建立长期的合作关系。这些机构的接口人注册使用 HOPE 线上平台工具，实时获取企业需求信息，并有针对性地提出解决方案。

（2）一个用户社群：用户全流程参与创新

海尔一直坚持以用户为中心，强调用户参与创新。自 2015 年，海尔启动围绕用户痛点、产品使用习惯洞察为中心的微洞察服务，并在此基础上构建用户社群，致力于打造基于海尔终端用户的在线消费者研究平台，付费客户可以通过平台发布各类用户交互任务。通过搜集、整理、分析用户数据，HOPE 帮助产品团队更深入、更便捷地洞察用户痛点，挖掘潜在的产品及服务创新机会，从而助力每一款新产品的落地。

（3）一个专家社群：专家及合作伙伴在线匹配技术，提升创新效率

专家社群减少中间信息传递节点，让来自不同组织、不同领域的专家，与来自企业不同部门的工程师在同一个网络空间，实时交互技术成果和技术需求。截至 2020 年，HOPE 专家社群已经累计用户 12 万，每年解决各类创新课题 500+，为海尔创造的价值在 120 亿元以上。

（4）一个方法论体系：解决技术和市场的对接难题

HOPE 打造了相对成熟并具有特色的开放式创新模式，沉淀了核心的方法论，在用户洞察、需求定义、资源评估等创新服务的关键节点取得突破，解决了创新成果转化的瓶颈问题，为产学研合作摸索了一条有效路径。

1）用户微洞察。微洞察是一种全新的线上用户研究体系，可在产品概念开发或产品迭代升级期间，通过互联网手段收集用户在一段时间内的行为、活动、体验等数据，并基于真实的用户生活场景素材，为产品创新提供用户需求挖掘、创新机会点挖掘、辅助产品开发和功能定义等服务。

2）需求拆解技术。需求拆解的核心就是要把各类需求全部分解为技术迭代类的需

求，从产品需求到功能迭代类需求，再到技术迭代类需求。

3）智能匹配。平台开发了大数据智能匹配系统，首先对用户及资源进行标签化细分，然后基于模式识别的匹配模型，实现用户需求与技术方案的精准匹配。

4）资源评估。平台建立了一套资源五维评估体系，包括评团队、评技术、评产品、评价值和评合作5个环节，深入剖析技术的先进性、成熟度、可行性和市场价值，全方位评估技术资源。

（5）一个载体平台：业务产品和 IT 产品共生共长，助力产品创新提效

截至目前，HOPE 开放式创新平台已经上线，投入使用的核心业务子平台有微洞察用户社群平台、技术专家社群平台、VIP 客户任务管理与数据分析平台、内容平台、海外客户需求管理与交付平台（面向海外客户）等，同时已投入使用的还有视频平台、知识管理平台等，承担 HOPE 的各类服务。

2. HOPE 创新模式与特征

HOPE 是关键技术协作突破模式平台的典型代表，以下将从平台的商业模式、研发创新模式与创新活动特征3个方面介绍 HOPE 的创新模式与特征。

（1）HOPE 商业模式

在 HOPE 创新生态系统的商业模式下，海尔主要依靠并充分利用外部的创意和技术发明，并将其创造的价值推向市场。协同创新促使海尔对创意、知识、技术等创新资源，不仅能够从内部获取，而且能够从外部获取。HOPE 将其内部和外部资源整合，使内外部资源系统地融合在一起，通过商业模式合理地利用内部和外部的创新资源，建立盈利机制并分享所创造的价值。技术引进是协同创新的典型商业模式，引进新兴技术并进行商业开发，将外部的资源与内部资源进行整合，海尔建立了较大的竞争优势。

（2）HOPE 研发创新模式

在创新生态系统的条件下，HOPE 主要利用外部的资源进行产品研发，体现了开放的深度和开放的广度。开放的广度体现在与科研机构合作的数量上，开放的深度体现在对资源的利用程度。协同创新的研发模式已逐渐成为海尔开展创新活动的重要模式，在创新过程中，各阶段充分全面地实现与外部的全方位资源共享。

HOPE 进行产品创新的出发点是用户，因此协同创新的第一步是利用多渠道发掘用户需求。HOPE 用户需求的来源一是用户论坛大数据抓取，二是领先用户的贡献。HOPE 利用大数据分析得出用户需求痛点，并围绕用户痛点与用户进行深入交互，最终确定产品的设计需求。之后，平台的专家团队会进行需求功能分析、技术讨论与任务拆解，并在平台上生成准确的设计任务。

在设计任务与资源匹配阶段，HOPE 会通过智能数据系统对创新资源进行分析，根据设计任务的特点进行技术寻源与资源匹配。在符合条件的资源中筛选出最优的合作者，并与平台内部的专家组成项目团队，共同承担项目研发任务，确定设计方案。在后续的产品生产制造、产品发行、升级迭代等各阶段，HOPE 将链接海尔生态中的其他平台一起完成。

HOPE 的研发创新模式如图 7-21 所示。

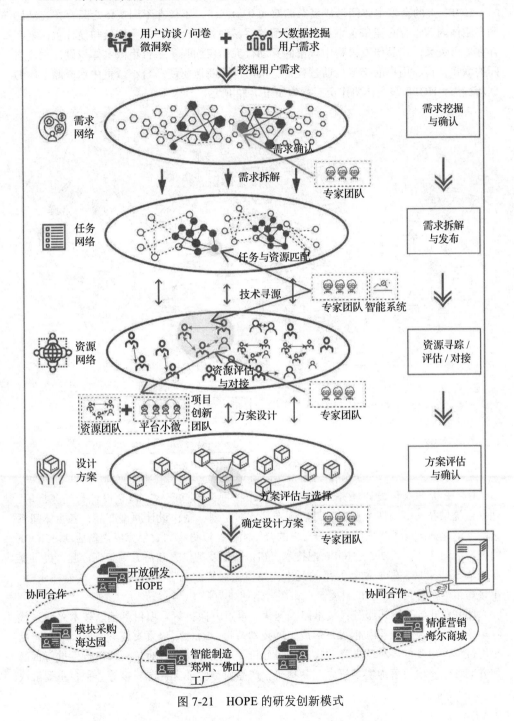

图 7-21 HOPE 的研发创新模式

（3）HOPE 创新活动特征

HOPE 上的众多主体间形成复杂的双向互动网络，不仅在不同主体之间存在互动协同，主体内部也存在竞争关系和利益分配关系，例如平台方小微主体就与设计主体之间存在竞争关系。产品研发过程中频繁的互动行为不仅加强了平台小微主体与设计主体之间的联系，在与用户的交流反馈过程中，用户也不断地驱使平台小微主体和资源主体的创新行为。HOPE 多主体协作交互行为如图 7-22 所示。

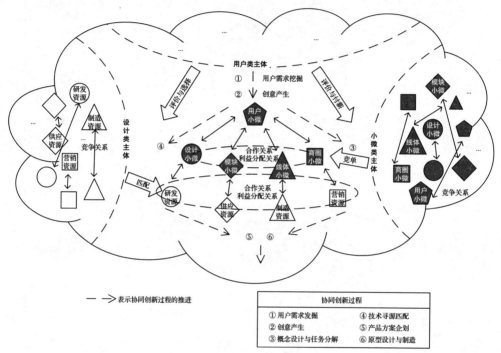

图 7-22　HOPE 多主体协作交互行为

HOPE 上的众包设计任务，从最初的需求挖掘、创意产生、概念设计与任务拆解，到平台提供技术寻源匹配服务，最后到产品方案企划、制作设计原型产品，各主体间频繁的互动逐渐形成了共同面对用户需求的合作团体，以更高的效率完成创新活动。HOPE的创新活动特征见表 7-2。HOPE 把技术、知识、创意的供方和需方聚集到一起，提供交互的场景和工具，促成创新产品的诞生，如控氧保鲜冰箱、净水洗衣机、传奇热水器、小焙烤箱等，受到消费者的喜爱，在市场上迅速成为畅销产品。

HOPE 进行三段式服务：技术路线迭代 – 重点方向拆解 – 项目落地。技术路线迭代收集全球最新技术成果和创意，形成全球技术情报，通过用户真实场景复原，洞察产品使用过程中出现的各种问题，并进行趋势分析。重点方向拆解对难题的可行性进行拆解和方案评估。项目落地实现概念产品预研、产品原型验证、资源对接等。平台主要解决家电行业中产生的保鲜问题、噪声问题、制热效率问题、冷凝水问题等，并分为三步走：现有产品如何优化和改进；下一代产品在哪里，差异化功能是什么；针对新技术、新市场、新用户，如何利用新产品或服务满足。

表 7-2 HOPE 的创新活动特征

	系统规模			复杂性			能力水平
	需求主体	设计需求	设计主体	设计需求	设计任务	设计过程	设计主体
组成	创新者 /创新机构 /企业	能源、汽车、日化、电力等	创新者 /创新机构 /企业	高	高	高	创新者 /创新机构 /企业
生态属性	生产者	生产者生成的物质	消费者	生产者生成的物质	生产者生成的物质	能量转化	消费者
基本特性	社会性	宏观性、模糊性	多样性、适应性	宏观性、模糊性	微观性、具体性	动态性、演化性	积极性、专业性、目的性

7.4.2 HOPE "互联网＋"设计创新模式实现基础

HOPE 通过构建 "10+N" 的创新资源网络，形成线上线下融合的创新生态平台，为海尔技术和产品创新提供强力保障。其中，"10" 是海尔在全球建立的十大研发中心，各个中心相互连接，形成遍布全球的资源网和用户网。"N" 则是根据用户痛点随时并联的 N 个研发触点，包括海尔在全球的创新中心、HOPE 创新合伙人社群以及全球范围的合作伙伴，海尔以全球十大研发中心为基础，辐射带动周边的创新产业。

作为海尔开放式理念承接载体的 HOPE 具备 "源头" 的作用，承担着聚集优秀资源的职能，同时也承载着为其他平台输送优质创意的职能，其创新研发体系如图 7-23 所示。HOPE 是研发资源平台，用户需求、技术需求在 HOPE 上深入交互，生成研发方案。在供应商平台（包括海达源、众创汇平台）上，用户与模块供应商对接，选择优质供应商资源；在制造资源平台上，海尔依托工业互联网平台 COSMOPlat，建立互联工厂，实现大规模定制；在营销资源平台上，依托互联网技术与用户大数据实现精准营销。

1. HOPE 需求拆解与管理

技术转移具有专业性，正确的技术需求拆解是技术转移成功的前提，也是确保精准、快速、有效解决技术难题的关键。通过多年的探索，HOPE 总结了一套基于 TRIZ 技术的需求拆解方法，如图 7-24 所示。HOPE 逐渐完善了需求发布模板，已经进入需求分类清晰、需求任务上线、交付物上线、服务质量评估上线的线上化、数据化阶段。需求任务执行过程中的问题还原、职责分析、效率分析、投入产出分析等，都可以基于后台实际数据进行。需求管理的实战经验成为 HOPE 的核心竞争力之一。

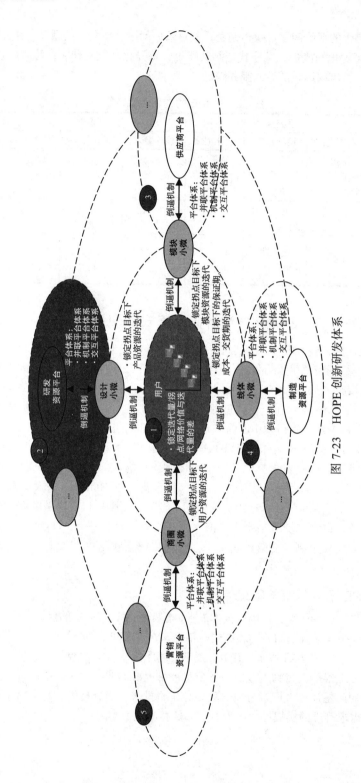

图 7-23 HOPE 创新研发体系

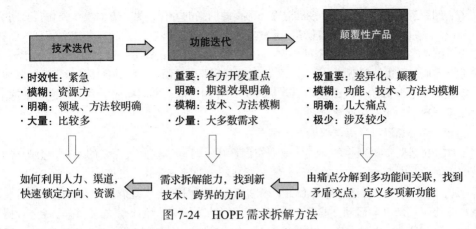

图 7-24　HOPE 需求拆解方法

HOPE 依托需求推送机制，确定承接的需求任务，运营团队基于需求所属的技术领域标签，匹配平台上同类技术领域的专家列表进行自动推送，通过移动端 HOPE 公众号实时触达线上专家。推送机制的设计，一方面需要考虑能够触达大量的专家并得到反馈；另一方面，也要考虑推送的精准度，尽量降低对专家用户的打扰，所推送信息的相关度要高，否则会导致平台专家的流失。

2. HOPE 资源网络与寻踪

（1）HOPE 的创新资源网络

1）国内资源网络。除了保持传统的渠道运营，整合公司、科研院所和个人创新者等资源外，HOPE 着重提升社群运营（尤其是高端社群）、高校运营和深圳创新中心的建设。

近几年，社群的发展非常迅猛，HOPE 也已经积累了超过 3 万人的创新社群。目前，社群团队的主要工作聚焦于院士/准院士的高端资源。HOPE 在聚焦家电发展路线和技术的基础上，划定了近百位院士，最终与三十多位院士达成了各种合作协议和意向。有的院士团队直接达成了项目合作，也有的院士被聘请为顾问，通过专家咨询等形式进行指导。HOPE 解决技术难题的整体水平有了较大的提升。

高校在创新中的作用日益得到体现，为了提升效率，平台精心选择了一批高校进行校企合作。每年固定一批经费发放到高校，以课题或项目的形式招募相关科研人员进行申报，经过 HOPE 评审后进行立项合作。通过这种形式，HOPE 与西安交通大学、华中科技大学、哈尔滨工业大学、江南大学、山东大学等一批高校建立了紧密的合作关系。

在已有北京、上海、苏州创新中心的基础上，HOPE 今年又在深圳建立了创新中心，以整合华南地区的技术资源。另外，HOPE 还加强与各学会的合作，2020 年 8 月 15 日，在第 22 届中国科协年会上，HOPE 分别与中国制冷学会、中国材料研究学会和青岛市科学技术协会共同创建了中国制冷学会–海尔联合创新中心、中国材料研究学会–海尔联合创新中心。两大创新中心将全面整合各方人才、知识、技术和项目资源，以实现"聚焦区域产业实际发展需求，促进智能家电行业创新发展"的战略目标。

2）海外资源网络。在海外技术资源网络建设方面，HOPE 一方面继续加强与资源渠道、创新机构、各国技术转移机构等外部资源网络的合作，另一方面继续强化自有网络的建设，在原有以色列、美国硅谷、新加坡创新中心的基础上，于2021年成立了日本创新中心。HOPE在当地成立了全资的法人单位，进行创新中心的运营。这些创新中心的职责就是整合当地和周边的创新技术资源，并通过HOPE的全球网络，推动这些技术资源的落地。

创新中心与海尔十大研发中心互为补充，互相协同，共同构成了HOPE遍布全球主要技术高地的技术资源网络体系。

（2）HOPE资源寻踪与组织方法

HOPE运营资源网络的方式，根据资源性质、时间、空间等因素的影响，分为线上与线下对接、全资投入与战略合作、定向寻找与主动推荐等几个维度。

1）线上与线下对接。最初HOPE牵头组织线下对接会，邀请设计方走进海尔对接，举办"海尔创新日"活动，或者走出海尔到研发机构进行"创新之旅"。随着线上直播、线上会议工具的成熟和普及，目前主要以线上方式组织资源对接会，并形成自有的活动品牌——HOPE直播间，承载了专家讲座、TECHLINK技术对接会、技术路演等直播活动。

2）全资投入与战略合作。HOPE自有全球全资投入的创新中心5个，分别是以色列创新中心、美国硅谷创新中心、新加坡创新中心、日本创新中心和中国深圳创新中心，主要职责包括创新技术寻源，即利用海外创新中心的创新生态资源网络，搜寻可匹配海尔产业研发等需求的创新技术，推动引入跨学科突破性创新成果；创新项目管理，即对海外创新技术进行背景调查、概念验证、合同谈判、项目对接等管理，帮助企业降低沟通和管理成本，提高合作效率；创新口碑树立，即通过举办和参与海外的创新活动（如技术对接会、项目路演、产品和技术展会等），保持海外创新的活跃度，吸引合作伙伴参与。

3）定向寻找与主动推荐。资源网络解决企业创新问题分为两种方式：一是基于企业的明确需求，提供有针对性的解决方案，HOPE通过标准的需求模板，获取真实的需求背景、需要解决的问题、成本参数要求等信息，并做一定的脱敏处理后发布给外部资源网络，进而帮助需求方寻找解决方案；二是把企业关注的创新方向、长期存在的行业难题整理后发布给外部资源网络，进行开放式的创新机会点征集，即HOPE提供的主动推荐服务。

4）数据抓取的"广撒网–主动监控"与"锁定目标–定向深挖"。随着大数据、互联网等新一代信息技术的发展，HOPE情报服务从最初的靠人工进行前沿技术的信息监控与基本分析，到数据爬虫的线上抓取、筛选＋人工的编辑、推广技术信息服务，再到数据智能分析、排序、千人千面的内容服务，HOPE内容服务逐渐成熟，已成为客户必选服务之一。

内容服务基于数据抓取与数据智能分析，一方面基于HOPE关键词库，主动监控全球相关领域的技术、竞品、专利、文献的最新进展，为客户提供及时的第一手信息；另一方面，还可以提供基于具体关键词的深度数据挖掘服务。与一般的咨询公司相比，HOPE内容服务依托于自有数据平台、多年积累的企业创新需求关键词库及了解核心客户需求的数据业务团队，整体效率和准确率更高。

3. HOPE创新研发管理与风险管控

（1）HOPE创新研发管理体系

HOPE依托全球研发资源网络，汇聚优质资源，激发创新能量，拥有独立的技术转化团队——TTB（Technology To Business）和全球寻源团队——GRI（Global Resource Integration），其创新研发管理体系如图 7-25 所示，资源覆盖世界各地 2000 多个组织和单位。

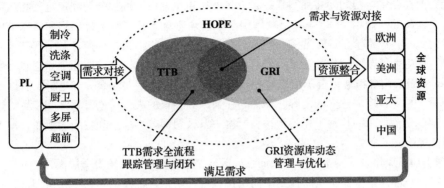

图 7-25　HOPE 创新研发管理体系

GRI 的主要职责是在全球寻找合作伙伴，建立技术资源网络，从全球输入创新技术资源，满足产品发展的需要。GRI 团队按照地域分成了 4 个小团队，分别负责美洲、欧洲、中国和亚太（除中国以外的其他国家和地区）。TTB 团队的主要职责是了解客户，即海尔各个产业线（Product Line，PL）的技术需求，并把这些需求准确传递给 GRI 团队，以便 GRI 在全球寻找合适的技术提供方来解决这些需求。同时，TTB 也负责把 GRI 找到的技术推荐给产业线合适的人员，迅速做出评估并进行反馈。TTB 团队按照产业线分成不同的团队。TTB 和 GRI 团队合作，促进海尔内部需求与外部创新技术的对接与合作[9]。

（2）HOPE 风险管控方法

HOPE 作为用户及资源零距离交互的平台，有多个用户侧、资源侧线上入口及交互平台，同时也有遍布全球的线下资源网络，尤其与国内高校、供应商、研发机构及产业专家等核心资源有密切往来，掌握各类科研成果及技术资源，在给用户及客户创造价值的同时，也存在各种风险，必须对众包设计进行全流程的风险管控。

1）把控众包流程，保证业务的顺利开展。HOPE 总结了众包的业务流程，并不断进行完善，发布了国内第一个众包流程行业标准——《企业开放式创新 技术众包流程》，填补了国内外开放式创新众包流程标准的空白。该行业标准将众包业务总结为需求征集、需求确认、需求拆解、需求发布、方案初评、资源对接、资源评估、方案论证、商务合作、需求关闭等十大众包过程，推动了众包创新服务各阶段的标准化与规范化，为企业进行众包创新服务提供了有效途径和参考。

2）加强和重视信息安全管理，提高风险防范意识。HOPE 定期组织信息安全培训和考试，提高员工的风险意识和辨别风险的能力，加强风险识别、风险应对等专业知识的普及。同时，不定期地进行钓鱼邮件等方面的演练和测评，从意识、理论和实践等方面全方位提高员工的风险防范意识。

3）建立风险管理规范和保密制度，严控泄密风险。HOPE 作为技术创新的集聚地，制定了严格的保密制度，规范员工的日常行为，杜绝众包业务往来中的泄密问题。HOPE线上业务数据严格保密：严格控制 HOPE 各线上平台数据导出权限配置；尽可能缩小权限范围；其他岗位因业务需要使用平台数据需要通过审批；禁止使用私人电脑办公，员工配备的办公室电脑均安装加密软件，未经解密审批外发文件按公司规定进行相应的处罚；个人邮箱、微信、QQ 等社交软件用于办公须遵循下载安装审批流程和特殊上网权限审批流程；严格禁止通过截图、解密后转发等形式，将涉密文件通过微信渠道外发给客户、供应商等未经授权的员工；出差或者接待来访客户时，严格防止项目信息、发展规划、HOPE 内部信息、员工信息等涉密信息的外泄；在公共场合，如电梯、餐厅、公共交通工具等，应注意交谈内容，不得与任何未经授权的人员讨论海尔涉密信息。通过以上制度规范员工的日常工作行为，杜绝客户及公司的各类信息和技术的泄露，最大限度降低风险。

4）加强应用系统安全管控，保证系统运行安全。在应用系统安全层面，HOPE 加强访问控制功能，依据安全策略控制不同用户权限，防止未授权访问和越权访问，并完善身份鉴别机制以及采用通信保密性措施，对通信中的敏感字段进行加密。在主机安全层面，服务器开启安全审计策略，完善服务器访问控制措施，对审计日志和应用系统数据进行异地备份，并定期开展漏洞扫描工作。另外，系统部署必要的安全防护组件或设备，如入侵检测系统、Web 应用防火墙、日志审计系统、防病毒软件等。

参考文献

[1] 郝金磊，尹萌. 分享经济：赋能、价值共创与商业模式创新——基于猪八戒网的案例研究 [J]. 商业研究，2018，4（5）：31-40.

[2] DASILVA C M, TRKMAN P. Business model: what it is and what it is not[J]. Long Range Planning, 2014, 47(6): 379-389.

[3] 祁芸，陈小勇. 众包商业模式及其经济学分析 [J]. 商业时代，2012（34）：35-37.

[4] 余琨岳，顾新，王涛. 第三方众包平台的价值实现机理和路径研究 [J]. 中国科技论坛，2017（4）：21-26，34.

[5] 周文辉，李婉婉. 创业学习视角下服务电商平台 O2O 商业模式转型研究——以猪八戒网为例 [J]. 管理现代化，2021，41（2）：49-52.

[6] 宣晓，段文奇，孔立佳. 双边平台主导性发展战略选择——架构升级还是服务创新 [J]. 科学学研究，2017，35（12）：1875-1885，1920.

[7] GAWER A. Bridging differing perspectives on technological platforms: toward an integrative framework[J]. Research Policy, 2014, 43(7): 1239-1249.

[8] 马文静，朱常海，王胜光. 创新平台基本构成及运行模式研究 [J]. 科技和产业，2020，20（12）：27-32，125.

[9] 滕东晖. 创新战略驱动下大型企业开放式创新平台策略研究 [D]. 上海：上海交通大学，2017.